Autosuffisance alimentaire de la Guinée

Mamy KEITA

Autosuffisance alimentaire de la Guinée

Une longue bataille, de 1958 à nos jours

L'Harmattan

5-7, rue de l'Ecole-Polytechnique, 75005 Paris

http://www.harmattan.fr
diffusion.harmattan@wanadoo.fr
harmattan1@wanadoo.fr

ISBN : 978-2-343-06104-7
EAN : 9782343061047

Remerciements

Je remercie tous ceux qui, de près ou de loin, contribuèrent tant soit peu à la réalisation de cet ouvrage. Ils furent nombreux. Je citerai entre autres : Monsieur Traoré Fodé, formateur à l'Ecole Nationale des Arts et Métiers (E.N.A.M); Monsieur Traoré Sékou, enseignant ; Monsieur Mohamed Tidiane Condé, Directeur de l'Ecole Normale des Instituteurs (E.N.I) de Kankan ; Monsieur Sidy Kéita, Proviseur au Lycée Alpha Yaya Diallo de Kankan, Monsieur feu Morissima Camara, Directeur du Centre de Recherche Adaptive et de Vulgarisation Agricole de Tindo (CRAVAT), El Hadj Ousmane Kaba, Professeur, Directeur Général Adjoint du Centre National de Documentation et d'Information pour le Développement, Monseur Mamady Nabé de la Direction Régionale de l'Agriculture et de l'Environnement de Faranah, Monsieur Seydou Magassouba, sociologue à l' Agence pour la Commercialisation Agricole (A.C.A), Monsieur Fodé Ibrahima Soumah, Directeur du Centre National de Documentation et d'Information pour le Développement Rural (C.N.D.I.D.R), Ministère de l'Agriculture et Madame Fofana née Traoré Confort, mon assistante administrative.

Je dédie cet ouvrage à mon feu père Sory et à mon feu cousin Sako Keita.

AVANT-PROPOS

En 2005, alors que je dirigeais l'équipe de l'Agence pour la Commercialisation Agricole (A.C.A) qui réalisait une étude de marketing dans les préfectures de Dabola, Kankan et Siguiri en Haute Guinée, pour le compte de l'Organisation Catholique pour la Promotion Humaine (O.C.P.H), un paysan de Dabadou[1] m'offrit une cossette de manioc qu'il avait trempée dans de l'eau fraîche la veille[2]. En me la tendant, il dit ceci : « *Monsieur, tenez le remède de la mort ...* » Quand je répondis en m'exclamant le remède de la mort ? Il poursuivit et ajouta : « *...Vous savez, la nourriture est le premier signe de la santé d'un homme. Imaginez un malade que vous avez à la maison. Lorsqu'il refuse de manger, vous êtes pris de panique. Par contre, s'il mange régulièrement, vous gardez l'espoir qu'il pourra se remettre de sa maladie* ».

Ce raisonnement simple est cependant profondément significatif. Car il montre à quel point l'accès régulier de l'être humain à une alimentation saine, suffisante et variée est crucial à la fois pour sa survie et pour sa prospérité. Satisfaire ce besoin vital est l'une des activités primaires de chaque homme en tant qu'individu ou en tant que chef d'un ménage.

A l'échelle d'une nation, cette responsabilité fondamentale repose prioritairement sur les épaules de ses dirigeants dont la mission est de créer un environnement propice à la production de la nourriture suffisante pour l'ensemble des populations. Cet ouvrage analyse les démarches et les résultats peu encourageants que les gouvernements qui se succédèrent en Guinée entre 1958 et 2008 entreprirent et obtinrent dans ce cadre.

Je n'ai nullement la prétention d'avoir cerné tous les contours de ce vaste et sensible sujet qu'est la revue de la politique agricole de la

---

[1] Village situé à 7 kilomètres de la ville de Kankan sur la nationale 1, Kankan-Kérouané.

[2] En Haute Guinée le trempage des cossettes de manioc en vue de les griller au feu de bois, que l'on appelle là-bas Banankou dombo, est une pratique courante en milieu paysan.

Guinée. Vaste parce qu'il prend en compte à la fois les aspects politiques, économiques, et sociaux de la vie nationale. Sensible parce que la politique agricole d'un pays est le reflet de sa gouvernance nationale. Or dans le cas guinéen, celle-ci fut tumultueuse au cours de cette période.

Mon intention ici est plutôt de poser le jalon de l'étude critique de la politique agricole à travers l'examen détaillé et l'analyse objective des actes politiques, administratifs et techniques que ces gouvernements posèrent tout au long de cette période afin de susciter un débat constructif au tour de cette question fondamentale de l'autosuffisance alimentaire qui demeure encore le principal défi politique national.

Certains aspects ont dû être moins fouillés que d'autres à cause de la fragmentation des informations couramment disponibles sur l'agriculture guinéenne. Le lecteur comprendra certainement cette difficulté.

Il revient aux jeunes chercheurs d'approfondir la réflexion sur les sujets évoqués ici afin de donner des réponses adéquates aux multiples questions restées certes en suspense.

INTRODUCTION

La fin de la Deuxième Guerre mondiale (1939-1945) ouvrit la voie à la décolonisation de l'Afrique. Les gouvernements qui naquirent de ce processus historique à partir des années cinquante, n'eurent d'autre choix que de se positionner par rapport à l'un ou l'autre des deux blocs politico-économiques qui se partageaient le monde à cette époque[3].

Ceux qui optèrent pour le bloc de l'Est, c'est-à-dire celui du communisme ou du dirigisme économique, mirent l'accent sur l'intervention musclée de l'Etat dans tous les secteurs productifs de l'économie nationale y compris celui de l'agriculture. Les pays qui s'alignèrent sur celui de l'Ouest ou du marché libre, encouragèrent plutôt la participation du secteur privé au processus de production nationale en général et de celui de l'agriculture en particulier.

En Guinée, ce fut la politique d'intervention du type communiste que les nouveaux responsables issus du referendum du 28 septembre 1958 privilégièrent. Celle-ci conféra un rôle prépondérant à l'Etat dans la production et la commercialisation des produits agricoles, animaux et halieutiques. Dans les faits, elle se traduisit par la création de nombreuses structures étatiques de production et de commercialisation de type collectiviste et par l'implication systématique de l'école et de l'armée dans le système de production agricole.

A partir de 1984, cette intervention directe de l'Etat dans l'agriculture fut abandonnée à la faveur de la réorientation de l'économie vers le marché. Cette nouvelle politique mit l'accent sur la liberté d'association des paysans, par opposition au système collectiviste d'antan. Elle permit la fluctuation des prix des produits agricoles et ouvrit la voie à l'intervention des collecteurs privés dans le sous-secteur de la commercialisation agricole. La participation des institu-

---

[3] Le bloc de l'Est ou du communisme était constitué des pays européens de l'Est et de l'Union des Républiques Socialistes Soviétiques (U.R.S.S), la Chine, Cuba, etc. Le bloc de l'Ouest ou du libéralisme économique regroupait essentiellement les Etats-Unis d'Amérique et les pays de l'Europe de l'Ouest.

tions privées de crédit et de fourniture d'intrants agricoles fut également encouragée au détriment de celle des Banques nationales et autres entreprises publiques qui assuraient ces fonctions sous le régime précédent.

Le triste constat est que 50 ans après, la Guinée reste chroniquement tributaire des importations de denrées alimentaires en général et du riz en particulier pour se nourrir, malgré ses immenses potentialités agricoles que le nouveau Président de la République, le Professeur Alpha Condé, qualifia de ''scandale agricole''.

Comment expliquer ce paradoxe qui coûte des milliards de francs au contribuable guinéen pour faire venir le riz au détriment de la fourniture des services sociaux de base aux populations (soins de santé primaires, enseignement de qualité, routes, eau, notamment). Ce fait est-il une fatalité ou simplement le résultat de la gouvernance nationale pratiquée au cours de cette période ?

Comment inverser cette tendance ? Ce sont là quelques-unes des questions auxquelles cet ouvrage tente de répondre au moment où le pays ouvre un nouveau chapitre de sa politique agricole, marquée par l'élection démocratique d'un nouveau Président en novembre 2010, la flambée continue des prix des denrées alimentaires, l'accroissement des importations de denrées alimentaires et l'urbanisation de plus en plus poussée de nos villes ?

L'étude s'appuie sur les nombreux actes politiques, administratifs et techniques que les pouvoirs publics et les techniciens des services agricoles posèrent tout au long de ces 50 premières années de notre indépendance nationale dans le cadre de la réalisation de l'autosuffisance alimentaire. Au paravent elle passe en revue les principaux aspects de la politique agricole sous la colonisation en guise de référence.

L'ouvrage est structuré en quatre parties distinctes, séparément exploitables par le lecteur. Chaque partie est subdivisée en chapitres qui se terminent par une conclusion qui sert de leçon spécifique. Une conclusion générale met en exergue les principales faiblesses qui marquèrent la politique agricole au cours de cette période.

La première partie s'intitule "*Le double visage de l'agriculture sous la colonisation*". C'est en quelque sorte la situation de référence, puisque c'est celle qui prévalait avant l'indépendance politique de la Guinée en 1958. Elle comprend deux chapitres (1 &2), qui présentent un aperçu de la politique agricole coloniale et de ses conséquences sur le développement de l'agriculture en général et de la production vivrière en particulier.

La deuxième partie ou "*La prise en main de l'agriculture par les nouvelles autorités en 1958*", présente en détail la politique agricole postcoloniale conçue et mise en œuvre à l'aube de l'indépendance nationale par la toute nouvelle administration guinéenne débutante jusqu'en 1984 année de la disparition du premier président de la République. Elle est structurée en 6 chapitres (3 à 8), consacrés aux différentes étapes de la mise en œuvre de la politique agricole au cours de cette longue période et leurs incidences en termes de production agricole.

La troisième partie est organisée en cinq chapitres (9 à 14). Sous le titre, "*La réorientation de la politique agricole en 1984*", elle met en exergue les changements opérés dans la conduite de la politique agricole à partir de 1984, année de prise du pouvoir par les militaires à la suite du coup d'Etat perpétré après la mort du premier Président de la République. Cette politique qui a bénéficié du soutien massif de la communauté des bailleurs internationaux de fonds suite à la réorientation de l'économie vers le marché est examinée dans tous ses aspects techniques, financiers et administratifs.

La quatrième et dernière partie de l'ouvrage "*Les leçons apprises* "est la synthèse des principales leçons apprises. Elle est subdivisée en deux chapitres (15 & 16). Elle ressort les principales faiblesses observées au cours de l'étude. Des suggestions sont également formulées en guise de recommandations pour les nouveaux responsables qui auront la lourde mais exaltante tâche de formuler et de mettre la future politique agricole en oeuvre.

PREMIERE PARTIE

Le double visage de l'agriculture sous la colonisation

Fig. 1. L'économie de plantation fut un grand succès de la politique agricole coloniale. Ici des wagons chargés de bananes au départ de Camayenne.

CHAPITRE 1

Le secteur de rente

1.1. Contexte

Le développement de l'agriculture au sud du Sahara fut influencé par les politiques coloniales et les stratégies conséquentes que les colonisateurs mirent en place à partir de 1880. Celles-ci revêtirent différentes formes, selon que l'on eut affaire à la colonisation britannique, Allemande ou Française.

S'agissant du cas particulier de l'Afrique francophone, la politique française en la matière encouragea la création des plantations dans les régions bénéficiant des conditions naturelles favorables à cette activité.

La Guinée, devenue colonie Française en 1882, n'échappa guère à cette règle à cause notamment de son climat propice, son régime hydrique abondant, ses terres fertiles et sa main d'œuvre bon marché. Sa proximité de la France par air et par mer, fut un autre facteur qui favorisa son choix en termes de distance, par rapport aux Iles Canaries qui étaient déjà fournisseuses de la France en certains des produits visés.

La réalisation de cette vaste entreprise fut accélérée par le déclin du commerce du latex de la liane landolphia qui dominait l'économie de traite jusqu'en 1915. L'effondrement des cours (90%) du caoutchouc à Conakry en 1909 et l'arrivée sur le marché international du caoutchouc produit à moindre coût dans les plantations d'Extrême-Orient en 1911 furent les signes précurseurs de la fin de ce boom du latex en Guinée.

La conséquence fut la baisse des exportations guinéennes de caoutchouc qui passèrent de 830 tonnes en 1890 à 724 tonnes en 1928 et la faillite subséquente des sociétés coloniales qui s'étaient spécialisées dans le commerce de ce produit à la faveur de l'essor de la bicyclette et de l'automobile en Europe.

Les efforts d'adaptation de l'économie à cette nouvelle réalité par l'administration coloniale, consistèrent dans un premier temps à réorienter les activités de commerce vers d'autres produits de cueillette et de ramassage, tels que le palmiste, la cire, le miel, la gomme, le copal, les peaux de bœufs, l'indigo, etc. Mais la principale leçon que les autorités coloniales tirèrent de ce malheureux événement, fut que la mono activité qu'était le commerce des produits de cueillette, était une entrave sérieuse à l'épanouissement de l'économie de traite.

Le développement de l'économie de plantation était donc bien approprié à cet effet, surtout qu'ailleurs, elle constituait déjà une activité lucrative pour de nombreuses sociétés coloniales par le fait de la demande croissante de la métropole à la fois pour les produits alimentaires et les matières premières d'origine agricole.

C'est l'application de cette politique qui engendra le développement de deux secteurs agricoles bien distincts en Guinée : d'un côté, les cultures fruitières ou secteur de rente et de l'autre, les cultures vivrières, ou secteur vivrier. Le premier était dominé par les colons tandis que le second était réservé aux cultivateurs africains, d'où le double visage de l'agriculture sous la colonisation.

Les cultures de rente que les colons pratiquaient étaient, soient introduites par eux ou existaient déjà sur place en Guinée. Selon Pierre Vidau, ceux-ci n'accordaient que très peu d'attention aux cultures vivrières que les Africains pratiquaient. L'intéressé décrit cette attitude comme suit : « *...D'une part, le colon européen ne tient ordinairement aucun compte des coutumes de l'indigène ; d'autre part, les cultures vivrières pratiquées par l'indigène ne sont pour lui que d'ordre secondaire. Ce qui importe, c'est de 'faire' de la banane, du caoutchouc, du cacao, du café, plus tard du coton* ».[4]

1.2. La banane

C'est à partir de 1900 que la banane de Chine fut introduite en Guinée, dans la zone occupée par l'actuel quartier Camayenne de Conakry où les premiers tests d'adaptation eurent lieu. Et c'est de là que partirent plus tard plusieurs tonnes de ce fruit vers le port de Conakry (voir fig.1). Le succès de l'adaptation de la banane à son nouvel environnement, encouragea l'administration coloniale à la vulgariser. Les principales démarches qu'elle entreprit à cet effet furent les suivantes :

[4] In le développement de la culture moderne et la naissance du Crédit Agricole en Guinée Française, 1928, p.16

a. L'attribution des concessions rurales aux colons. Cette mesure permit à ceux qui remplissaient les critères d'octroi, d'occuper les terres qui étaient dites ''*vacantes*'', dont la superficie variait entre 200 et 2.000 hectares. Ces terres vacantes étaient classées comme celles qui ne faisaient pas l'objet d'exploitation de la part des populations noires.

C'est à la faveur de cette disposition que plusieurs sociétés de production de bananes débutèrent leurs activités au cours des années qui suivirent. Citons à titre d'exemple la Société de Bananeraies du Lisan qui s'installa en 1930, la Société Agricole et Commerciale de Guinée en 1931. En 1933 ce fut le tour de la Société Agricole de Kilissi et de la Société Agricole du Fouta Djallon. On estime à plus de mille, le nombre de travailleurs africains que ces unités employèrent ensemble au début de ces opérations.

b. L'octroi de crédit. Elle visait à faire intéresser un grand nombre d'acteurs européens à la nouvelle culture. La création, le 8 septembre 1931, de la Caisse Centrale de Crédit Agricole de Guinée (C.C.C.A.G) permit d'atteindre cet objectif. Les fonds qui servirent à créer le C.C.C.A.G provenaient de la dotation du Gouverneur général et des fonds de réserve de la banane qui étaient créés. Entre 1932 et 1933, le C.C.C.A.G accorda 12,5 millions de francs aux planteurs européens. Les Africains, réunis en coopérative, bénéficièrent à leur tour de 10.000.000 de Francs en 1950 pour l'achat d'engrais.

c. L'institution d'une prime à la production. Il s'agissait d'encourager les producteurs individuels à s'adonner davantage à cette culture. Les fonds qui servaient à financer ces primes étaient constitués à partir de la taxation des bananes étrangères qui étaient importées sur le territoire de la Guinée. Ces fonds furent évalués à quelque 51 millions de Francs entre 1932 et 1936.

d. L'amélioration de la technique de production. Elle permit d'accroître le rendement à l'hectare, qui passa de 20.000 tonnes en 1938 à 40.000 tonnes en 1949 ; soit un accroissement de 100% en 10 ans d'activités.

e. La réduction des méfaits des maladies ou de l'attaque des insectes nuisibles. Ces efforts portèrent sur l'élimination du charançon noir, principale maladie du bananier qui apparut dans les plantations en Basse Guinée en 1938, et des acridiens ravageurs qui envahirent celles de la Moyenne Guinée quelque temps après.

f. L'arrêt de la chute des troncs de bananiers. La chute des troncs de bananier fut maîtrisée en partie par la création des plantations de bambous le long des plantations dont les tiges servaient de tuteurs aux troncs de bananiers. La substitution de la banane *poyot* plus résistante au vent que la *sinensi* fut une autre méthode de lutte contre ce phénomène.

g. La promotion de la banane guinéenne sur le marché Dakarois. Cette activité promotionnelle fut entreprise par la chambre de commerce de Conakry. Elle visait surtout à faire accepter la banane guinéenne par les distributeurs sénégalais qui la rejetaient à cause de sa taille qu'ils jugeaient petite par rapport à la banane qui provenait du Cameroun et qui était mieux appréciée par les consommateurs dakarois.

h. Le traçage de la banane et d'autres fruits. Cette pratique fut instituée par le Gouverneur général, Roland Pré, dans le but d'améliorer la qualité de la banane destinée au marché. La série d'arrêtés qu'il prit à cette occasion instituèrent : (i) la déclaration mensuelle de la production de banane par les producteurs[5], (ii) le marquage des plantations de bananes, d'ananas et d'agrumes, et (iii) la certification des planteurs[6].

L'obligation de conditionnement des dérivés de la banane (cossettes, farines, et bananes séchées), dans des emballages appropriés et l'installation d'un dispositif de conservation de la banane au port de Conakry par les services de l'agriculture, furent d'autres mesures qui visaient à livrer les fruits de bonne qualité aux consommateurs. L'ensemble de ces mesures fut renforcé par l'implication des agents des services publics de conditionnement et de contrôle de la qualité.

i. L'amélioration des moyens d'information des producteurs. Cette initiative s'est traduite par la création d'un poste de radio émetteur à Conakry, dénommé « Radio Guinée » ou « Radio Bananes » selon certaines sources anecdotiques. La radio diffusait à l'intention des producteurs, les programmes des navires bananiers qui se re-

[5] Arrêté No. 1709 A.E/1 du 6 juillet 1948
[6] Arrêté No. 2017 du 7 août 1948

layaient au port bananier de Benty dans la préfecture de Forécariah. Ce qui les permettait de programmer les coupes de leurs bananes pour les faire coïncider à l'arrivée des bateaux.

j. L'extension des superficies vers de nouvelles zones de production. Il s'agissait d'élargir l'espace de production de la banane vers l'intérieur du pays et d'impliquer par ce fait un grand nombre de personnes dans cette activité. La région comprise entre Boffa, Forécariah et Mamou fut choisie par les services de l'agriculture dans ce cadre. Elle devint plus tard le fameux Triangle Bananier de Guinée (T.B.G), c'est-à-dire l'espace de production intense de la banane en Guinée.

Cette démarche fut soutenue par l'amélioration des voies d'évacuation de la banane vers le port de Conakry par la construction des routes et du chemin de fer et les conditions de son transport par l'utilisation du train et des véhicules et de son stockage avant son embarquement pour le marché français à partir du Quai Fruitier de Benty (QFB).

k. La structuration des producteurs. Elle consista en la création des coopératives de producteurs dont les fonctions essentielles étaient les suivantes : (i) former leurs membres aux techniques culturales modernes de production de la banane, (ii) faciliter l'acquisition par ceux-ci, à des coûts raisonnables, des intrants et autres moyens de production, par la méthode des achats groupés et (iii) organiser la commercialisation grâce à la pratique de la vente groupée de leurs produits afin qu'ils obtiennent de meilleurs prix.

Plus tard, ces coopératives formèrent une puissante union qui devint la principale interlocutrice des organismes de financement (Caisse Centrale de Crédit Agricole de Guinée) (C.C.C.A.G) et de consommation (Société Générale des Coopératives des Consommateurs Français) (S.G.C.C.F) à laquelle elle vendait les fruits de ses membres.

Comme anticipé, cette politique incitative et de soutien porta vite ses fruits, car la production de banane prit un essor remarquable qui se traduit par l'augmentation rapide et effective des superficies mises en valeur. Celles-ci atteignirent 3.300 ha en 1947. En 1919, les services de l'agriculture dénombrèrent quelque 3.500 pieds de bananiers dans quatre fermes du Fouta Djallon (Fougoumba, Kèbali, Pita, et Ditinn) à la faveur de l'introduction de la culture attelée dans cette région.

Quant aux quantités de bananes exportables, elles connurent une évolution encourageante d'année en année. Car le volume des exportations guinéennes de bananes passa de seulement 7 tonnes en 1903 à

266 tonnes en 1920, soit un accroissement de 3700%. En 1928, elles étaient de 4.327 tonnes. Trente ans après, en 1958, elles atteignirent 60.000 tonnes (voir tableau no.1). La part de la production guinéenne de bananes était de 27% de l'ensemble des importations françaises en 1958.

On estime à près de 30.000, le nombre des ouvriers agricoles bon marché recrutés majoritairement en région forestière et au Fouta Djallon, qui travaillaient dans les plantations de bananes vers la fin des années 50, c'est-à-dire à la veille de l'indépendance nationale. Ainsi, l'objectif de spécialisation de la Guinée dans la culture de la banane fut réalisé à cent pour cent.

Tableau No.1 : Exportations de bananes guinéennes entre 1903 et 1958

Années	Tonnes	Sources
1903	7	A
1920	114	A
1925	3.200	A
1927	1.430	A
1928	4.000	A
1949	39.500	B
1956	90.000	C
1958	60.000	D

Légende : A. Revue Française d'Outremer, Tome LXIII, page 575 ; B. B.I.R.D/AID, L'économie de la Guinée, Mars 1966, p.14 ; C. L'avenir de la Guinée Française, p 36 ; D. La Guinée évolution 1959-1962 et le plan triennal, p 131.

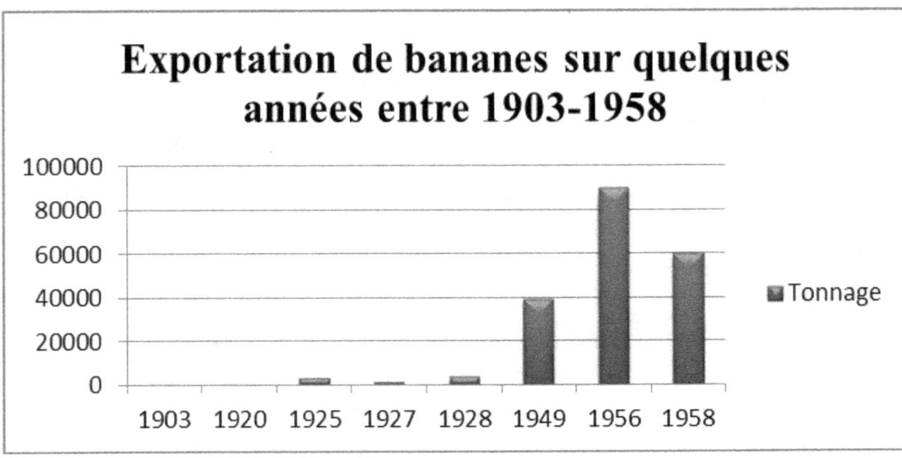

Graphique 1 : Exportation de bananes entre 1903 et 1958

Certes la production de la banane se poursuivit au-delà de 1958, année de l'indépendance nationale de la Guinée, mais comme nous le verrons, elle ne connut plus le même essor, ce pour diverses raisons.

1.3. Le palmier à huile

L'intérêt que l'administration coloniale marqua pour le palmier à huile se justifiait par son souci de répondre à la demande croissante des industries de l'acier en huile de palmiste en Europe après la guerre. La convoitise de ces usines pour ce fruit de cueillette que le Gouverneur Général de la Guinée Française, Roland Pré qualifia de « *richesse de la Guinée* » était due aux propriétés chimiques de son huile pour le trempage des aciers spéciaux.

Contrairement à la banane, le palmier est une plante qui pousse à l'état naturel en Guinée avec d'importants peuplements que l'on retrouve en Basse Guinée et en région forestière. C'était essentiellement un produit de cueillette dont les populations de ces régions extrayaient l'huile de façon artisanale comme elles le font encore majoritairement de nos jours.

Dans le but de satisfaire la demande du marché français pour ce produit, l'administration coloniale initia un programme d'amélioration du traitement des noix et d'enrichissement des plantations naturelles. Il s'agissait par cette démarche, de relever le niveau de la production de ce produit dans les colonies de l'Afrique Occidentale Française (A.O.F) en général. La part de cette région était de 29% des 450.000 tonnes de palmiste importées en France en 1947.

La production guinéenne commercialisée au cours de la même année était de 12.478 tonnes, soit 3% des dites importations. En 1948 elle passa à 18.575 tonnes. Selon le gouverneur Roland Pré, cette production provenait des cercles (actuelles préfectures) de Dubréka, Boké, Boffa, Forécariah, Kindia, Beyla, Kissidougou, Guéckédou, N'Zérékoré et Macenta.

Le programme de modernisation des plantations en Guinée couvrait les deux grands bassins de production de la Basse Guinée et de la Guinée Forestière. Les principales actions que les services de l'agriculture entreprirent à cet effet furent les suivantes :

- La prospection et la recherche de nouveaux peuplements,
- La création de nouvelles pépinières,
- L'aménagement des plantations naturelles,
- La substitution des palmiers sélectionnés aux palmiers naturels,
- L'introduction du traitement mécanique du palmiste,

- L'amélioration de la technique de cueillette,
- Le croisement des variétés,
- L'élévation de la production d'huile à 90% contre 55% en traitement artisanal.

C'est dans ce cadre que près de 1.300 hectares de plantation naturelle furent délimités en Basse Guinée par les soins des services de l'agriculture. En Guinée Forestière, ce sont environ 300 hectares de terre qui furent plantés en palmiers améliorés importés de la Côte d'Ivoire. Des machines à concasser le palmiste furent introduites également dans cette région à cette occasion. Cette opération fut suivie de la mise en place à partir de 1955 de petites unités locales d'extraction de l'huile de palme et de fabrication du savon à Macenta et à Guéckédou, notamment.

L'ouverture des routes pour l'acheminement du palmiste au port de Conakry fut une composante de ce processus d'amélioration de la production de palmiste. C'est à cet effet que l'achèvement de la route Faranah-Mamou fut remis sur la table dans le souci d'ouvrir des voies rapides pour l'évacuation de ce produit. Car, à la différence de la banane qui jouissait déjà de larges ouvertures vers le port de Conakry, le palmiste, lui, peinait à se frayer le chemin entre N'Zérékoré et Kankan sur une distance de 423 km, d'où il devrait être transporté par train jusqu'à Conakry.

Le programme de transformation du palmiste du simple produit de cueillette en un produit de plantation naquit ainsi. Cependant, contrairement à la banane dont l'introduction prit un essor rapide et considérable, la production de palmiste connut moins d'engouement de la part des planteurs européens.

Néanmoins les travaux d'amélioration de la production se poursuivirent jusqu'en 1958, année au cours de laquelle les exportations de palmiste guinéen atteignirent 15.000 tonnes pour une valeur totale de 525.000.000 de FCFA, soit 16% des volumes et 14% de la valeur des exportations agricoles totales du pays au cours de cette année.

1.4. L'ananas

Cette culture contribua à diversifier l'économie de plantation. Cependant elle connut un développement moins prodigieux par rapport à la banane, au palmier à huile et au caféier que nous verrons. Selon les services de l'agriculture, diverses raisons expliquent cette stagnation à savoir : (i) le caractère saisonnier de sa production, (ii) la délicatesse des soins qu'il exige par rapport à la banane et au palmier, (iii) la limitation de sa demande dans la métropole et (iv) les difficultés de sa conservation au-delà de sa période de récolte.

Malgré ces handicaps, il est intéressant de noter que la qualité supérieure du goût et la belle couleur de l'ananas guinéen étaient les facteurs qui encouragèrent sa production. Il était mieux apprécié sur le marché européen que l'ananas qui provenait de la Côte d'Ivoire par exemple.

En dépit de ces atouts commerciaux, l'ananas resta pendant longtemps une culture secondaire par rapport à la banane. Il n'occupait que les excédents des superficies de terre qui étaient réservées à celle-ci. La taille des terres consacrées à l'ananas variait entre 10 et 30 ha, contre 200 ha en moyenne par planteur pour la banane. Les exportations guinéennes d'ananas connurent cependant une modeste mais graduelle augmentation entre 1954 et 1958 comme le montrent le tableau no.2 et le graphique 2.

Tableau No. 2 : Exportation d'ananas entre 1954 &1958

Années	1954	1955	1957	1958
Tonnes	750	1.000	1.437	2.621

Source : compilation de l'auteur.

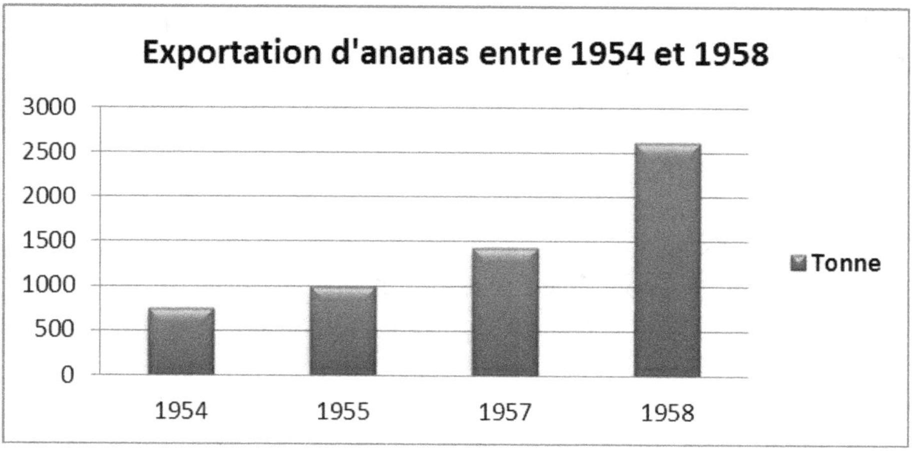

Graphique 2 : Exportation d'ananas entre 1954 et 1958

1.5. Le café et le cacao

Le café et le cacao sont d'autres cultures d'exportation qui bénéficièrent de l'appui des services de l'agriculture coloniale. La Côte d'Ivoire et la Guinée sont les pays où de gros efforts d'adaptation de ces cultures furent entrepris. Le café fut introduit en Guinée à partir de 1918-1919.

On estime à près de 4.000, le nombre de pieds de caféiers que les services de l'agriculture distribuèrent gratuitement aux paysans dans le but de tester sa capacité d'adaptation. Malheureusement, ces plants furent réduits en cendre par les feux de brousse, faute d'entretien de la part des bénéficiaires qui ne savaient certainement pas encore la valeur économique de ce nouveau produit.

Les premiers essais de la culture contrôlée du café ne démarrèrent véritablement qu'à partir de 1937 à la Station d'Expérimentation de Sérédou en Guinée Forestière. Plusieurs variétés furent testées, à savoir : le Nunez, le Libéria, le Sténophylla, l'Arabica et le Robusta. Seules les deux dernières subsistèrent. Il s'agit du robusta qui se montra plus rustique et mieux adapté au climat de la région forestière où d'importantes superficies furent mises en valeur par les agriculteurs africains. Quant à l'Arabica, il s'adapta mieux sur les hauteurs du Fouta djallon en Moyenne Guinée où sa culture demeura cependant très limitée. Hormis ces zones, des pieds de robusta furent introduits au sud de la Haute Guinée où des chefs de cantons et quelques paysans aisés essayèrent sa culture le long des cours d'eau bordés d'arbres géants.

Le succès des services agricoles en ce qui concerne la vulgarisation du café s'explique en grande partie par les efforts suivants : (i) la création des pépinières, en vue de l'extension des superficies, (ii) le traitement des plants par le déploiement des agents phytosanitaires, dans le cadre de la lutte contre la trachéomycose, une maladie redoutable du caféier, (iii) l'amélioration de la qualité par une meilleure préparation des produits pour le marché.

Faut-il souligner qu'à la différence de l'ananas et de la banane, la culture du café ne nécessite pas des soins particuliers. Ses graines, quand elles sont récoltées en maturité et bien séchées, se conservent longtemps après la récolte. Ce qui pose moins de problèmes de conservation par rapport à la banane et à l'ananas.

Par ailleurs, le café guinéen jouissait d'une forte demande en France et ailleurs en Europe à cause de son goût et de ses arômes particuliers. Ce sont ces atouts naturels qui en firent un produit de haute valeur marchande. C'est pourquoi la chute des cours enregistrée en 1954 sur le marché sous régional fut moins ressentie en Guinée qu'en Côte d'Ivoire et au Bénin par exemple.

En janvier 1959, le café se classa avant la banane, le palmiste et l'ananas en termes de recettes d'exportations agricoles. Dix ans plus tôt, en 1949, il ne venait qu'en troisième position, après ces produits comme on peut le noter dans le tableau No.3.

Tableau No. 3 : Contribution du café aux recettes d'exportation en 1949 et 1959.

Produits	1949 a		1er janvier 1959 b	
	Tonnages	Valeur en millions de FCFA	Tonnages	Valeur en millions de FCFA
Bananes	39.500	588.000.000	60.000	1.200.000.000
Palmiste	30.370	694.000.000	15.000	525.000.000
Café	1. 315	86.000.000	12.000	1.825.000.000
Ananas	270	12.000.000	5.000	100.000.000
Total	71.455	1.380.000.000	92.000	3.650.000.000

Sources : a = L'avenir de la Guinée Française, page 36 ; b= L'économie guinéenne, page 1.

A l'inverse de la Côte d'Ivoire, la culture du cacao ne prit aucun essor remarquable en Guinée. Sa production fut confinée à quelques cercles de la Région Forestière et les quantités produites restèrent très insignifiantes.

1.6. Le quinquina et le thé

Les essais effectués pour l'acclimatation du quinquina montrèrent que sa zone de prédilection se limitait à Sérédou. L'ombrage et l'altitude (900 à 1100m) dont il jouissait à cet endroit par rapport aux autres zones écologiques du pays, expliquent en partie cette facilité d'adaptation. Deux variétés de quinquina furent testées à ces occasions, à savoir : le Ledgériana et le Succiruba. En 1948, l'on comptait quelque 254 hectares de ledgériana contre 92 hectares de succiruba.

Les écorces de la première approvisionnaient le marché de la Fédération Coloniale en sulfate de quinine. Celles de la seconde variété alimentaient le marché de la production des liqueurs et servaient la pharmacopée africaine. Une usine d'extraction de la quinine fut construite à Sérédou entre 1953 et 1955.

A l'instar du quinquina, les premiers essais concluants d'adaptation du thé furent conduits à Sérédou. Ils démontrèrent que c'était bien dans cet environnement-là que cette culture s'adaptait le mieux. D'importantes surfaces de terres furent cultivées et plus tard une unité de traitement du thé fut mise en place. Celle-ci produisait le thé qui était destiné à l'exportation.

1.7. L'orange

On la trouve un peu partout en Guinée avec une prévalence en Moyenne Guinée où elle constituait jadis, une importante source de revenus pour les familles paysannes de cette région. Hormis son essence utilisée prioritairement dans l'industrie cosmétique et pharmaceutique et son jus dans celle de l'alimentation, l'administration coloniale justifia son intérêt pour le développement de ce fruit par le fait que « *cette région a très peu de produits d'exportation et il serait dommage de négliger cette source de profit* ».[7]

C'est pour ces raisons que les programmes d'amélioration des variétés locales peu productives et de la qualité de l'essence d'orange furent entrepris après la 2e guerre mondiale. Il s'agissait surtout d'améliorer la qualité de l'essence qui s'était détériorée à cause des fraudes que les paysans pratiquaient pendant les opérations d'extraction. Ce phénomène fut d'ailleurs à l'origine de la disqualification de l'essence d'orange de Guinée sur le marché international, concurrencée à l'époque par l'essence d'origine américaine. Le corollaire fut la chute des exportations guinéennes d'essence qui tombèrent entre 70 et 80 tonnes contre 200 à 220 tonnes exportées par an avant la 2e guerre mondiale.

Parmi les mesures que les services de l'agriculture prirent pour éviter la chute continue des exportations, l'on peut citer : (i) la formation des producteurs à la notion de qualité, (ii) l'instauration et le renforcement du contrôle de qualité et (iii) l'installation d'un atelier de décantation de l'essence à Dalaba.

Toutefois, la baisse du cours de l'essence d'orange les années d'après, amena les services de l'agriculture à expérimenter la culture du bergamotier à Kindia, en Basse Côte dont l'essence se négociait à 4.500FCFA le kilogramme contre 500FCFA pour celui de l'orange.

1.8. Le Coton

C'était une culture que les Africains pratiquaient déjà. Le coton se cultivait de deux manières : par irrigation par l'Office du Niger et en culture sèche ou culture traditionnelle africaine avec ou sans encadrement de la Compagnie Française du Développement des Textiles (C.F.D.T).

---

[7] P.V de la réunion du Comité de Coordination et de Contrôle des Recherches Agronomiques et de la Production agricole (CCCRAP) tenue à Dakar en 1955.

L'intervention des services de l'agriculture coloniale consista à sélectionner les espèces qui étaient plus rentables et plus adaptées au sol et au climat guinéen. C'est dans ce cadre qu'une ferme cotonnière fut créée à Kankan pour la sélection des meilleures variétés. Cette initiative fut suivie de l'installation à Kouroussa, d'une usine d'égrenage du coton.

Outre l'utilisation de ses fibres pour la fabrication des tissus, le coton est cultivé à cause de son huile qui est employée en savonnerie. Ses tourteaux servent à nourrir le bétail. Ils peuvent également servir d'engrais. Les prix du coton à l'achat étaient fixés par le Gouverneur Général. Les commerçants s'occupaient des opérations d'achat et de la vente aux sociétés coloniales.

1.9. Le cola

Le cola pousse surtout en Guinée Forestière et en Basse Guinée. Augustin Chevalier et. al, signalent cependant la présence du colatier à Siguiri, Kouroussa et Kankan en 1899. Plus tard on le retrouve également au Sud du Fouta Djallon, notamment à Fougoumba, Kèbali, Pita et Ditinn où les services de l'agriculture dénombrèrent quelque 1.450 pieds en 1919. Trois espèces de cola étaient dominantes, à savoir : l'acuminata, le nitida et le Ballayi.

Les noix de cola faisaient l'objet d'importantes transactions commerciales que dominaient les dioulas mandingues qui achetaient ces fruits en Guinée forestière et en Basse Guinée pour les revendre dans les autres régions de la Haute Guinée et de la Moyenne Guinée. Ils les exportaient également vers certains pays du Sahel notamment le Sénégal, le Mali et le Burkina-Faso, sur les grands marchés de Saint Louis, Dakar, Kayes, Médine, Bamako, Sikasso, Bobo-Dioulasso, Djenné, Tombouctou, et Ségou (Augustin Chevalier).

Les exportations guinéennes du cola furent chiffrées à près de 6.000 tonnes en 1949 pour une valeur de 150.000.000 de FCFA. Le Gouverneur Roland Pré les qualifia plutôt d' « *exportations invisibles* » parce qu'elles n'étaient pas enregistrées dans les statistiques officielles de la colonie.

1.10. Le Karité

Ce produit de cueillette bénéficia également de l'attention des services de l'agriculture coloniale à cause de son amande dont on extrait une huile utilisée dans l'industrie cosmétique. Outre cet usage industriel, le beurre est une huile alimentaire consommée par les populations de la Haute Guinée, région où l'on trouve d'importants peuplements de l'arbre du karité. Ses valeurs thérapeutiques pour le traitement de certaines maladies respiratoires et les entorses en font également un médicament hautement apprécié par les mères d'enfants dans ladite région.

Les principaux facteurs qui limitaient (et certainement limitent encore) la production du beurre de karité étaient : (i) le ramassage qui s'effectue en hivernage par les femmes quand les herbes sont très hautes ; ce qui ne permet pas à celles-ci de stocker de grandes quantités, (ii) le manque de dispositif adéquat pour le séchage et la conservation des amandes fraîches pendant cette période ; et (iii) le caractère artisanal de son extraction et de son conditionnement.

Les principales mesures que les services de l'agriculture prirent pour éliminer ces goulots d'étranglement furent entre autres : (i) la fabrication et l'installation des fours de séchage des noix et (ii) l'encouragement des populations à commercialiser les amendes séchées.

Les exportations guinéennes de beurre de karité étaient insignifiantes à cause de sa mauvaise qualité. Notons que la principale concurrence à laquelle le karité guinéen faisait face sur le marché international, provenait essentiellement du Nigéria et du Ghana. En 1955, les cours du karité étaient de l'ordre 27 à 30 FCFA le kilogramme.

1.11. Autres cultures fruitières : l'avocatier et le manguier

L'avocatier et le manguier furent d'autres cultures fruitières auxquels les services de l'agriculture coloniale intéressèrent vivement. Cet intérêt s'expliquait d'une part, par la demande de l'avocat sur le marché des États-Unis d'Amérique, estimée à l'époque à plus de 50.000 tonnes et d'autre part, par la facilité d'écoulement de la mangue sur le marché ouest-africain.

Les programmes d'amélioration de ces cultures mirent l'accent sur la multiplication des meilleures variétés. C'est ainsi que 5 variétés d'avocat furent retenues à Kindia. L'amélioration des variétés de mangue se fit surtout par la méthode du greffage. L'Eglise catholique joua un rôle prépondérant dans la vulgarisation de cette technique en Haute Guinée, notamment dans le cercle de Siguiri, où les paysans qui se convertissaient au christianisme, recevaient prioritairement les formations dans ce cadre.

Conclusion

L'introduction de l'économie de plantation fut certes guidée par le souci de l'administration coloniale de répondre à la demande des industries françaises en matières premières d'origine agricole. Cependant, elle eut un effet d'entraînement considérable sur les activités des producteurs africains qui l'embarrassèrent avec enthousiasme à cause des revenus monétaires qu'ils en tiraient.

CHAPITRE 2

Le secteur vivrier

Fig. 2. L'introduction de la charrue à traction animale fut une véritable révolution dans l'agriculture.

2.1. Une préférence marquée pour le riz

Rappelons que les cultures vivrières qui servaient de nourriture des populations noires à savoir : le mil, le sorgho, le manioc, la patate douce, le fonio, le maïs, l'arachide et dans une certaine mesure le riz, étaient qualifiés de produits de '*'valeur spécifique négative*'' par les colons.

Ce n'est qu'après la chute des cours du latex et de l'accroissement des besoins de ravitaillement en denrées alimentaires de la métropole et des contingents militaires dans les garnisons en Guinée, du fait de la mobilisation, que cette attitude de mépris vis-à-vis de ces produits locaux fut progressivement modifiée. Ce changement d'attitude se traduisit par l'encouragement des paysans à les pratiquer et à les écouler en même temps que certains légumes frais dont les semences étaient importées d'Europe (Haricot, Oignon et Pomme de terre). La production en 1916, de près de 20 tonnes de pommes de terre enregistrée à Kankan et qui servirent essentiellement à approvisionner les villes de Beyla et de Kissidougou et la région militaire, fut l'une des conséquences de cette exhortation.

Mais c'est sur la culture du riz que les efforts de modernisation de la production vivrière mirent un accent particulier, compte tenu du fait que la Guinée était pressentie être « *le futur grenier de l'Afrique Francophone* »[8]. L'Indochine qui était le principal pourvoyeur de cette céréale, n'était plus à mesure d'honorer entièrement cette demande vers la fin de la 2e guerre mondiale. Par ailleurs, les essais de culture du riz que les services de l'agriculture effectuèrent en Basse Côte d'Ivoire, entre Abidjan et Dabou, s'étaient soldés par un échec à cause des sols très acides, inondés en très grande profondeur et qui nécessitaient de grands travaux de génie rural. Ce qui n'était pas le cas en Guinée.

D'une manière générale, le riz qui était cultivé en Guinée était de l'espèce oriza sativa. Sa production reposait sur la pratique du brûlis, l'utilisation des outils rudimentaires, tels que la daba, le coupe-coupe et la hache. En outre, elle était tributaire de l'arrivée des eaux de pluie, comme c'est encore le cas de nos jours. C'était donc une culture essentiellement pluviale.

Ce système de production ne permettait pas aux producteurs noirs de mettre de grandes quantités de riz sur le marché. C'était pour parer à cet handicap technique que l'administration coloniale opta pour l'introduction de « *la culture européenne* » du riz. Celle-ci reposait sur des itinéraires techniques nouveaux qui étaient méconnus des producteurs noirs qui pratiquaient déjà cette culture, tels que les Bagas en Basse Guinée, les cultivateurs malinkés de la Haute Guinée et les peuples de la région forestière.

Les programmes d'amélioration de la production du riz furent concentrés dans les deux grands bassins rizicoles. Celui de la région agricole de la Basse Guinée, caractérisée par les grandes plaines bordant le littoral et celui de la Haute Guinée ou zone de vallées et plaines. La Guinée Forestière, bien que propice à la culture du riz, ne reçut autant d'attention que les deux premières régions, certainement à cause de son relief qui se prêtait moins à l'usage des nouveaux outils qui étaient à introduire.

Ce fut également le cas de la Moyenne Guinée qui ne possède d'ailleurs que de modestes zones de production de riz dont la plaine du Korun à Tougué.

---

[8] In l'Avenir de la Guinée Française, Roland Pré, p.45.

C'est à ce titre qu'un vaste chantier de recherche, d'aménagement, de mécanisation et de vulgarisation du riz fut ouvert. Ces opérations marquèrent également le début du lent et profond processus de modification des habitudes alimentaires de la population guinéenne pour laquelle cette céréale deviendra l'aliment de base à partir des années 1940. Les principales étapes de cette entreprise de modernisation de la culture du riz sont décrites dans les sections ci-dessous.

2.2. La recherche

Elle débuta par la mise en place des services spécialisés ci-après : les Centres de recherche et les Fermes expérimentales. Le 1er Centre de Recherche Rizicole (C.R.R) fut implanté à Koba, dans l'actuelle préfecture de Boffa. Il était composé de la station de Koba pour la zone côtière et de celle de Kankan pour les régions soudanaises et Voltaïques (actuelles républiques du Mali et du Burkina Fasso).

Les principales activités de ces centres étaient les suivantes : (i) réaliser les inventaires des variétés locales en vue de retenir celles dont le rendement était élevé, (ii) effectuer des essais sur les possibilités de cultiver le riz en culture sèche avec apports de fumures et d'engrais chimiques, (iii) multiplier les meilleures variétés et (iv) améliorer la technique d'assolement en culture sèche et autre.

Parallèlement, deux fermes expérimentales furent créées : l'une à Tolo (Mamou) et l'autre à Bordo (Kankan) sur les rives du fleuve Milo. C'est dans ces fermes que les grandes expérimentations agricoles relatives à la culture du riz furent conduites.

Ensemble, ces institutions obtinrent d'excellents résultats à la suite des essais qu'elles conduisirent çà et là dans chacun des deux bassins rizicoles. Par exemple, les essais sur la pratique de l'assolement du riz avec l'arachide et le manioc en culture sèche et l'utilisation des engrais verts à Kankan, permirent d'obtenir des rendements de 1 à 1,5 tonne à l'hectare, contre 800 kg/ha en milieu paysan.

2.3. La mécanisation de la production

L'introduction de la culture mécanisée fut motivée d'une part par le souci d'éviter aux Européens le travail manuel dans les plantations qui était jugé mortel pour eux, et d'autre part, par le besoin d'accroissement rapide de la production vivrière, notamment celle du riz. C'est à cet effet que le Gouverneur Georges Poiret préconisa l'utilisation des bœufs dans le labour, une technique qui était déjà très répandue en Europe, mais inconnue en Guinée. Ces animaux qu'il qualifiait *''d'énergie dormante des Africains'',* servaient (servent encore) comme dot lors des mariages. En outre, ils étaient une source de richesse et de prestige sociale pour les familles paysannes qui les possèdent dans les villages.

L'utilisation de la nouvelle énergie devrait alléger le travail manuel des Africains qui étaient astreints aux travaux lourds dans les plantations européennes à titre d'ouvriers agricoles et à la culture de leurs propres champs pour satisfaire leurs besoins alimentaires et participer à ainsi l'effort de guerre à travers la fourniture obligatoire de vivres (riz notamment). Cette entreprise de mécanisation fut cependant une véritable révolution dans l'agriculture. Elle peut être divisée en deux principales phases suivantes :

2.3.1. L'introduction de la culture attelée

Elle fut caractérisée par l'introduction de la charrue à traction animale en Guinée. Les principales séquences de cette révolution sont présentées dans le tableau n°4.

Tableau No. 4 : Chronologie de l'introduction de la charrue à traction animale en Guinée.

Dates	Actions
1897	Arrivée de trois agents de culture de France ; création du jardin d'essai de la Camayenne à Conakry et de la ferme modèle de Timbo (Mamou) pour le dressage des bœufs à traîner les charrues. Dix bœufs dressés à tirer les charrettes sont testés avec succès.
1899	18 bœufs dressés furent utilisés pour la première fois dans le transport des matériaux de construction de la route ''Le Prince'' à Conakry.
1906	Création de la première ferme école à Yirikiri, entre Kouroussa et Kouma-na, en Haute Guinée, sur les rives du Niger.
1907-1913	Essais d'élevage des bêtes de labour à Dalaba et à Mamou en Moyenne Guinée. Cette première opération fut un échec.
1914	Le premier plan de la campagne agricole est tracé par arrêté du gouverneur.
1916	Utilisation de la charrue par les Africains à Konsondougou (Dabola) et à Kankan en Haute Guinée.
1918	Utilisation de 24 charrues par les Africains dans le cercle de Kankan en Haute Guinée.
1919	Lancement du programme de bourse d'études en Agriculture en France.
1924	Ouverture de la première école de labourage sur la rive droite du Milo à Kankan en Haute Guinée.
1927	Ouverture de la deuxième école de labourage à Bomboli dans le cercle de Pita en Moyenne Guinée.

Source : compilation de l'auteur.

L'utilisation de la charrue à traction animale accrut le rendement du riz à l'hectare en Haute Guinée de l'ordre de 175% à 200% par rapport à la daba (voir tableau No.5). D'autres changements positifs observés concernent l'extension des superficies cultivées qui passèrent en moyenne de 1 à 7 hectares par cultivateur en 1919. Sur le plan de l'élevage, il fut noté un réel engouement des populations pour cette activité suite à l'augmentation de la demande pour les animaux de trait. En 1924, le prix d'un animal de labour valait 4 fois plus celui d'un bœuf de boucherie.

Tableau No. 5 : Comparaison des rendements obtenus à l'hectare à la daba et à la charrue en 1924.

Variétés de riz	Daba	Charrue
Bintou Balla	800/1200	1800/2300
Bala Oulé	800/1200	1800/2300
Mélèkè	800/1200	1800/2500

Source : Le développement de la culture moderne et la naissance du Crédit Agricole en Guinée Française, p.55

2.3.2. L'utilisation de l'énergie mécanique

Le succès de la culture attelée n'était plus à démontrer d'autant plus qu'elle permit d'élever le niveau de la productivité du travailleur rural. Il s'agissait maintenant d'améliorer cette méthode en apportant l'énergie mécanique. C'est dans ce cadre que le Centre de Culture Mécanique de Siguiri (C.C.M.S) en Haute Guinée fut créé plus tard en 1948 en vue de l'expérimentation de la culture mécanique du riz. Le C.C.M.S disposait d'une brigade de 10 tracteurs.

Les préparatifs du lancement de cette opération pilote pour la campagne agricole de 1949 débutèrent en août 1948 par la formation de 18 conducteurs de tracteurs aux techniques de labour et de pulvérisation. C'est à cette occasion que mille cinq cents (1.500) hectares de terre furent labourés dans le Djoma et à Nounkounkan sur les deux mille (2.000) hectares qui étaient projetés.

L'introduction de la culture mécanique accrut la production du riz. Ce fut une expérience réussie. C'est pourquoi la décision fut prise de l'étendre à d'autres zones pendant la campagne suivante (1950), dans les cercles (actuelles préfectures) voisins de Kankan et de Kouroussa.

Mais contrairement à la charrue à traction animale qui était plus accessible aux paysans, le tracteur était une machine hors de portée de ceux-ci, compte tenu de son prix et des conditions de son exploitation. Ce qui limitait l'accès individuel des paysans à cet engin.

Ce fut dans le but d'éliminer ce handicap que l'administration préconisa l'institution du labour collectif des terres sur la base d'un contrat. Cette approche devrait, à terme, favoriser la constitution des coopératives de producteurs de riz qui entreprendraient différents travaux de production (préparation des sols, organisation des récoltes et éventuellement l'usinage du riz paddy) pour le compte de leurs membres.

Selon le gouverneur Roland Pré, cette démarche se heurta malheureusement à la résistance des « *cultivateurs très individualistes* »[9]. En d'autres termes, cela voulait dire que ces cultivateurs préféraient le travail individuel au travail collectif.

2.4. Les aménagements hydro agricoles

Les travaux d'aménagement hydro agricoles furent entrepris dans les deux grands bassins rizicoles : la Basse Guinée par la construction des digues et le dessalement des eaux de mer et la Haute Guinée, par la construction des barrages et des canaux d'irrigation, pour l'élimination de la culture sur les flancs de montagne.

Plusieurs cas de succès furent enregistrés dans chacune de ces zones entre 1939 et 1945. Par exemple 2.000 hectares de rizière furent aménagés dans le casier rizicole de Monchon à Boffa en Basse Guinée. En Haute Guinée, les vallées et affluents du Niger à Siguiri furent équipés de 40 ouvrages principaux et de 200 ouvrages secondaires. Ce qui permit la mise en valeur de 1.300 hectares dont 1.200 étaient mécaniquement exploités.

Des résultats intéressants furent également obtenus en termes de rendement à l'issue de ces grands travaux. Par exemple, en zone littorale, l'on obtint des rendements de 2 tonnes à l'hectare dans les zones aménagées ou '*'zones cultivées à l'Européenne*''. A l'intérieur, le rendement oscilla entre 1,5 et 1,8 tonne à hectare dans les rizières.

[9] Roland Pré ''L'avenir de la Guinée française'', p.70

Fig. 3. La ferme à vocation rizicole d'Yrikiri implantée en 1906 sur la plaine entre Kouroussa et Koumana équipée d'une batteuse à riz, servait d'école d'agriculture.

2.5. La formation des agriculteurs à la culture mécanique

L'introduction de la culture attelée fut soutenue par un vaste programme de formation des agriculteurs africains à la nouvelle technique. Car pour le Gouverneur Poiret : « *aucun progrès agricole ne sera jamais réalisé s'il n'est pas compris, accepté, adopté par la masse des cultivateurs indigènes et mis à leur portée…* ».[10] Cette activité, il faut le rappeler, débuta en 1897 avec l'arrivée des trois agents de culture de France cités plus haut.

Ce sont eux qui organisèrent les premières séances de formation des agriculteurs africains au dressage et à l'utilisation des bœufs dans le jardin d'essais de la Camayenne à Conakry et dans la ferme modèle de Timbo à 56 km de Mamou en Moyenne Guinée, sur la route nationale No.1, Conakry-Kankan.

Mais l'enseignement proprement dit de l'agriculture aux jeunes paysans, débuta dans la ferme école d'Yirikiri située entre Kouroussa et la sous-préfecture de Koumana au bord du fleuve Niger. Suite à l'accroissement de la demande pour les charrues, il fut institué un programme de bourses d'études en France dont le but était de former les moniteurs agricoles. Cette catégorie d'agents devrait à leur retour,

[10] In Le développement de la culture moderne et la naissance du Crédit Agricole en Guinée Française, 1928, p.18

assister les Européens pour la formation des paysans au dressage des animaux et à l'utilisation des charrues.

Pour se rassurer que les boursiers aillent rester dans les fermes où ils devraient apprendre les nouvelles techniques agricoles en France pendant la durée de leurs études qui était de douze mois, ou qu'ils n'allaient pas rentrer avant la fin du programme, sauf pour raison de santé, leurs familles devraient s'engager à rembourser les dépenses effectuées par la colonie pour leur formation.

Ce programme se poursuivit pendant quelques années, jusqu'au moment où l'administration s'aperçut que les bénéficiaires des bourses n'étaient pas toujours ces jeunes qui pratiquaient ce métier. Ainsi, au lieu de continuer à envoyer des candidats dont elle n'était pas certaine du retour, la décision fut prise de former les jeunes africains sur place.

C'est en application de ce dispositif que l'école de labourage de Kankan fut créée le 1er janvier 1924 pour la formation des jeunes paysans de la Haute Guinée et de ceux de la Guinée forestière. La seconde école de labourage fut ouverte trois ans plus tard, le 1er mai 1927 à Bomboli dans le cercle de Pita pour les jeunes de la Basse-Guinée et ceux de la Moyenne Guinée. Les élèves étaient enrôlés dans ces établissements à partir de l'âge de 14 ans pour une durée de 18 mois de formation dont le coût était réparti entre les parents d'élèves et la colonie comme suit :

Les parents devraient fournir les vêtements et la literie pour leurs enfants. La colonie, elle, construisait les cases pour le logement des élèves, fournissait les ustensiles de cuisine et donnait la nourriture pour une année.

La production que les élèves effectuaient au cours des derniers six mois servait à leur alimentation. Les bœufs de labour que la colonie offrait étaient cédés aux parents à prix coûtant à la fin du stage de leurs enfants.

La cession de ces animaux était conditionnée par un engagement des parents à les utiliser dans leur exploitation pour la traction et la production de fumier. Ils devraient les loger conformément aux règles d'hygiène requises et les nourrir convenablement en toute saison. Ils devraient constituer les fourrages pour leur nourriture en saison sèche. Ces opérations étaient suivies par un agent de l'agriculture.

Des concours de labour furent instaurés entre les élèves pour sanctionner les formations. Citons à titre d'exemple ceux de Kèbali (Mamou) et de Kankan en 1923. En 1924 trois concours furent organisés : l'un à Madinani près de Kankan, l'autre à Ditinn (Dalaba) et le 3e à Timbi Touni (Pita). Ces exercices physiques étaient initialement primés en espèces.

A partir de 1926, deux sortes de primes furent instituées : l'une en nature et l'autre en espèce. Les primes en nature étaient constituées de charrues, de herses, et de deux chaînes de traction qui étaient fabriquées par les forgerons des écoles d'outillage de Labé et de Kankan. Les concours de labour organisés cette année en Moyenne Guinée et en Haute Guinée furent couronnés par l'organisation d'une Foire Agricole à Kankan.

2.6. La Foire Agricole de Kankan

Le choix de Kankan pour abriter cet événement commercial fut justifié par sa position géographique centrale par rapport au Soudan (actuelle République du Mali), la Côte d'Ivoire, le Libéria et le Sierra Léone et les autres régions agricoles de la Guinée. Notons par ailleurs que la ville connaissait déjà un essor économique remarquable grâce à l'accroissement de la production agricole locale et au dynamisme du commerce que l'arrivée du train, le 14 août 1914, dans cette métropole, avait boosté.

Les participants à la foire étaient des agriculteurs, des commerçants, des artisans colons européens et africains. Le coût de la foire était réparti entre la colonie qui offrait une subvention et la commune mixte de la ville de Kankan qui inscrivait les dépenses à son budget. Pour encourager la participation des opérateurs de Conakry et ceux des autres villes situées le long du chemin de fer, les tarifs des billets furent réduits de moitié (50%) pendant la durée de l'évènement qui était de 15 jours.

Cette édition fut un grand succès comme le décrit le chef du Bureau économique de la colonie : « *Le marché est déclaré ouvert et c'est la ruée vers les étalages ; les serpents d'or de Siguiri, les coussins brodés du Fouta Djallon, les statuettes de Beyla, les peaux de panthères et de singes de la forêt et même des pierres taillées de l'âge néolithique qu'un Kissien vend 1 franc pièce, sont enlevés rapidement. Mais là-bas, aux sections céréales, des oléagineux, des tabacs, de grosses affaires se traitent sur les échantillons présentés. Un cultivateur s'engage à livrer 20 tonnes de riz dès après la récolte : un producteur du Kouroulamini passe un contrat pour 50 tonnes d'arachides.*

L'activité commerciale est telle qu'en trois (3) jours les produits avaient été enlevés et que les exposants venus de loin purent se livrer à leurs achats personnels dans les magasins de la ville dont certains virent leur chiffre moyen d'affaires multipliés par 20 au cours de ces journées ».[11] Une seconde édition de la foire agricole de Kankan fut programmée en mars 1928, soit deux ans après cette édition.

Il convient de souligner que l'introduction de la culture mécanique eut pour effet, l'accroissement exponentiel des superficies labourées, l'augmentation considérable de la production, la multiplication de l'effectif des bœufs de labour et du nombre de détenteurs de charrues comme l'on peut le noter dans le tableau No.6. En 1949, la production Guinéenne des vivres ci-après était la suivante : (i) riz : 180.000 tonnes ; (ii) Fonio : 75.000 tonnes ; (iii) maïs : 23.000 tonnes ; (iv) arachide : 2.100 tonnes.

Tableau No. 6 : Détenteurs de charrues, bœufs de labour et superficies labourées en 1918 et 1928.

No.	Désignation	1918	1928	%	Obs.
1	Cultivateur	9	2.548	28.311	
2	Charrues	12	3.391	28.258	+ 2055 herses
3	Bœufs	129	9.841	7629	
4	Hectares labourés	40	18.738	46845	

Source : La Guinée Française, Agence Economique de l'A.O.F, p.9

Conclusion

La vulgarisation de la culture du riz visait essentiellement à faire participer les Africains à l'effort de guerre et à soutenir le développement de l'économie de plantation. Elle s'est traduite par l'accroissement effectif des superficies que ces derniers consacraient à cette culture.

[11] In Pierre Vidaud : ''Le développement de la culture moderne et la naissance du Crédit Agricole mutuel en Guinée Française'', 1928, p. 65

DEUXIEME PARTIE

La prise en main de l'agriculture par les nouvelles autorités en 1958

CHAPITRE 3

La réorganisation du secteur rural

Les mouvements de décolonisation nés en Afrique à la fin de la Deuxième Guerre mondiale, aboutirent à l'indépendance politique de nombreux pays africains, à partir de 1950. Mais les transferts de pouvoirs qui suivirent entre l'administration coloniale sortante et les nouvelles autorités autochtones se firent dans des conditions parfois brutales. Ce fut le cas en Guinée.

3.1. Un transfert brutal

Le dimanche 28 septembre 1958, les Guinéens rejetèrent majoritairement, par référendum (94%), le projet de constitution de la communauté proposée par la France du Général de Gaulle. Ce choix historique eut des répercussions fâcheuses sur les relations post coloniales des deux pays.

Dans un rapport de la Banque Internationale pour la Reconstruction et le Développement (B.I.R.D), l'on note ce qui suit : « *L'indépendance de la Guinée est survenue brusquement. Il n'y a pas eu de passation de pouvoirs de la part de l'ancienne administration française et une nouvelle administration, qui par la force des choses, était entièrement africaine a dû être mise sur pied en partant de zéro* »[12].

En effet, le Général de Gaulle ayant pris pour affront politique, la décision de la Guinée et de son leader pour l'indépendance immédiate, s'opposa à « *...toute idée de continuation normale des rapports franco-guinéens* »[13] au lendemain de la proclamation des résultats du vote. Son refus se matérialisa par les faits ci-après :

---

[12] Rapport No. AF-41c, du 3 Mars 1966, p.1 in l'économie de la Guinée.

[13] Lansiné Kaba,'' Le « Non » de la Guinée à De Gaulle'' p. 172.

- (i) La fermeture systématique des bureaux et le départ immédiat du personnel européen de l'administration coloniale,
- (ii) La suspension de toute forme d'assistance à la jeune république et
- (iii) L'engagement des manœuvres politiques auprès de ses alliés occidentaux pour isoler politiquement la Guinée sur la scène internationale.

Sur le plan monétaire, l'on assista au transfert massif des fonds vers la métropole et d'autres colonies voisines à la Guinée (Sénégal et Côte d'Ivoire notamment). Ce qui fit baisser brutalement l'activité des banques à cause de l'insuffisance de crédit pour financer les opérations commerciales, elles-mêmes au ralenti.

Dans le secteur de l'agriculture qui occupait 93% de la population en 1958, cette séparation brutale fut ressentie avec beaucoup de peine, tant l'effectif et la qualification du personnel africain laissé sur place, étaient dérisoires au regard des immenses besoins d'encadrement que ce retrait soudain entraîna. La gestion des principaux services agricoles fut confiée à ce personnel autochtone moins qualifié et peu nombreux.[14]

Par ailleurs, faute de crédits, tous les chantiers de l'agriculture qui étaient financés par le Fonds d'Investissement pour le Développement Economique et Social (FIDES), furent immédiatement arrêtés, notamment les programmes rizicoles. Les agriculteurs blancs furent encouragés à quitter le pays et à s'installer en Côte d'Ivoire, contre des appuis financiers.[15]

Sur le plan commercial, d'importantes quantités de produits agricoles destinés à être exportés vers la France furent rejetés, en guise de représailles économiques. Il s'agissait pour les autorités françaises d'éviter de renflouer les caisses du nouvel Etat en devises étrangères.

Désemparées, les nouvelles autorités se tournèrent vers les pays du bloc communiste pour vendre ces produits agricoles dans le cadre d'un troc. Ces nations dont un grand nombre avaient déjà formellement reconnu la jeune république livraient des équipements en retour, sans que cela ne provoque des mouvements de devises entre les deux parties.[16].

---

[14] Il s'agit des services suivants : le conditionnement, la protection des végétaux et le génie rural dont la section fut la plus affectée à cause du manque de cadres africains spécialisés dans ce domaine.

[15] Sidki Kobélé Keita ''Des complots contre la Guinée de Sékou Touré (1958-1984)'', p.41.

[16] Boubacar Yacine Diallo : '' D'un régime à l'autre'', 1997, p. 24.

Ce système de clearing se poursuivit pendant plusieurs années dans le cadre des accords Le volume des exportations Guinéennes vers ces pays passa de 24% en 1960 à 33,3 % en 1966. Quant aux importations guinéennes en provenance des mêmes pays, elles s'accrurent de 40,5% à 63,4% au cours de la même période[17].

Dans le secteur de l'éducation, l'on assista à une pénurie d'enseignants à tous les niveaux, suite au départ subit du personnel européen. Ce qui perturba dangereusement le fonctionnement de l'unique Centre d'Apprentissage Agricole (C.A.A.M) de Tolo (Mamou) qui formait les moniteurs d'agriculture.

C'est dans ce contexte de dénuement total que les nouvelles autorités prirent le secteur agricole en main. La batterie de mesures urgentes qu'elles engagèrent dans le cadre de cette transition mal préparée et désordonnée dans le domaine de l'agriculture furent entrés autres les suivantes :

- La suppression, suivant le décret No. 21 du 19 janvier 1959, pour raison d'insuffisance de crédit, des indemnités de déplacement pour tournées et missions des fonctionnaires de l'Etat,
- Le recours aux fonctionnaires de la ville de Mamou et le recrutement des diplômés des Collèges Techniques Agricoles de Bengerville (Côte d'Ivoire) et de Porto Novo (Bénin, ex-Dahomey) pour suppléer au manque d'enseignants au C.A.A.M,
- La création et l'entretien des pépinières de plants de caféiers en région forestière,
- La recherche de terres plus propices à la culture du riz en Haute Guinée et
- La lutte contre les insectes et les maladies dans les plantations de bananes en Basse Guinée.

Par ailleurs, animées d'un nationalisme brûlant et déterminées à consolider l'indépendance fraîchement acquise, face à un ancien maître menaçant et prêt à remettre en cause le choix historique effectué par la jeune république, les nouvelles autorités montrèrent un penchant profond pour une intervention musclée de l'Etat dans tous les secteurs de l'économie nationale y compris celui de l'agriculture.

Faut-il souligner le fait que tout cela se passait dans un contexte politique de guerre froide, caractérisé par la bipolarisation du monde. D'un côté l'Occident, fervent défenseur du marché libre avec les Etats-Unis en tête ou bloc de l'Ouest. De l'autre, les pays du bloc

---

[17] Ministère de l'Industrie du Commerce et Artisanat, Oct. 1990, p.144.

communiste, dirigé par l'Union des Républiques Socialistes Soviétiques (U.R.S.S), foncièrement portés sur l'intervention robuste de l'Etat dans l'économie, ou bloc de l'Est. C'est cette politique dirigiste propre au bloc de l'Est que les nouvelles autorités embrassèrent. Elle se traduisit par l'instauration du collectivisme dans le secteur de l'agriculture.

3.2. Une option affichée pour la collectivisation de l'agriculture

Ce choix se concrétisa à travers l'élaboration du premier plan de développement ou plan triennal (1960-1963). Cette opération se déroula dans le cadre d'une planification centralisée qui revêtit un caractère populaire comme on peut le noter dans la procédure décrite ci-après : « ... *Toutes les propositions des villages et des régions devront, sur l'initiative du Parti, être discutées par la population. Avant étude à l'échelon supérieur ...les organes centraux de planification feront la synthèse de ces propositions locales...A l'échelon central, la préparation et le contrôle du plan sont assurés par un organisme de planification et un comité interministériel du plan, composé de tous les ministres directement intéressés par la réalisation du plan* ».[18].

Le plan envisagea entre autres objectifs, le remplacement des structures de production héritées de la colonisation. Mais, le plus important, fut le rôle de premier ordre qui fut assigné à l'Etat dans sa mise en œuvre au détriment du secteur privé. Car pour les nouvelles autorités, seule l'implication totale de l'Etat pouvait garantir une exécution correcte et contrôlée du plan. Cette approche fut exprimée de la façon suivante : « *les progrès de la production s'inscriront le plus longtemps possible dans le cadre de la propriété collective et sociale des moyens de production. Le secteur d'Etat et le secteur coopératif devront jouer rapidement un rôle dominant dans tous les domaines* »[19]

Les objectifs de production et les principales étapes de la mise en œuvre du volet agricole du plan et les résultats obtenus sont examinés dans les sections qui suivent.

---

[18] Directives générales pour l'élaboration du Plan triennal, 1960-1963, Document II, pp.20-24.

[19] Directives générales pour l'élaboration du Plan triennal, 1960-1963, Document II, p.2.

3.3. Les objectifs de production agricole du plan triennal

L'accroissement de la production agricole fut considéré avec justesse comme la base de l'amélioration du niveau de vie des populations et de la consolidation de la position commerciale de la Guinée sur le marché international. Cette volonté fut matérialisée par la fixation à 50% la part de la production agricole dans le budget du plan, contre respectivement 30% et 20% respectivement pour les secteurs de l'équipement social et des infrastructures administratives. Les accroissements individuels par culture que le plan projeta étaient les suivants : le riz, 15% ; le manioc, le taro, le mil et le fonio : 10% ; le Maïs : (5%); les légumes verts : 20%.

S'agissant des cultures d'exportation, l'accent fut mis sur la production de la banane dans la zone de Kindia, en Basse Guinée. Les projections pour l'ensemble des produits de cette catégorie de cultures sont présentées dans le tableau No.7.

Tableau No.7 : Projection de production des cultures d'exportation du plan triennal 1960-63.

No.	Cultures	Tonnages prévus	Pourcentage (%)
1	Bananes	130.000	52
2	Ananas	35.000	14
3	Palmistes	30.000	12
4	Café	16.000	06
5	Arachides	32.500	13
6	Agrumes	6.325	03
7	Total	249.825	100

Source : La Guinée : évolution 1959-1962 et le plan triennal 1960-63, p.144

3.4. La mise en œuvre du volet agricole du plan.

Le dispositif de mise en œuvre du volet agricole du plan mit l'accent sur la restructuration des institutions héritées de la colonisation. Ce processus débuta par la création d'un Ministère de l'Economie Rurale suivant le décret No.116/PRG du 10 avril 1961. Outre le cabinet du Ministre, ce département comprenait la Direction des services, l'Office de la banane et des fruits de Guinée, le Centre Autonome de Quinquine de Sérédou (Macenta) et l'Institut de Recherches Fruitières de Foulaya (Kindia). Une Direction Régionale de la Production coordonnait les activités de production au niveau régional (actuel préfecture). Trois autres types d'institutions furent créées à la faveur de cette restructuration :

3.4.1. Les Institutions de production

Elles s'inscrivaient dans le cadre de la réorganisation des coopératives agricoles sur la base collectiviste, conformément aux dispositions du décret n°218/PG du 9 août 1960. La vocation principale de ces institutions rurales était d'organiser la production sous la tutelle de l'Etat. Les plus importantes étaient les suivantes :

✓ Les Centres Nationaux de Production Agricoles (C.N P.A.)

Les C.N.P.A étaient des fermes d'Etat à l'image des kolkhozes en U.R.S.S. Le gouvernement les dota d'importants moyens mécaniques comprenant les tracteurs, les bulldozers à chenilles, les moissonneuses et autres engins agricoles. Ces engins furent déployés dans les grandes plaines de la Haute Guinée et de la Basse côte, notamment. Les activités des C.N.P.A étaient prioritairement orientées vers la production des cultures d'exportation et du riz.

✓ Les Centres de Modernisation Rurale (C.M.R)

Présentes dans chaque région administrative (actuelle préfecture), leurs missions principales étaient de former les animateurs villageois, d'aménager de nouvelles terres, de fournir des semences et des plans sélectionnés aux Coopératives Agricoles de Production (C.A.P) et de produire du riz. Les C.M.R étaient équipés de charrues, de tracteurs, de concasseurs de palmiste et de moissonneuses, selon les régions.

✓ Les Coopératives Agricoles de Production (C.A.P)

Elles regroupaient les paysans d'un même village. Leurs fonctions essentielles étaient les suivantes :

- Entreprendre l'élevage collectif moderne du bétail et de la volaille dans les villages,
- Introduire la pratique de l'attelage animal et mécanique,
- Organiser les travaux agricoles collectifs en s'appuyant sur la jeunesse rurale,
- Encourager la production de fumiers,
- Œuvrer à la stabilisation du bétail par le fauchage des fourrages spontanés ou semés en vue de l'alimentation des bêtes en saison sèche et
- Assurer la commercialisation des produits agricoles de leurs membres.

✓ L'Office de la Banane Guinéenne (O.B.G).

C'était une structure de production indépendante dont les principales fonctions étaient l'importation des intrants et des matériels agricoles et l'exportation de la banane.

3.4.2. Les institutions de commercialisation

Elles furent créées dans le cadre de la réorganisation du commerce. Ces institutions dont le nombre et la forme varièrent au fil des ans, devraient se substituer aux sociétés coloniales de commerce qui détenaient jadis le monopole des importations et des exportations des produits agricoles[20]. Mais contrairement à celles-ci, les nouvelles structures de commerce étaient des entreprises d'Etat dont les fonctions principales étaient l'achat et la distribution des produits agricoles et des articles manufacturés que le gouvernement importait.

Le Comptoir Guinéen du Commerce Intérieur (C.G.C.I) et le Comptoir Guinéen du Commerce Extérieur (C.G.C.E) furent les premières structures de ce type que le gouvernement mit en place sous la tutelle du nouveau Ministère de l'Economie Générale. Le premier avait pour fonction d'acheter, de stocker les produits agricoles et de distribuer les produits manufacturés que l'Etat importait. Le second était chargé des exportations des produits agricoles. Le Comptoir Régional du Commerce (C.R.C) jouait les deux fonctions à l'échelle régionale (actuelle préfecture).

Plus tard, les comptoirs furent supprimés et remplacés par les Offices de Commercialisation Agricoles (O.C.A) à l' occasion du Conseil National de la Révolution (CNR) tenu à Labé en juin 1968. Cette structure cumulait les fonctions de commercialisation des produits agricoles et de ravitaillement des producteurs en marchandises d'importation. Dans les arrondissements (actuelles sous/préfectures), il fut créé le Magasin Général. Celui-ci achetait les produits agricoles au niveau des villages et vendait les marchandises importées aux paysans.

La suppression des Offices de Commercialisation Agricoles (O.C.A) et de l'Office de la Banane Guinéenne (O.B.G) donna naissance à de nouvelles entreprises dont (i) AGRIMA (Entreprise nationale d'importation de matériels agricoles), (ii) ENISEP (Entreprise Nationale d'Importation des Semences et Pesticides) et (iii) GUINEXPORT (Entreprise Guinéenne d'exportation). La première

[20] Par exemple : la Compagnie Française de l'Afrique Occidentale (CFAO), la Société Commerciale de l'Ouest Africain (SCOA), la Compagnie Anglaise Paterson-Zochonis (PZ), les sociétés grecques Foufounis et Theodossopoulos.

(AGRIMA) importait et vendait les machines et les équipements agricoles, la seconde (ENISEP) faisait venir les intrants agricoles y compris les semences et la troisième (GUINEXPORT) exportait les produits agricoles. Cette dernière fut retirée en 1971 et remplacée par de nouvelles entités qu'étaient : PROSECO (Produits Secs et Oléagineux) et FRUITEX (Fruits d'exportation). D'autres entreprises furent créées les années qui suivirent comme nous le verrons dans les chapitres qui suivent.

La fixation des prix des produits agricoles fut un autre élément important de la nouvelle politique commerciale de l'Etat. Au lieu d'être le résultat de l'interaction de l'offre et de la demande du marché, les prix des produits agricoles et des articles manufacturés que l'Etat importait, étaient le fruit d'un travail administratif laborieux qu'effectuaient les responsables des dites entreprises.

Par ailleurs, afin d'assurer une plus grande honnêteté dans les opérations commerciales de détail, il fut envisagé d'uniformiser les poids et les mesures sur le marché. Des bascules et des balances furent importées et mises à la disposition des entreprises publiques.

3.4.3. Une institution de financement

Les nouvelles autorités n'occultèrent nullement le besoin du Crédit Agricole. La création de la Banque Nationale de Développement Agricole (B.N.D.A) avait pour but, entre autres, de faciliter le financement des opérations inscrites au plan et de servir de banque de dépôts des agriculteurs, des coopératives et des offices agricoles.

La B.N.D.A n'était pas représentée sur le terrain, c'est-à-dire à l'intérieur du pays. C'est aux succursales du crédit national, une banque commerciale, que revint la tâche de distribuer le Crédit Agricole dans les régions. Cette opération se fit sans discrimination aucune entre celles-ci. Car il fallait éviter de frustrer les responsables politiques qui avaient participé à la lutte pour l'indépendance. Le Président de la République lui-même estimait que l'inobservation de ce principe pouvait être exploitée par les opposants au régime pour discréditer le Parti et semer la division dans ses rangs.

Le crédit fut majoritairement orienté vers l'achat des produits agricoles à travers les offices de commercialisation. Le financement de l'activité individuelle de production proprement dite, menée par les petits producteurs, fut relégué au second plan. Par contre, d'importants fonds furent orientés vers l'achat des machines et des équipements agricoles lourds qui étaient destinés aux structures étatiques de production décrites plus haut. Des crédits furent également octroyés à de nombreux responsables politiques et sympathisants du Parti, sans que leurs capacités de remboursement ne soient prises en compte.

3.4.4. L'investissement humain

La participation des populations à la réalisation des actions agricoles du plan fut un élément important de la politique de collectivisation agricole. Elle s'est faite dans le cadre de l'investissement humain qui était un travail collectif non rémunéré. C'est le IVe congrès du Parti Démocratique de Guinée (P.D.G), tenu en juin 1958 à Conakry, qui décida de faire de cette activité «*... un des éléments du développement économique et de l'amélioration sociale du pays*»[21]. Cette politique fut encouragée lors du 6e congrès national du PDG/RDA qui se tint également à Conakry du 27 au 31 décembre 1962.

C'est à cet effet que les populations furent régulièrement sollicitées pour travailler dans les champs collectifs agricoles et pour l'exécution d'autres actions non agricoles qui étaient inscrites au plan. Par exemple : la construction des édifices publics. La mesure fut étendue à d'autres couches sociales, notamment les éléments de l'armée nationale, les travailleurs de l'administration générale et les hauts cadres de l'Etat à l'occasion dudit congrès, sur injonction du président de la République.

La participation de l'armée s'est faite initialement à travers les Brigades des Services Civiques (B.S.C) que le gouvernement créa en 1960. Les éléments de cette unité paramilitaire étaient des jeunes gens qui étaient recrutés dans les villages et mis à la disposition de l'administration naissante dans les arrondissements en tant que force de dissuasion.

Ces hommes apprenaient le maniement des armes, assuraient le maintien de l'ordre dans les villages et participaient à l'exécution des actions agricoles du plan. C'est à cet effet qu'ils furent déployés dans les régions qui abritaient d'importantes actions agricoles du plan. Par exemple à Boffa, Kindia et Forécariah en Basse Guinée dans le cadre de l'action banane et riz. A Kankan dans les plaines de Bafèlèn, un village de la sous-préfecture de Bassando-Moribaya, pour leur participation aux travaux de production du riz ou à Beyla, dans le cadre de l'action tabac.

La participation des travailleurs de l'administration à ces travaux collectifs de production fut programmée les vendredis à partir de 13 heures. Mais cette mesure fut vite abandonnée car les fonctionnaires l'assimilèrent à une corvée administrative qu'ils trouvaient rebutante.

---

[21] L'Afrique en marche, Tome 10, p.476.

Certains hauts cadres de l'Etat s'engagèrent dans les actions agricoles. Selon Jean Paul Alata, ceux qui entreprirent de grandes actions agricoles individuelles suite à cette exhortation du Président de la République, virent leurs activités interrompues pour raison de complots. Ce fut par exemple le cas de Fodéba KEITA, à Siguiri, en Haute Guinée et de Baidy GUEYE, à Kindia, en Basse Guinée. Le premier était ministre de la République, le second était le Président de la Chambre de Commerce de Conakry.

La participation du secteur privé à la mise en œuvre du plan devrait se faire dans le cadre du regroupement des producteurs en coopératives agricoles. D'une manière générale, le terme privé désignait les commerçants dont les activités de négoce étaient jugées incompatibles avec la politique d'interventionnisme du nouveau régime dans le secteur du commerce.

Ces gens étaient régulièrement soupçonnés d'organiser l'exportation clandestine des produits agricoles, des animaux et des articles manufacturés que l'Etat importait pour le compte des populations. Ce qui était contraire à la ligne du Parti en matière de commerce. Le Président disait qu'ils « *...profitaient cyniquement de cette circonstance pour s'accaparer de tout ce qu'on importait. Les paysans en étaient privés et la vente s'effectuait en dehors du pays* »[22].

En outre, il y avait aussi la forte appréhension que les commerçants pouvaient servir d'agents de renseignements pour les nombreux groupes d'opposants au régime qui s'étaient installés dans certains pays voisins avec lesquels la Guinée entretenait des relations politiques difficiles en ces années là. C'était le cas par exemple de la Côte d'Ivoire de Félix Houphouët Boigny et du Sénégal de Léopold Sedar Senghor.

Ce sont ces considérations et d'autres certainement qui rendirent leur maintien difficile dans le circuit officiel de la commercialisation des produits agricoles, en dépit de l'agrément dont certains des commerçants disposaient pour exercer ce métier.

Quels furent les résultats du plan en termes de production agricole ? L'examen des rapports, des comptes-rendus, des statistiques d'exportation des produits agricoles et d'autres faits, montrent que ceux-ci furent largement en deçà des espoirs qu'il souleva lors de son lancement.

[22] Tome 27, p. 163.

3.5. Des résultats en deçà des espoirs soulevés

Ce triste constat est celui que l'on note dans la conclusion du rapport d'exécution du plan, partie agricole, présenté par Diallo Daouda, alors inspecteur général de l'agriculture. L'intéressé écrit : « ....*En 1962 cette stagnation devait aller au pis. Car non seulement les prêts consentis par la B.N.D.A étaient médiocres et les budgets régionaux dérisoires, mais aussi ces crédits étaient eux-mêmes détournés de leur orientation initiale au profit parfois d'équipements en matériels roulants : voiture légère de tourisme. L'action proprement dite n'en reçoit qu'une partie fort insignifiante, ne permettant de rien réaliser. Voilà pourquoi l'on enregistre partout une stagnation dans le cadre du plan triennal, pour la partie agricole* »[23].

D'autres insuffisances spécifiques qu'il nota étaient les suivantes : (i) *le manque de méthode, matérialisé par de nombreuses divagations regrettables, (ii) un nombre important d'activités à réaliser sans fonds et parfois sans même un intérêt d'ordre technique* (Diallo Daouda).

Lors de son discours à l'ouverture du Conseil National de la Révolution (C.N.R), le 16 avril 1964 à Guéckédou, le Président Ahmed Sékou Touré fit à son tour la remarque suivante : « *Dans le domaine agricole, qui touche le grand nombre, nous sommes en retard par rapport à la puissance mobilisatrice de nos mots d'ordre et aussi par rapport à la signification qui s'est attachée au lancement du Premier Plan Triennal en République de Guinée.* »[24]. Dans son intervention, il insista sur les facteurs suivants qui, selon lui, concoururent au mauvais résultat :

- (a) la confusion entre le budget du plan et les autres budgets servant au fonctionnement régulier de ce qui existe déjà,
- (b) l'esprit de clan par le fait que chaque département voulait absolument faire passer ses opérations au plan,
- (c) l'absence d'harmonie entre les actions engagées,
- (d) la négligence des possibilités de remboursement des prêts, et
- (e) la non-planification des travaux.

Quant au Ministre d'Etat, El hadj Saifoulaye Diallo, il dit, ce qui suit en guise de conclusion de son rapport sur l'exécution du plan : « *Notre premier plan, plan de transition, nous laisse des acquis dont*

---

[23] Compte rendu général d'exécution du plan triennal 1960-1963, le 22 mai 1963 partie agricole, p.43.

[24] Tome 27 p. 64.

nous avons lieu d'être fiers. Par lui, nous avons détruit les bases de l'économie coloniale »[25].

Le Ministre du Développement économique, Ismaël Touré, lui fit la remarque suivante : *«...L'insuffisance de notre production agricole a maintes fois été soulignée. Elle est la conséquence de l'état archaïque de nos moyens de production. Dans une certaine mesure, nos méthodes de travail, totalement dépassées, ne permettent pas de tirer de la terre le maximum de profit »*[26].

Au-delà de ces remarques qui sont du reste pertinentes, voyons d'autres aspects de la nouvelle politique agricole et leurs implications pendant la mise en œuvre du plan. D'abord, le caractère collectiviste des actions initiées. Il fut à l'origine de l'apathie que les populations et les agents chargés d'animer les nouvelles structures de production développèrent vis-à-vis de ces travaux.

Leur motivation pour ces travaux n'était pas très marquée. Cette attitude se justifiait surtout par le fait qu'ils n'espéraient tirer aucun avantage personnel de cette activité. C'est pourquoi ils se souciaient très peu de la réussite des dites actions dont ils avaient pourtant la charge de mener à bon escient. Hormis ce fait, ces agents n'avaient pas la qualification technique requise pour gérer les travaux mécaniques de telle envergure.

Quant aux paysans, ils virent mal le fait qu'ils devraient travailler dans les champs collectifs qu'ils qualifiaient ironiquement de « *champs du Parti* », au détriment des leurs propres. Selon plusieurs anecdotes, leur répugnance pour ces travaux collectifs se justifiait par le fait qu'ils n'escomptaient rien obtenir en retour des efforts qu'ils déployaient dans ces champs.

Au contraire, ils estimaient que c'étaient plutôt les responsables politiques qui allaient profiter d'une retombée quelconque de ces actions. Par exemple à travers le contrôle qu'ils exerceraient sur les futurs stocks des produits dans les offices de commercialisation agricole ou alors par le bénéfice d'une promotion politique ou administrative. Les paysans ne se rendaient donc dans ces champs collectifs que pour sauver simplement la face. Car une absence pendant ces opérations pouvait être assimilée à un acte de sabotage des actions du Parti et être durement réprimée.

Ensuite, la politique de revalorisation des salaires dans l'administration rendit le recrutement des ouvriers agricoles difficile

---

[25] Tome 14, p 76

[26] Tome 14, p 84.

dans les plantations, compte tenu du niveau très bas des salaires dans ce secteur. Ce qui fit détourner les bras valides des plantations. Par contre, la revalorisation des salaires des travailleurs non agricoles était jugée plus que nécessaire par les nouvelles autorités qui espéraient ainsi récompenser les nombreux responsables politiques qui luttèrent au côté du Président avant l'indépendance. Le Président justifiait lui-même cette démarche en ces termes : « *...Mais nous avions aussi raison de ne pas négliger les conditions de vie des travailleurs non agricoles quand on sait les sacrifices qu'ils avaient consentis hier au cours des âpres luttes syndicales contre le système colonial* »[27].

Cette politique fut aggravée par la nationalisation et la cession subséquente des fermes et des plantations des Européens et autres planteurs étrangers à des responsables et sympathisants du Parti et autres personnalités influentes du nouveau régime alors que leur vocation pour l'agriculture et leurs capacités de gestion de ces unités laissaient à désirer.

Les bas prix qui étaient payés aux paysans n'encouragèrent guère ces derniers à vendre leurs produits aux offices de commercialisation. Ce facteur, couplé à la situation inflationniste, que connaissait le pays, alimenta le commerce clandestin des produits agricoles et animaux vers certains pays voisins (Liberia et Sierra Léone notamment) où des prix plus attractifs étaient offerts aux clandestins par des commerçants qui s'étaient installés dans les villages frontaliers de ces pays.

Il est difficile de dire avec exactitude quelles sont les quantités de produits agricoles et le nombre d'animaux qui furent l'objet de ce type de commerce entre la Guinée et ces pays. Ce qui est en revanche connu, c'est que ces échanges clandestins prirent chaque année de l'ampleur au rythme des réformes que le gouvernement engageait dans l'agriculture et le commerce.

Un autre facteur qui favorisa les mauvais résultats du plan, fut la centralisation des décisions techniques au niveau de l'administration générale. Celle-ci porta un coup dur à l'initiative personnelle des techniciens pendant les opérations. Par exemple, le fait de placer les vulgarisateurs agricoles sous l'autorité directe des gouverneurs de région (actuels préfets) contribua à cultiver l'inertie chez les techniciens qui se conformaient plutôt aux décisions de leurs chefs hiérarchiques pour agir. Or celles-ci étaient davantage politiques que techniques.

La propagation des maladies cryptogamiques (cercosporiose) dans les plantations de bananes, en Basse Guinée, fut un autre facteur de

[27] Tome 27, p.164.

baisse de la production dans cette filière, faute de traitements phytosanitaires adéquats des plantations.

D'autre part, la création, le 1er mars 1960 du Franc Guinéen (FG), à la place du Franc de la Communauté Financière Africaine (FCFA) dans le but d'arrêter la fuite de capitaux ne donna pas de résultats satisfaisants en raison notamment de la faiblesse et de la non-convertibilité de la nouvelle monnaie. Ce phénomène eut de graves conséquences sur le fonctionnement de l'économie. Car «*...en moins d'un an, la masse des signes monétaires en circulation avait par suite de transferts et de capitalisation hors du territoire national, baissa de plus de la moitié* »[28].

Les dépenses importantes que le gouvernement engagea pour financer les opérations du plan favorisèrent l'inflation. On estime à plus de 16 milliards de Fg, le montant des importations au titre du plan triennal, soit près de 25% du Produit Intérieur Brut (P.I.B). Au même moment, les dépenses de fonctionnement de la nouvelle administration s'accrurent en passant de 13% à 18% à partir de 1962. L'injection de 28 milliards de crédit en 1960 pour libérer la souscription du gouvernement au capital social des entreprises d'Etat nouvellement créées aggrava cette situation inflationniste.

L'examen des statistiques d'exportation des principaux produits agricoles au cours de la période du plan atteste le caractère peu élogieux des résultats. En effet, de 59.401 tonnes de bananes exportées en 1961, l'on se retrouva à 44.895 tonnes en 1963 à la fin du plan, soit une chute de 24% en l'espace de 3 ans. Comparé aux projections du plan, cela représentait un manque à gagner de 35%.

Le même phénomène fut observé pour l'ananas et le café dont les volumes exportés enregistrèrent des chutes considérables. Le 1er passa de 4.148t en 1961 à 2.442 t en 1963, soit 41,12%, de moins. Quant au 2nd, il s'effondra en passant de 19.165t en 1961 à 7.885t en 1963, soit 58, 85% de moins. Comparés aux projections du plan, ces résultats représentaient 7% de baisse pour l'ananas, et 49% pour le café. Seul le palmiste fit exception. Il enregistra une augmentation de 27,04%. Toutefois, en comparant ce résultat à la prévision du plan (30.000t), ce fut plutôt un manque à gagner de 20,49%.

Au 30 juin 1963, le budget final du plan s'établit à 43 milliards de francs contre 39 milliards prévus. La part de la production agricole représentait 29,1% au lieu de 47,72%. Les infrastructures et le trans-

---

[28] Tome10 p 419.

port englobèrent 57,4% contre 36,39% prévus[29]. Ces chiffres dénotent les graves problèmes de gestion qui caractérisèrent l'exécution du plan triennal, du moins dans sa partie agricole.

Ces résultats, il convient de le souligner, semèrent le doute dans l'esprit de maints observateurs attentifs de la situation agricole du pays. Tous observèrent une prudence quant aux succès des futures actions agricoles qui étaient inscrites dans le cadre du nouveau plan de développement ou plan septennal que le gouvernement s'apprêtait à lancer à Guéckédou le 16 avril 1964 pour la période 1964-1971.

Mais contrairement au premier plan, l'exécution de cet autre se fit avec l'implication directe de l'école, du village ou Pouvoir Révolutionnaire Local (PRL) et de l'armée nationale. Ce qui fit de ces entités les principaux fronts de la bataille pour la réalisation de l'autosuffisance alimentaire comme nous le verrons dans les chapitres qui suivent.

Conclusion

Les principales causes de l'échec du volet agricole du plan triennal furent l'excès de l'intervention de l'Etat, le caractère populaire des actions engagées, l'absence de mécanisme incitatif des acteurs privés y compris les petits producteurs et les détournements des ressources de leurs objectifs de production.

[29] Tome 14, Plan septennal 1964-1971, p. 71.

CHAPITRE 4

Le front scolaire

Fig.4 L'implication de l'école dans le système de production fut un élément important de la réorganisation du secteur agricole. Une séance de labour et de notation du Travail Manuel Agricole des élèves dans un C.E.R

C'est donc dans un climat emprunt d'échec en termes de production agricole, que le plan septennal fut lancé à Guéckédou. Sa particularité par rapport au précédent plan, est qu'il mit l'accent sur l'installation de nombreuses unités industrielles agricoles et commerciales. Car pour le Ministre du Développement économique, « *le plan doit marquer la rentrée de l'économie guinéenne dans sa phase d'industrialisation en donnant à l'industrie la priorité sur les autres secteurs* » (T 14, p. 105).

Les objectifs agricoles du plan septennal étaient les suivants : (i) accroître la production vivrière afin que le pays puisse se suffire sur le plan alimentaire, (ii) fournir des matières premières aux industries nouvelles de transformation qui se mettaient en place et (iii) promouvoir les cultures d'exportation pour sécuriser les sources de devises étrangères.

L'école fut sollicitée pour la réalisation de ces objectifs en raison notamment de son caractère public et de sa nature de foyer de culture. Le Président de la République estimait que si les élèves étaient formés et acquis au travail de la terre, ils peuvent être de parfaits agents de propagation des nouvelles connaissances dans le domaine de l'agriculture parmi les paysans en se constituant en coopératives de production.

C'est à ce titre que l'école fut considérée comme ''... *un secteur économique de la vie nationale*''[30]. Un nouveau concept exprimant cette politique vit le jour sous le terme de « ***La liaison de l'école à la vie*** ». L'application de ce principe ouvrit la voie à un vaste chantier de réforme de l'école guinéenne dont les premières étapes furent la suppression de l'enseignement privé en République de Guinée, suivant l'ordonnance N° 042/MEN du 5 août 1959, l'institution du Travail Manuel Agricole (T.M.A) à l'école et la création des institutions de formation en agriculture.

4.1. L'institution du Travail Manuel Agricole (T.M.A) à l'école

D'une manière générale, le Président Ahmed Sékou Touré justifiait l'institution du Travail Manuel Agricole (T.M.A), par le fait que « *Le régime colonial avait créé et entretenu le mépris du travail manuel... Toujours assis dans un bureau, l'on répugnait à manier la daba ou les mancherons de la charrue* »[31].

L'introduction de ce système à l'école avait pour objectif essentiel de préparer les élèves à la pratique de l'agriculture, ainsi que le témoigne la circulaire de Diallo Moustapha, Inspecteur Primaire de la Région administrative de Guéckédou, à toutes les écoles de sa circonscription en 1964 : « *La conférence [économique] de Macenta [du 15&16 mai 1964], a donné aux activités que nous devons avoir une orientation particulière, propre à la région forestière. Je demande donc à chaque école de ne plus attendre et de profiter du début de la saison des pluies pour commencer à améliorer ses plantations. Il ne faut pas évidemment oublier qu'il ne s'agit pas de produire pour produire, mais de produire pour nous éduquer, de produire pour propager autour de soi les méthodes modernes de production, de produire pour promouvoir l'économie nationale dans le cadre du plan septennal et pour obéir au nouvel objectif fixé par la con-*

[30] Réforme de l'enseignement en République de Guinée

[31] Tome.22, p.143.

férence de Macenta pour le cas particulier de la zone forestière...Il faudra donc choisir immédiatement vos terrains de culture en accord avec les autorités administratives et techniques...Je souhaiterais voir au niveau de chaque école au moins ½ hectare de plantation par classe...Donnez la priorité au caféier et au palmier nain. Vous pouvez et devez aussi prévoir une place pour les ananas, l'hévéa, le bananier...Si tout est suivi méthodiquement et rationnellement, d'ici quelques années la grande majorité de nos élèves s'orienteront d'eux-mêmes vers l'agriculture... Tant que cela ne se produira pas, l'école n'aura pas terminé sa mission »[32].

L'application du Travail Manuel Agricole à l'école entraîna la modification de l'emploi du temps dans tous les établissements scolaires et universitaires. Les horaires des classes furent repartis entre l'enseignement théorique et les T.M.A comme indiqué dans le tableau No. 8 et le graphique No.3.

Tableau No. 8 : Répartition des horaires entre les cours théoriques et les Travaux Manuels Agricoles (T.M.A).

Niveau scolaire	Enseignement théorique (%)	T.M.A(%)	Total (%)
Primaire	70	30	100
Secondaire	50	50	100
Supérieur	30	70	100

Source : Compilation auteur.

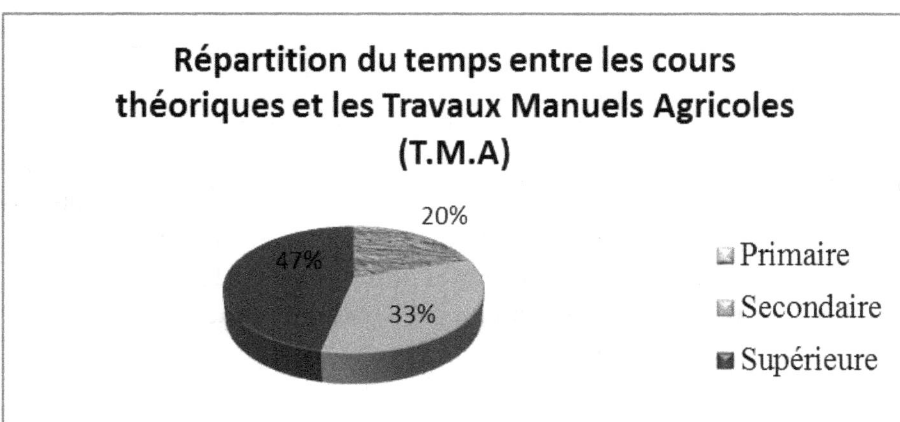

Graphique No. 3 : Répartition des horaires entre les cours théoriques et les Travaux Manuels Agricoles

[32] Revue du Travailleur de l'Education Nationale, No.6, juin, 1965 ; p.26.

Pour s'assurer du respect scrupuleux de ce dispositif par les élèves, le gouvernement institua un système de notation des T.M.A au même titre que la Géographie, la Biologie et la Mathématique. C'est ainsi qu'une nouvelle discipline scolaire dénommée « *Production* » fut créée dans tous les établissements scolaires du pays. Outre le labour et les travaux aratoires connexes à celui-ci, la production incluait d'autres travaux manuels qui étaient inscrits dans les programmes de formation des élèves. Par exemple, la confection des briques en banco, le fauchage de la paille, la fabrication et la pause des ruches d'abeilles, le jardinage et les activités artisanales.

L'application de cette mesure dans les écoles fut confiée aux Contrôleurs Techniques d'Agriculture (C.T.A). Ces techniciens auxquels l'on donna le titre de ''*chefs de la production*'', étaient placés sous la supervision des chefs d'établissement. Pour exercer leur nouvelle fonction, ils ouvrirent des cahiers spéciaux dits « *cahiers de production* » pour suivre et noter les Travaux Manuels Agricoles des élèves (cf. fig.4) Les « *notes de production* » qu'ils attribuaient à ceux-ci entraient directement dans le calcul de la moyenne générale annuelle de chaque élève pour son passage en classe supérieure.

Il convient de souligner que ce système de notation, comportait de nombreuses lacunes. En effet, il était pratiquement impossible pour les chefs de production de suivre individuellement chaque élève en raison de leur effectif qui était souvent pléthorique (100 élèves en moyenne par séance de production) et de déterminer avec exactitude la superficie que chaque élève labourait au cours d'une séance de labour par exemple. Souvent ils recouraient à des estimations visuelles. Ce qui n'était pas toujours juste.

Mais si cette démarche obligeait les élèves à aller travailler dans les champs scolaires par souci de sécuriser leur passage en classes supérieures en fin d'année, leur disponibilité pour surveiller ces champs pendant les vacances n'était point rassurée. C'est cette crainte qui amena le gouvernement à modifier la durée des grandes vacances scolaires et universitaires pour prendre en compte cette préoccupation. Celle-ci passa de 3 à 2 mois.

Cependant, les élèves ne se conformèrent que très peu à ce programme qui les empêchait de jouir pleinement de leurs vacances. Ce temps que beaucoup mettaient à profit pour visiter leurs parents ou pour aider ceux-ci dans leurs travaux champêtres, leur était cher et très cher. C'est pourquoi, la plupart n'acceptèrent guère de troquer ces instants précieux de leur vie d'écolier contre ces travaux champêtres. Ce fait rendait la surveillance des champs problématiques.

4.2. Les institutions de formation en agriculture

Le déficit chronique de cadres techniques causé part le départ inattendu du personnel européen était un autre défi majeur à relever dans le secteur de l'agriculture. C'est dans le but de parer à cette insuffisance notoire que des établissements spécialisés dans la formation des techniciens d'agriculture furent progressivement créés à partir de 1960. Citons à ce titre les plus importants des dits établissements :

- (a) L'Ecole Nationale d'Agriculture (E.N.A) de Foulayah (Kindia) en 1960,
- (b) La faculté d'agronomie de l'Institut Polytechnique Gamal Abdel Nasser de Conakry (IPGANC) en 1963,
- (c) La faculté d'agronomie de l'Institut Polytechnique Julius N'Yéréré (IPJNK) de Kankan en 1970,
- (d) L'Ecole Nationale de Zootechnie de Famoïla (Beyla) en 1971,
- (e) L'Ecole Nationale Vétérinaire de Mamou en 1971 et
- (f) L'Ecole Nationale des Eaux et Forêts de Sérédou (Macenta) en 1976.

La conversion de l'Ecole Normale Primaire de Macenta (E.N.P.M) en Ecole Normale Rurale du même nom (E.N.R.M), à la rentrée scolaire d'octobre 1964, après le lancement du plan septennal, s'inscrivait dans le même ordre d'idées. Le but de l'E.N.R.M était de former les futurs instituteurs aux techniques culturales afin qu'ils puissent, à leur sortie, enseigner la réalisation de jardins potagers à leurs élèves de l'école primaire. C'est dans ce cadre que l'E.N.R.M créa ses propres champs d'application où les élèves-maîtres pratiquaient la culture du maïs, du niébé, de l'arachide et de l'ananas et apprenaient l'élevage de la volaille et des porcs.

Dans un rapport, le Directeur de l'école, Diallo Alimou, écrit : « *L'Ecole Normale Rurale de Macenta est une illustration vivante du grand principe d'éducation qui veut que l'école soit liée à la vie....Les résultats obtenus présument d'ores et déjà un succès éclatant de l'expérience. Ce ne sera pas un feu de paille. Aussi, c'est avec une ferme conviction de réussir que nous nous préparons à livrer dans quelques mois à l'Etat, des cadres conscients, intellectuellement sûrs, techniquement valables tels que l'exige la réforme révolutionnaire dont le peuple s'est doté* »[33].

---

[33] Revue du travailleur de l'Education nationale, No. 5, déc. 1964, p.19.

D'autres institutions de formation que le gouvernement créa dans le cadre de l'application de la nouvelle politique sont présentées ci-dessous. Il s'agit du collège d'enseignement rural (C.E.R), du collège d'enseignement révolutionnaire (C.E.R), de la cité socialiste, de la 13e année et de la Faculté d'Agronomie.

4.2.1. Le Collège d'Enseignement Rural (C.E.R)

Le Collège d'Enseignement Rural est né des cendres des Brigades des Services Civiques dont il devrait reprendre les éléments (brigadiers) restés[34]. Sa création lors du C.N.R (Conseil National de la Révolution) de Labé, du 28 au 30 juillet 1966, visait deux objectifs à savoir : (i) renforcer le programme d'insertion de l'école dans le système de production agricole et (ii) asseoir les bases des coopératives agricoles dans les villages.[35].

Les élèves du C.E.R furent recrutés parmi les malheureux candidats à l'examen d'entrée au collège de l'année scolaire 1965-1966. Organisés pour la première fois à l'intention des élèves du cours moyen 1ère année, les résultats de cet examen national furent particulièrement catastrophiques cette année-là. En effet, seuls 6.000 élèves sur les 23.000 candidats présentés, furent admis, soit 26%.

Les 17.000 recalés furent directement orientés au C.E.R, pour recevoir *« une éducation appropriée, les rendant aptes à maîtriser les activités agricoles et à devenir meilleurs par rapport à leurs pères et mères par leurs méthodes de travail et leur rendement* "[36]. Les admis, furent eux orientés dans les Collèges d'Enseignement Général (C.E.G) où l'accent était moins mis sur la production agricole.

Le Président fondait un immense espoir dans l'efficacité de ce modèle. Il proposa lui-même le calendrier des activités agricoles du C.E.R en ces termes : « *le programme d'enseignement [dans les CER] comportera nécessairement pour les classes de 6e et de 7e, des cours élémentaires d'agriculture : sur le maïs, le riz, la patate, l'arachide, le taro, le fonio, le manioc, les agrumes, les fruits, les légumes, le coton, et sur les méthodes et le rythme des cultures en fonction des saisons. L'après-midi, les élèves passent à la pratique productive dans la ferme scolaire en y apprenant des méthodes supérieures à celles qu'utilisent leurs parents* »[37]

---

[34] Certains éléments avaient déserté.
[35] C.N.R du 28/7/ 1966.
[36] Tome 27, page 165
[37] Tome 13, p. 245

Cet enseignement devrait être dispensé aux élèves pendant un cycle scolaire de trois (3) années dans leurs régions d'origine où ils devraient, après leurs études, s'installer en coopératives pour pratiquer l'agriculture. Il s'agissait d'une part, de réduire les risques d'exode de ces jeunes gens et d'autre part, de diminuer la pression financière de leur entretien sur le budget scolaire. Dans les faits, cette approche se heurta à trois (3) difficultés majeures que voici :

- (a) La pratique de l'agriculture à l'école fut très mal perçue par les élèves, leurs parents et les maîtres. Tous estimaient que la fréquentation d'un établissement scolaire orienté exclusivement vers la production agricole, prédestinait l'enfant à des emplois agricoles futurs de moindre importance pécuniaire.
- (b) Le fait de porter le choix sur les élèves recalés, donna le sentiment que ceux-ci étaient moins doués que leurs camarades qui étaient inscrits au C.E.G. Cette perception fut d'ailleurs à l'origine de nouvelles dénominations populaires du C.E.R dont les plus usitées furent le « *Collège des Enfants Ratés* » ou « *l'Ecole des Ruraux* » ou encore « *l'Ecole des Cancres* ».
- (c) Il était pratiquement impossible pour des adolescents de 15 ans et plus de s'installer à leur propre compte dans le cadre d'une coopérative agricole sans aucune préparation morale, financière et technique suffisante.

Ce sont ces considérations qui créèrent un sentiment de frustration et de rejet du C.E.R chez les élèves. Il s'en suit un mouvement général de désertion de l'institution dont la viabilité devint incertaine. Le Président de la République lui attribua ce fait ''aux actions de sabotage des enseignants'' car, dit-il : « *la plupart d'entre eux pensaient que leur avenir allait s'assombrir, qu'il ne fallait plus se dépenser comme nous le pensions* ».[38]

Pour freiner cette vague de désertion, la décision fut prise de réviser le concept du C.E.R à l'occasion du lancement de la Révolution Culturelle Socialiste, le 2 août 1968 à Kankan. La nouvelle appellation devint le Centre d'Enseignement Révolutionnaire (C.E.R).

Le passage du C.E.R version rurale à celui du C.E.R version révolutionnaire, fut précédé par la mise en place d'un Comité National d'Action Agricole (C.N.A.A) en 1968. Ce comité avait pour mission d'étudier l'ensemble des problèmes agricoles au niveau national. Le C.N.A.A était subdivisé en Groupes d'Action Agricole (G.A.A), placé

[38] Tome 27, p 167

chacun sous la tutelle d'un membre du Bureau Politique National du P.D.G. (Parti Démocratique de Guinée). La mission de chaque G.A.A était d'impulser les activités rurales au niveau de chacune des quatre régions naturelles.

Le C.N.A.A encouragea l'implication de l'école dans la mise en œuvre de la politique agricole. Il recommanda entre autres : la création des fermes dans toutes les institutions scolaires (collèges et lycées), et la production par les établissements d'enseignement à régime d'internat, de leurs propres nourritures.

4.2.2. Le Centre d'Enseignement Révolutionnaire (C.E.R)

La décision fut donc prise d'ériger tous les établissements d'enseignement du pays en Centre d'Enseignement Révolutionnaire. Il s'agissait d'éliminer le stéréotype dont les élèves du C.E.R version rurale étaient victimes. Une nouvelle classification des différents niveaux scolaires fut ainsi faite dans le but de refléter ce changement (voir tableau No.9).

Tableau No.9 : Classification des Centres d'Enseignement Révolutionnaire (C.E.R)

Niveau enseignement	Catégorie de C.E.R	Observations
Primaire	1er cycle	
Collège	2e cycle	
Lycée	3e cycle	
Supérieur	4ème cycle	y compris l'enseignement professionnel

Source : compilation de l'auteur.

Un autre changement significatif qu'il convient de souligner à ce titre, fut la création des C.E.R 2e et 3e cycle, de profil agro-pastoral. Les élèves qui fréquentaient ces établissements recevaient prioritairement un enseignement en agriculture par rapport à leurs camarades qui étaient orientés vers d'autres C.E.R à profil technique. Par exemple la mathématique. L'orientation des élèves dans les facultés de l'Université à l'issue des examens du baccalauréat, tenait généralement compte de ces profils.

Chaque C.E.R du second, troisième et quatrième cycle était dirigé par un Directeur. Celui-ci était assisté d'un Conseil d'Administration (C.A), composé uniquement d'élèves. Le nombre des membres d'un C.A typique était de 11 élèves, tous élus par leurs camarades pour une année scolaire. Le bureau comprenait un vice-président, premier responsable ; deux secrétaires à la gestion, chargés des finances et de la comptabilité ; deux secrétaires à la production, responsables de la coordination des activités de production agricole des élèves ; deux secrétaires à la milice, chargés de la défense et de la discipline ; deux secrétaires à l'éducation, chargés des questions de fréquentation de l'école et deux secrétaires aux Travaux Publics, chargés des travaux généraux y compris le nettoyage. Le Directeur du C.E.R était membre de droit du bureau.

Les objectifs que le Gouvernement assigna à la nouvelle version du C.E.R, conformément aux recommandations du Comité National d'Action Agricole, ne différaient en rien de ceux de la première version, à savoir :

- (a) ''Faire de l'élève un cultivateur moderne dans un mode de production socialiste autogéré'',
- (b) ''Servir de point de diffusion des techniques agricoles améliorées vers les villages en démontrant à ceux-ci, la supériorité de l'organisation du travail socialiste sur la petite production individuelle'',
- (c) ''Assurer son autonomie financière en vendant sa production en vue d'alléger les charges de l'Etat''.

Pour atteindre ces objectifs, des tracteurs et de nombreux instruments aratoires furent mis à la disposition de chaque nouveau C.E.R de profil agro-pastoral. Au même moment, leurs programmes de formation furent revus et adaptés au calendrier agricole. Outre les travaux champêtres, les élèves du C.E.R apprenaient à façonner et à cuire les briques en banco. Ils pratiquaient l'artisanat. Les filles apprenaient la puériculture, le tricotage et la cuisine. Ce qui en fit un véritable centre d'apprentissage des métiers.

L'exemple du C.E.R de Yégbadou, du nom du village qui abritait le champ du C.E.R de Guéckédou-centre en 1968, est illustratif à cet effet. En effet, les élèves de cette école se relayaient chaque semaine, par promotion dans la plantation de palmiers nains et à la ferme de l'école qui étaient situés respectivement à environ 10 et 15 km du centre-ville, sur la nationale Kissidougou-Guéckédou.

Ils se rendaient également dans le champ de riz que le tracteur de l'école labourait dans les plaines du fleuve Waou à quelque 15 km de la ville, sur le même axe routier. Là, ils pratiquaient le désherbage, surveillaient les champs contre les oiseaux prédateurs et plus tard, battaient mécaniquement le riz après la récolte. Les élèves qui restaient dans l'enceinte de l'école apprenaient à manier le bambou et le rotin sous la direction d'un maître qui leur enseignait la fabrication des mobiliers.

D'autres encore, consacraient leur temps à la confection des briques en banco près de l'école. Seuls les élèves programmés pour suivre les cours théoriques au cours de la semaine, conformément au calendrier de rotation établi, restaient en classes. Tel était le rythme des Travaux Manuels Agricoles auxquels les élèves du C.E.R de Yégbadou étaient soumis à l'instar des milliers de leurs camarades d'autres régions du pays.

Mais la cadence de ces travaux faiblit petit à petit au cours des années qui suivirent à cause notamment des fréquentes pannes du tracteur. Cette machine qui avait pris de l'âge, ne disposait plus de l'énergie mécanique suffisante pour se livrer aux retournements répétés de la terre dans les plaines et au transport régulier des contingents d'élèves dans les champs, comme elle le fit à son arrivée. Faute de pièces de rechange et de moyens financiers suffisants pour effectuer les réparations nécessaires, elle fut admise sur cale où elle fut progressivement dépouillée de ses parties essentielles par les mécaniciens.

Ce fut le cas pour les batteuses mécaniques. Ces machines importées de Chine que les élèves actionnaient manuellement commencèrent à tomber également en panne. Sans pièces de rechange, elles furent la propriété des forgerons qui les dépouillèrent une à une avec la complicité de certains responsables de l'école. A la section bambou, ce fut à peu près le même scénario. Là-bas, les outils de travail disparaissaient un à un et ne se renouvelaient pas.

A la ferme, le nombre des animaux diminuait considérablement, soit parce que la nourriture manquait à certains (cas des porcs), soit parce que d'autres tombaient malades et mourraient faute de soins appropriés (bœufs), ou en fin soit parce que les élèves eux-mêmes soutiraient d'autre encore de leur logis pour les braiser sur des feux de bois qu'ils allumaient dans la brousse quand ils avaient faim (cas de la volaille).

Une autre raison du fléchissement du rythme des travaux, fut le manque de motivation réelle des élèves, surtout ceux qui préparaient les examens nationaux. Ceux-ci n'aimaient pas qu'ils soient toujours déployés dans les champs pendant cette période.

4.2.3. La cité socialiste

La décision de créer la Cité socialiste fut prise au Conseil National de la Révolution (C.N.R) qui se tint à Labé du 8 au 12 juillet 1968. La cité était un ensemble d'habitations situées dans un rayon d'environ 5 à 15 km en moyenne du village ou de la ville qui l'abritait. Son cadre physique n'attirait nullement les élèves à s'y installer.

La cité présentait beaucoup plus l'aspect d'un village fantôme, envahi par de hautes et mauvaises herbes pendant l'hivernage que d'un endroit où il faisait bon vivre. Ses maisons basses et insalubres, manquaient de la literie adéquate pour loger et retenir les élèves. Son isolement par rapport au village et/ou à la ville qui l'abritait faisait dire aux élèves qu'elle était hantée par les mauvais esprits. C'est pourquoi ceux-ci préféraient aller y travailler le jour et retourner le soir dans leurs familles respectives. L'exemple de la cité socialiste de Koumassan dans l'arrondissement de Guédembou, région de Guéckédou est illustrative à cet effet. Celle-ci était située sur la rive gauche du fleuve Waou à mi-chemin entre le district de Guèlo et Guédimbou-centre, à environ 5km du village de Koumassan, dont elle portait le nom et 7km de Guèdembou-centre.

Cette position géographique la mettait hors du regard des parents d'élèves qui se préoccupaient également de la sécurité de leurs enfants dans la cité. Ils n'appréciaient guère le fait que leurs enfants devraient habiter un endroit aussi insolite. Mieux, ils ne comprenaient surtout pas l'acharnement des pouvoirs publics à assigner leurs enfants aux travaux agricoles en général. C'était également le cas des enseignants dont la mission était de former ces jeunes aux techniques agricoles. Ceux-ci n'approuvaient pas non plus ce modèle, du moins en privé.

Ainsi, les mêmes causes produisant les mêmes effets, la cité socialiste ne tarda pas à être démantelée par l'autorité. Ce fut un autre échec cuisant de la politique de « *la liaison de l'école à la vie* » que le président imputa plutôt à l'attitude de mépris de la cité par les enseignants qui, selon lui, créèrent un courant négatif au tour de l'institution.

4.2.4. La 13e année

Ce niveau intermédiaire entre le C.E.R du 3e cycle et celui du 4e cycle, fut institué à la rentrée scolaire 1973-1974. Il prolongeait en quelque sorte le cycle de l'enseignement pré-universitaire d'une année supplémentaire. Tout comme en 1965 à la création du C.E.R version rurale, la 13e année accueillit elle aussi les malheureux candidats à l'examen du baccalauréat, 2e partie de l'année 1972 dont les résultats furent également désastreux. Car seuls 50% des candidats furent admis à l'université.

Ces malheureux prétendants furent appelés à préparer le prochain examen du baccalauréat (cette fois-ci unique) dans ces nouveaux établissements scolaires. Ils devraient pendant leur cycle court, entreprendre des activités génératrices de revenus en se constituant en Brigades Scolaires de Production (B.S.P).

Le journaliste Amirou Barry, qui visita la 13e année de Sonfonia à Conakry en 1975 en compagnie du Ministre Galéma Guilavogui, décrit le travail des élèves de cet établissement comme suit : '' *La 13e année de Conakry a fait du bon travail dans son action agricole de Sonfonia. Ainsi que le recommande la révolution verte, ces jeunes élèves, parallèlement à leurs études théoriques s'emploient au mieux à faire fructifier la terre. Fini le temps des cols blancs et des paumes molles. Le mépris pour la terre que le système colonial avait inculqué en nos élèves, fait aujourd'hui place à la volonté débordante pour le travail de la terre.... L'objectif de la 13e année est de pouvoir se nourrir douze mois sur douze et les étudiants sont irrésistiblement tendus vers sa réalisation* ''[39].

Evidemment, cette ambiance cachait le dédain que les élèves avaient pour la 13e année. Car à l'image du C.E.R version rurale, elle était perçue comme un établissement de moindre importance académique. De sorte que la principale préoccupation des élèves qui la fréquentaient était plutôt de décrocher rapidement le diplôme du baccalauréat (unique) et se faire inscrire à l'université. La 13e année fut supprimée deux ans seulement après sa création. Et c'est sur ses cendres chaudes que la faculté d'agronomie fut créée en 1975.

4.2.5. La Faculté d'Agronomie

La création de la Faculté d'Agronomie est intervenue au milieu du 3e plan de développement économique ou plan quinquennal qui couvrait la période du 1er octobre 1973 au 31 décembre 1978. Le Président justifia l'ouverture de la Faculté d'Agronomie comme un acte visant à « ... *améliorer les conditions de production ou le cadre d'organisation même des producteurs qui doivent recourir à la science. Nous ne pouvons pas faire ce saut qualitatif avec nos vieux parents qui n'ont pas reçu la formation requise... d'où la nécessité de tout repenser par nous, nécessité qui s'est traduite dans la création d'une Faculté Agro-Zootechnique dans chacune de nos 33 régions administratives* »[40], pour « ... *former des jeunes pour*

[39] Horoya No. 2203 du 28 déc. 1975 au 3 jan.1976, p 42

[40] Tome 27, p 203

renforcer l'effectif des agriculteurs de qualité qui manquent actuellement à notre peuple »[41].

La Faculté d'Agronomie fut instituée en même temps que quatre autres établissements d'enseignement supérieur.[42] Mais c'est vers elle que 75% des bacheliers étaient orientés. En 1981, il y avait environ 13.300 jeunes qui fréquentaient la faculté d'agronomie sur un effectif global de 19.067 étudiants. Soit près de 70% de l'effectif total de l'ensemble des établissements du 4e cycle.

Chaque faculté d'Agronomie disposait d'un domaine agricole où les étudiants pratiquaient l'agriculture sous la supervision technique d'un ingénieur agronome ou d'un Contrôleur Technique d'Agriculture (C.T.A).

Le journaliste, Roger Goto Zomou, envoyé spécial du journal Horoya à la Faculté d'agronomie de N'Nzérékoré en 1977, décrit les activités de production agricole des 222 étudiants de cet établissement comme suit : « *...Dans le domaine de la production, les étudiants travaillent dans divers domaines selon un planning scientifiquement élaboré qui les conduit tour à tour dans une palmeraie de 2 ha en exploitation, une pépinière de manguiers, un potager, un champ de patate et de taros de 5 ha, un champ de maïs de 5 ha, un champ de manioc de 30 ha, un champ de riz de 100 ha...* ».[43].

L'enseignement à la faculté d'agronomie, tout comme dans les autres institutions similaires, était à deux niveaux ou degrés, conformément aux dispositions du décret No. 112/PRG du 18 /4/1977. Le premier degré durait deux ans. C'était au cours de cette période que l'étudiant recevait les formations de base en agriculture et dans les matières connexes à celle-ci. La fin de ce cycle était sanctionnée par un concours d'entrée au second degré. Ceux qui atteignaient ce stade approfondissaient les connaissances qu'ils avaient acquises au premier degré. Ils sortaient avec le titre d'ingénieur. Les étudiants qui ne franchissaient pas ce cap étaient généralement crédités du titre d'aide-ingénieurs à la fin du 1er cycle.

Les professeurs qui enseignaient dans les facultés d'agronomie étaient recrutés parmi les étudiants guinéens sortants des universités nationales et étrangères. Des expatriés européens, généralement originaires des pays du bloc de l'Est (Russie, Bulgarie, Roumanie et autres)

---

[41] Tome 22, p. 142

[42] Il s'agit des Facultés ci-après : Sciences Techniques, Sciences Médicales, Sciences Administratives et Juridiques, Sciences Sociales et de la Nature et Géomines.

[43] Horoya No. 2281 du 3-9 juillet 1977, p.36.

y enseignaient également. Administrativement, chaque faculté était dirigée par un Doyen, assisté d'un Directeur des études.

Dernière-née des institutions scolaires et universitaires qui étaient spécialisées dans l'enseignement de l'agriculture, la Faculté d'agronomie ne fut pour autant le premier choix des élèves qui y étaient orientés après leur admission à l'examen du baccalauréat. Car ils avaient le sentiment d'avoir été discriminés par rapport à leurs collègues qui étaient inscrits dans d'autres facultés de l'Université. Par exemple : la médecine, la pharmacie, le droit, l'économie ou l'administration générale. Ils estimaient que ceux-là étaient prédestinés à des emplois mieux rémunérateurs à leur sortie[44] alors qu'eux, étudiants en agronomie, finiraient par travailler dans les champs collectifs de l'Etat où les conditions de travail et de revenu étaient jugées précaires.

C'était pour échapper à cette précarité potentielle que certains étudiants tentaient vainement de quitter la faculté d'agronomie dès l'annonce de leur admission pour cet établissement. Ils engageaient pour ce faire et par personne interposée, de longues et complexes démarches administratives auprès des autorités du Ministère de l'Enseignement supérieur pour obtenir leur départ de cette institution.

Ceux dont les démarches se soldaient par un échec (près de 90%) se résignaient à y rester. Ils attribuaient ce fait au manque de '' *bras longs*'', c'est-à-dire à l'absence de relations personnelles solides au sein de l'administration scolaire et universitaire susceptibles d'appuyer leurs requêtes de changement d'option. Ceux qui ne pouvaient s'accommoder de cette situation, renonçaient carrément à fréquenter la Faculté d'Agronomie et d'une manière générale, abandonnaient complètement les études.

Les étudiants de la faculté d'agronomie et ceux des Instituts polytechniques de Conakry et de Kankan furent sollicités pour la mise en œuvre du programme de production de la Brigade de Production et plus tard, de la Ferme Agro pastorale d'Arrondissement (F.A.P.A). Celles-ci étaient des institutions rurales nouvelles que le gouvernement créa respectivement en 1975 et en 1978, comme nous le verrons dans les chapitres qui suivent.

---

[44] Ces étudiants avaient plus d'opportunités d'amélioration de leurs conditions matérielles et même financières que les autres.

Conclusion

La pratique de l'agriculture à l'école engendra plutôt le mépris de cette activité chez les élèves à cause notamment des mauvaises conditions de travail et de l'incertitude qu'avaient les élèves de trouver un emploi rémunérateur à leur sortie de ces établissements.

Chapitre 5

La Brigade de Production (B.P.)

Fig.5. Le tracteur fut perçu comme un moyen rapide de réaliser l'autosuffisance alimentaire. Scène de labour au tracteur dans une Brigade Mécanisée de Production.

5.1. Les raisons de la création de la Brigade de Production

La création de la Brigade en tant qu'unité rurale de production, loin d'être un fait isolé, traduisait une prise de conscience progressive des échecs successifs de la malheureuse et amère expérience des années du C.E.R, de la cité socialiste, de la 13e année et même de la faculté d'agronomie. Elle exprimait également l'incompatibilité persistante qui était observée entre les objectifs de production agricole qui étaient assignés à l'école et la formation académique des élèves. Et comme il était apparu à chaque occasion, les élèves préféraient toujours leur formation académique à la production agricole.

Clairement, cela signifiait que l'Etat ne pouvait plus continuer à miser sur ces structures scolaires pour réaliser les objectifs d'autosuffisance alimentaire, de relance des exportations agricoles et d'approvisionnement des nombreuses unités agro-industrielles qui étaient implantées çà et là à travers le pays.

Or, ces problèmes se posaient toujours avec une extrême acuité. D'autre part, la perspective de l'arrivée sur le marché du travail des milliers de jeunes qui étaient en formation dans les facultés d'agronomie, présageait l'accroissement de la demande d'emploi que la seule administration ne pouvait satisfaire.

La brigade de Production apparut donc comme la réponse à ces problèmes brûlants. En l'implantant dans les villages, elle pouvait non seulement utiliser la main-d'œuvre paysanne, mais aussi et surtout, servir de débouchés pour ces nouveaux arrivants sur le marché du travail. Deux types de Brigades de Production furent ainsi créés dans les villages l'une après l'autre, à savoir : la Brigade Attelée de Production (B.A.P) ou brigade de type A et la Brigade Mécanisée de Production (B.M.P) ou brigade de type B.

5.2. La Brigade Attelée de Production (B.A.P) ou Brigade de type A

Ses objectifs étaient les suivants :

- (a) organiser la production collective dans les villages ou Pouvoirs Révolutionnaires Locaux afin d'approvisionner les usines de transformation en matières premières agricoles à travers la signature des contrats de production,
- (b) contribuer à réduire le déficit céréalier qui, depuis quelques temps, ne faisait que s'empirer,
- (c) assurer le ravitaillement de ses membres en produits vivriers,
- (d) dégager un surplus commercialisable et
- (e) entreprendre des activités artisanales.

La B.A.P était constituée uniquement de paysans. Ils bénéficièrent de ce qui suit :

- (a) deux charrues à traction animale plus un attelage de deux bœufs dressés,
- (b) des engrais,
- (c) des semences et
- (d) des denrées alimentaires de première nécessité.

Malgré ce dispositif, la production de la B.A.P fut globalement insuffisante pour couvrir les besoins décrits ci-haut. En effet, comme dans le cas des structures de ce type que l'Etat créa quelques années plus tôt, les paysans ne trouvaient aucun intérêt matériel à s'adonner aux travaux de la B.A.P. Cette indifférence vis-à-vis de la B.A.P, explique en partie son échec. Malheureusement, sans avoir tiré toutes les leçons qui s'imposaient, le gouvernement passa aussitôt à la vitesse supérieure. C'est ainsi qu'il créa la Brigade de type B ou Brigade Mécanisée de Production (B.M.P).

5.3. La Brigade Mécanisée de Production (B.M.P) ou Brigade de type B

Le Président Ahmed Sékou Touré disait que « *La Brigade Mécanisée de Production est un élément qui s'inscrit dans la stratégie du développement des ressources agro-pastorales du Peuple…* »[45]. Outre les brigades de production agricole qui devraient produire le riz, le manioc, l'arachide et d'autres produits, il y avait les Brigades de Pêche Maritime (B.P.M) qui étaient chargées de l'approvisionnement des villes de l'intérieur et la capitale Conakry en poissons frais.

La création de la B.M.P. est intervenue pendant l'exécution du 3e plan national de développement économique ou plan quinquennal (1973-1978) dont l'objectif primordial était d'accroître la production agricole. Toute fois, dans le souci d'éviter la courte et malheureuse expérience de la B.A.P, le gouvernement décida de recourir à nouveau à la main d'œuvre scolaire pour apporter un appui aux travaux de la B.M.P. Cette fois, la barre fut placée très haut. Car c'est vers les étudiants du 4e cycle, c'est à dire les universitaires que les yeux se tournèrent. Cette décision était bien entendu en parfaite adéquation avec le principe de « *la liaison de l'école à la vie* » que le Président défendait depuis toujours.

La participation des universitaires à cet autre effort de production agricole fut placée dans le cadre de : « *l'Université à la campagne* ». Le déroulement de ce mouvement universitaire d'une grande envergure est l'objet des sections qui suivent.

---

[45] RDA No.92, p193.

5.4. L'Université à la campagne

L'envoi des étudiants à la campagne fut la phase ultime de la politique de '' *la liaison de l'école à la vie*'', donc de la participation de l'école au processus de production agricole. Il est intervenu dans un contexte économique particulièrement difficile. C'est pourquoi le déploiement proprement dit des élèves dans les villages fut précédé de la tournée du Président de la République à l'intérieur du pays. Ce déplacement peut être qualifié de tournée préparatoire de la campagne agricole.

5.4.1. La tournée préparatoire de la campagne agricole par le Président de la République

La situation du pays à la veille du lancement de la campagne était caractérisée par de graves difficultés économiques que le pays vivait déjà depuis quelques années. La dette extérieure était évaluée à quelque 750 millions de dollars. Les importations de produits pétroliers se chiffraient à 25 millions de sylis en 1974. Les conditions alimentaires s'étaient détériorées en 1975 avec un déficit céréalier qui était estimé à 75.000 tonnes.

A l'insuffisance des denrées alimentaires, se greffa bientôt la pénurie des articles de grande consommation (vêtements, chaussures, etc.) sur le marché. Les populations dont le pouvoir d'achat s'était considérablement effrité avaient de la peine à se les offrir.

Politiquement, le Parti s'était radicalisé depuis l'agression portugaise du 22 novembre 1970. Car la purge de l'appareil politique se poursuivait encore. Les relations entre responsables politiques étaient toujours empreintes de méfiance réciproque. La peur d'être dénoncé dans un complot continuait à habiter de nombreux cadres et responsables du Parti qui brillaient par leur zèle politique.

Comme par le passé, le Président s'en prit aux commerçants auxquels il fit porter le chapeau de ce tableau sombre. Il les accusa de se livrer à la sortie frauduleuse avec la complicité de certains cadres de l'administration, des denrées alimentaires et autres articles manufacturés que l'Etat continuait d'importer.

Qualifiant de satanique un tel comportement, il prit l'engagement de les combattre par tous les moyens. C'est pourquoi 1975 fut déclarée année de lutte contre C*heytane (entendez les trafiquants ou commerçants)* et baptisée « *Cheytane 75* », c'est-à-dire l'année de combat de Satan ou des trafiquants.

Une nouvelle charte de la révolution fut adoptée pour combattre tous ces maux. Dans le discours qu'il prononça à cette occasion, le Président dit ceci : « .... *Le peuple est prêt pour la lutte contre le trafic et les trafiquants et nul doute que ''la guerre sainte'' sera gagnée contre ''Cheytane 75'' qui est et demeure l'ennemi numéro un du peuple révolutionnaire de Guinée* ».[46].

Une véritable chasse à l'homme fut ainsi déclarée contre tous ceux qui « *affament* » le peuple.

Il entreprit une vaste campagne d'explication de la situation socio-économique du pays dans les différentes régions. Cette tournée le conduit dans les 33 régions administratives du pays où il développa en quelques jours, à l'occasion des meetings populaires, les mesures que le gouvernement préconisait de prendre pour combattre *les trafiquants* et remédier au déficit de denrées alimentaires.

Par exemple, au cours du meeting qu'il tint à Forécariah, première étape de cette longue tournée, le 20 janvier 1975, il développa les vertus du travail, de la probité morale dans l'exercice du commerce, condamna le vol et l'enrichissement illicite qu'il assimila à l'œuvre de *Cheytane.* Puis il annonça la fin de ce phénomène grâce aux mesures suivantes que le gouvernement projetait de prendre, à savoir : la suppression des marchés hebdomadaires et l'institution du paiement de la taxe régionale en produits alimentaires.

Sur le plan de l'accroissement de la production agricole, il fit part aux populations de Forécariah de la création des Brigades Mécanisées de Production (B.M.P) dotées de tracteurs pour produire de la nourriture.

A Mamou, le 22 janvier 1975, le Président développa la vertu de la vérité, parla du commerce et de la façon dont les trafiquants (commerçants) exploitent le peuple. Annonçant la disponibilité des tracteurs pour la campagne agricole, il dit : « *Chaque tracteur peut faire 150 hectares de riz ; en retirant la semence, les dons aux parents et à la nourriture, chaque propriétaire de tracteur peut céder 100 tonnes de riz à la nation. Or le gouvernement ne lui demande que 15 tonnes de riz net. C'est pourquoi, il nous faut prendre nous-mêmes toutes les dispositions pour produire suffisamment d'aliments afin que les Guinéens mangent correctement et que la Guinée soit à même d'exporter du riz* »[47].

A Kankan, le 27 janvier 1975, le Président rappela l'histoire religieuse et commerciale de la ville et de la lutte sainte que le Prophète Mahomet (PSL) mena pour le bonheur des masses populaires et la sauvegarde de

---

[46] *Horoya No. 2160 du 23 fév. au 1er mars 1975, p. 4

[47] RDA No.92, p 41

leurs intérêts. Comparant les trafiquants à Cheytanne, il dit : « *Actuellement, en Guinée, le Cheytane c'est le trafic et le trafiquant* »[48]. Avant de terminer son intervention, il lança un ultimatum sérieux à l'endroit des responsables administratifs et politiques de cette métropole en ces termes : « *...tout cadre qui, preuve à l'appui, aura été dénoncé pour malversation, complicité avec un trafiquant, sera exécuté sur place. Cette lutte, nous la mènerons jusqu'au bout...* »[49].

Au meeting de Labé, le 6 février 1975, le 25e depuis celui de Forécariah, le Président rappela les difficultés d'implantation du Parti dans cette région et de son passé colonial. Puis il présenta Cheytane comme le premier occupant de l'enfer, loua la vérité et condamna la trahison qu'il assimila à l'œuvre de Cheytane. Il parla de la difficulté de lutter contre le trafic dans cette région, difficulté qu'il attribua à la complicité de certains cadres dirigeants. Puis il rassure « *...qu'à partir d'aujourd'hui le trafic et les trafiquants seront enterrés en Guinée* »[50].

Après ce long périple qui le mena dans toutes les régions, ce fut le tour de la capitale, Conakry, d'organiser son meeting populaire géant. Cette tâche revint à la Confédération Nationale des Travailleurs de Guinée (C.N.T.G). Le 15 février, celle-ci aménagea une imposante marche de soutien à l'action du Président. Dans son discours de circonstance, le représentant des travailleurs, loua les efforts du Président pour la création de la Brigade de Production Agricole. En réponse, ce dernier réaffirma sa volonté de poursuivre le combat qu'il a engagé contre le trafic et les trafiquants et dit en substance : « *Que les trafiquants utilisent tous les moyens à leur portée, ils seront enterrés avec leurs rêves* »[51]

Le 24 février, la jeunesse scolaire et universitaire exprima à son tour son entière disponibilité à prendre activement part à la lutte pour l'élimination du trafic et des trafiquants. Elle s'engagea à participer à la campagne agricole de cette année. Les circonstances du lancement de cette grandiose manifestation qui marqua le lancement proprement dit de la campagne agricole à l'esplanade du Palais du peuple, sont décrites ci-dessous.

---

[48] RDA No. 92, p 59

[49] Horoya No. 2161 du 2 au 8 mars 1975, p.50.

[50] RDA No. 92, P85, 88

[51] RDA 92, p 95

5.4.2. Le lancement de la campagne agricole proprement dite

C'est dans ce climat socio-économique tendu que la campagne agricole de 1975 fut lancée à Conakry, le 24 février par l'organisation d'un grand meeting populaire sur l'esplanade du palais du peuple. Dans le discours de circonstance lu par le représentant des étudiants à cette occasion, l'on pouvait relever ce qui suit : « ... *Les étudiants des 11 facultés de l'I.P.G.A.N, avec nos professeurs, les étudiants des 4 facultés de l'I.P.K, avec nos professeurs...... décidons de nous constituer immédiatement en Brigades d'Intervention Révolutionnaire dans les P.R.L de la République. Pour ce faire, nous demandons au Parti-Etat la fermeture de nos C.E.R pour une période de 8 mois au moins... Notre intervention multidirectionnelle portera essentiellement sur : l'alphabétisation totale du peuple, la participation directe et effective à la production, la lutte systématique contre le trafic et les trafiquants et les transactions frauduleuses...* »[52].

S'adressant aux jeunes en retour, et visiblement comblé par ces mots, le Président Ahmed Sékou Touré leur fit part de l'appui politique et institutionnel du Parti et du gouvernement pour la réussite de leur action. Il salua leur engagement et exprima l'espoir que celle-ci allait contribuer à réaliser l'autosuffisance alimentaire en Guinée. Il invita par la même occasion tous les responsables administratifs et politiques du pays ainsi que l'ensemble des élus du peuple à tous les niveaux, à faciliter la tâche aux étudiants en les entourant de tous les soins requis, afin qu'ils puissent se livrer convenablement à la production.

Il mit les responsables politiques et administratifs en garde contre toute tentative de sabotage de l'action ainsi initiée. Enfin, il demanda aux jeunes de ne reculer devant aucune forme de menace voilée ou réelle que toute autorité peu acquise à la cause du Parti et de leur action, pourrait directement ou indirectement proférer à leur endroit.

Voici ce qu'il dit en substance : « *...La victoire est déjà acquise et elle représente à nos yeux des milliers de tonnes de céréales à travers des milliers d'hectares déjà labourés, elle représente à nos yeux des transformations heureuses s'emparant de chaque villageois .... un seul conseil que nous avons à vous donner, ne reculez pas. Peut-être trouverez-vous dans les villages, quelques gouverneurs réactionnaires, des commandants réactionnaires, des cadres politiques qui, bien qu'élus par le peuple, trahissent les intérêts populaires matin et soir. Alors, organisez la lutte avec courage et détermination pour les dénoncer. Nous sommes avec vous. N'ayez pas peur, n'hésitez pas.*

---

[52] RDA No. 92, p115-116

Nous vous donnons l'entière responsabilité et le pouvoir tout entier de lutter contre les ennemis du peuple ».[53].

Ces phrases, il faut le dire, envoûtèrent les étudiants auxquels s'empara la fièvre de la campagne agricole. Le lendemain, mardi 25 Février 1975, une session commune du Comité Central du PDG et du Gouvernement statua sur la résolution des étudiants et des élèves. Une commission de 12 membres, placée sous la direction du ministre du domaine de l'Education, Nationale, Mamady KEITA, fut mise sur pied pour étudier les conditions de l'application de cette résolution.

C'est par la suite que près de 4.000 étudiants de toutes les années et de toutes les options des deux Instituts Polytechniques, Gamal Abdel Nasser de Conakry et Julius N'Nyéréré de Kankan et d'autres institutions d'enseignement supérieur de ce type furent acheminés en avril 1975 par route, rail, air et mer, dans les villages les plus reculés du pays et abritant les Brigades. Seuls les jeunes filles et les infirmes n'effectuèrent pas ce déplacement historique des étudiants vers les villages. Ces derniers furent commis à d'autres tâches telles que l'aménagement des lieux publics à Conakry, Kankan et ailleurs.

C'est dans ces villages que les étudiants devraient labourer, à l'aide des 434 tracteurs de marque Universal, préalablement importés de la République de Roumanie, les vastes plaines qui les attendaient. Chaque Brigade Mécanisée de Production était composée de dix (10) étudiants, d'un mécanicien, d'un chauffeur et d'un ingénieur agronome (I.A) ou d'un Contrôleur Technique d'Agriculture (C.T.A). Selon le cas, l'un ou l'autre de ces techniciens agricoles agissait en qualité de chef de la Brigade chargé des opérations. On estime respectivement à 766 et à 1247, le nombre d'ingénieurs agronomes et de Contrôleurs techniques de l'Agriculture qui prirent part à cette opération.

Ce sont eux qui firent démarrer, en mai de la même année, avec l'assistance des paysans devenus une main-d'œuvre gratuite au service des brigades, les premiers labours à l'aide de ces tracteurs rouges. Ces engins hauts auxquels étaient accouplées de grandes et longues remorques rouges servaient également à transporter les villageois et les étudiants dans ces immenses plaines. Ce qui leur avait d'ailleurs valu l'appellation de « *voiture des maires* » par les étudiants, en référence au titre du premier responsable politique du village ou Pouvoir Révolutionnaire Local.

A Yaliman Wassaya, dans la région de Kouroussa, cette opération se déroula dans la grande plaine de Gbogban avec la participation de

[53] RDA No. 92, p 120-129

tous les bras valides du village sous la direction du maire, Feu Kolon Condé qui mit l'occasion à profit pour demander aux populations de soutenir cette action du Président de la République.

La tâche de chaque Brigade était de mettre en valeur quelques 110 hectares de terres réparties comme suit entre les cultures ci-après : riz : 70 ha ; manioc : 30 ha ; arachide : 10ha. La superficie totale que les 434 Brigades devraient mettre en valeur s'élevait ainsi à 47.740 hectares. Le tableau No. 10, montre la répartition des superficies par culture pendant cette période.

Tableau No.10 : Superficie totale retenue par culture pendant la campagne agricole 1975

No.	Culture	Superficie en hectare	Pourcentage (%)
1	Riz	30.380	64
2	Manioc	13.020	27
3	Arachide	4.340	9
4	TOTAL	47.740	100

Source : Compilation de l'auteur.

Les normes de semences furent fixées à raison de 80 kilos de paddy à l'hectare pour le riz et l'arachide. Chaque brigade fut dotée de ces quantités en tenant compte des superficies ci-dessus.

Pour assurer un bon déroulement de la campagne agricole, le Gouvernement prit plusieurs mesures d'accompagnement de l'action des jeunes universitaires afin de les encourager à rester dans les villages.

5.5. Les mesures d'accompagnement de la campagne agricole

Plusieurs mesures d'accompagnement des élèves furent mises en œuvre sur l'initiative du gouvernement. Il s'agissait surtout de créer les meilleures conditions de séjour de ces nouveaux producteurs dans les villages. Les plus importantes sont décrites comme suit :

1. *Sanitaire* : Chaque Brigade fut dotée d'une boîte pharmaceutique pour apporter les premiers soins aux nouveaux agriculteurs en cas de maladie. Des articles de toilette telles les pâtes dentifrices et les brosses à dents, complétaient le kit de santé qu'un membre de la brigade désigné par ses collègues gérait.

2. *Social* : Pour faciliter leur intégration sociale dans leurs nouveaux milieux, chaque étudiant fut logé dans une famille paysanne

dont le père lui servit de tuteur. De cette union naquirent, d'une manière générale, de solides et durables relations sociales entre ces familles et leurs ''nouveaux protégés''.

3. _Institutionnel_ : Un Ministère du Développement Rural (M.D.R) fut créé au niveau de chacun des 8 Gouvernorats du pays : Conakry, Kindia, Boké, Labé, Kankan, Faranah, Mamou et N'Nzérékoré. Le décret No. 254/75/PRG du 17 juin 1975 qui institua cette structure stipulait ce qui suit à son article 4 : « *Le M.D.R est directement responsable du développement rapide de la production agricole, animale, végétale et artisanale au niveau de toutes les collectivités de son ressort pour l'application rigoureuse des directives du Parti-Etat en matière de promotion rurale* » (Ahmed Sékou Touré).

Le M.D.R était subdivisé en trois (3) Directions comme suit : une direction de l'agriculture, une direction de l'élevage et une direction du Génie rural et des Eaux et Forêts. Cinq (5) services spéciaux constituaient les démembrements de la Direction de l'agriculture, à savoir :

- (a) le service de recherche et de vulgarisation agricole,
- (b) le service de la protection des végétaux,
- (c) le service des coopératives et des Brigades,
- (d) le service de l'artisanat, et
- (e) le service du machinisme agricole.

Un mois plus tard, un autre décret (No. 290/PRG du 10 juillet 1975), créa au niveau de chaque région administrative (actuelle Préfecture) quatre postes de secrétaires généraux de région pour assister le gouverneur de région (actuel Préfet) dans son travail de coordination administrative. L'un de ces secrétaires fut chargé uniquement du développement rural. A ce titre, il était responsable de « *l'impulsion, l'organisation et le contrôle au niveau de la région, de la production agricole, animale et artisanale... Il veille à l'exécution des plans d'exploitation des cultures et d'élevage ainsi qu'à l'organisation et au fonctionnement des coopératives, des brigades de production et des Mutuelles Agricoles des Travailleurs* » (Ahmed Sékou Touré).

Ces nouveaux Secrétaires Généraux furent choisis parmi les jeunes ingénieurs agronomes fraîchement sortis des facultés d'agronomie des instituts Polytechniques de Kankan et de Conakry. Notons par ailleurs que la majorité des commandants d'arrondissement (actuels sous/préfets) furent également choisis cette année-là parmi ces jeunes ingénieurs agronomes dans le cadre de cette offensive agricole.

4. *Politique* : Chaque brigade était parrainée par un membre du bureau de la section et de la Fédération locale du Parti. Les membres du Gouvernement, se chargèrent de la supervision régionale des Brigades. Chacun coiffait une région administrative. Ce sont ces nouveaux responsables de l'agriculture qui devinrent les principaux interlocuteurs des étudiants pendant la campagne.

5. *Pédagogique* : La promesse fut prise par les autorités de l'éducation de pourvoir les étudiants en cours dactylographiés pendant leur séjour dans les villages. Quant au gouvernement, il offrit de nombreuses bourses d'études supérieures aux brigadiers en guise de récompense dans les universités étrangères des pays du bloc de l'Est (Roumanie, Bulgarie, Union des Républiques Socialistes Soviétiques, Cuba, Chine, Yougoslavie, Pologne, République Démocratique d'Allemagne) et au Mexique.

Ainsi sur les 375 bourses qu'il octroya cette année, suivant la série de 14 décrets que le Président de la République signa entre le 26 septembre et le 20 décembre 1975, 41%, (soit 154 boursiers) furent inscrits dans les disciplines ci-après : l'agronomie, le machinisme agricole, l'élevage, l'économie agricole, la conservation des sols, la pédologie, la protection des végétaux et l' aménagement hydro-agricole.

Pour davantage galvaniser l'ardeur des étudiants au travail pendant cette période, le Président profita du 2 août 1975, anniversaire de la révolution culturelle qui institua l'enseignement de masse en 1968 à Kankan, pour leur adresser un message spécial d'encouragement. Il remercia par la même occasion, « *les enseignants, ces militants d'honneur* ».[54]

6. *Sécuritaire (surveillance des champs)*: Pour assurer une bonne surveillance des champs, le calendrier scolaire et universitaire fut divisé en deux semestres comme suit :

- Du 14 septembre au 14 décembre, inclus : 1er semestre
- Du 15 décembre au 14 janvier, inclus vacance du 1er semestre,
- Du 15 janvier au 2 août, inclus : 2e semestre,
- Du 3 août au 13 septembre, inclus : vacances du second semestre.

---

[54] RDA No. 92, p 144

Le cycle de certaines écoles nationales professionnelles fut ramené à deux ans sans vacances.

Pendant donc toute une saison des pluies, les étudiants participèrent, loin de leurs établissements respectifs, aux côtés des villageois, à toutes les opérations culturales : défrichage, labour, sarclage, ensemencement, surveillance et autres travaux champêtres.

Alors que les étudiants étaient en campagne et devant la gravité des problèmes économiques auxquels le pays était confronté, le Président multiplia les fronts d'intervention. L'objectif était d'enrayer rapidement les effets néfastes de la crise qui frappait durement le pays et d'éviter ainsi que le mécontentement de la population ne gagne du terrain. C'est ainsi que la lutte contre Cheytane 75 se radicalisa comme on peut le noter à travers les nouvelles mesures ci-après :

5.6. L'institution du commerce populaire

Le commerce populaire peut être défini comme étant l'exercice par l'Etat à travers les offices créés à cet effet, de toutes les fonctions d'achat et de distribution des denrées alimentaires et des articles manufacturés. Son institution engendra de nombreux actes administratifs que le gouvernement prit sous forme de décrets dans le but de renforcer les pouvoirs d'action des entreprises d'Etat qui existaient déjà ou de créer de nouvelles. L'objectif était d'écarter systématiquement les commerçants privés de tous les circuits officiels de distribution des denrées alimentaires et des articles manufacturés que ces entreprises importaient. Les principaux actes pris à cette fin sont les suivants :

- Le décret No. 65/PRG du 22 février 1975. Il créa les Entreprises Régionales de Commerce (E.R.C) en remplacement des Offices Locaux de commercialisation, au niveau régional. Les E.R.C eurent le monopole de la distribution des marchandises de consommation diverses dans les villes et de l'achat des produits agricoles dans les campagnes ;
- Le décret No. 321/PRG du 13 août 1975. Il institua la Direction Régionale de Commerce (D.R.C) de Conakry pour servir d'intermédiaire entre les entreprises nationales et les quartiers ou Pouvoirs Révolutionnaires Locaux de Conakry et dans les régions ;
- Le décret No. 236/PRG du 10 juin 1975, créa les sociétés sectorielles d'Etat dénommées COFICOM (Coordination Financière et Commerciale) pour le secteur commercial, OCOFI (Office de Coordination Financière pour le secteur industriel et énergie) et SECOFI pour le secteur Agro-pastoral, le Transport et les Ser-

vices. Ces sociétés étaient chargées du règlement et de la comptabilisation de toutes les opérations financières et commerciales avec la société nationale import-export, les entreprises spécialisées et les institutions financières ;

- Le décret No. 237/PRG du 10 juin 1975. Il mit en place la Société nationale Import-export en abrégé IMPORTEX. Celle-ci détenait le monopole de toutes les importations de marchandises, de biens d'équipements et de l'exportation des produits agricoles. C'est à ce titre qu'elle joua un important rôle dans l'approvisionnement des entreprises d'Etat en marchandises. Dans le secteur du transport, l'on retiendra les actes ci-après :
- Le décret No. 54/75/PRG du 17 février 1975 qui fonda l'Office national Rail-Route. Celui-ci avait le monopole du transit ferroviaire et routier. Mais il fut supprimé en novembre de la même année. Le train qui était un élément important de l'équipement roulant, montrait de nombreux signes de fatigue.

Elle fut remplacée par la Compagnie Autonome des Transports Routiers (COTRA) au niveau des Ministères du Développement Rural, suivant le décret No. 448/PRG/du 5 novembre 1975. La COTRA se chargeait du transport des marchandises de Conakry vers les régions de l'intérieur et des produits agricoles de l'intérieur vers Conakry.

Comme on le voit, ce dispositif devrait permettre la distribution régulière des marchandises et des denrées alimentaires de base dans les différentes circonscriptions administratives du pays sous le strict contrôle de l'Etat. Malheureusement, l'efficacité de cette démarche fut mise à rude épreuve à cause de la lourdeur administrative et la centralisation des décisions opérationnelles de mouvement des marchandises au niveau des chefs des dites entreprises. Ce qui occasionnait d'importants retards et même des ruptures pendant la livraison des dites marchandises dans les provinces et dans les entrepôts de l'Etat à Conakry, la capitale.

Les chefs de ces entreprises eux, attribuaient plutôt cette contre-performance au retard des commandes des marchandises que lançait l'entreprise IMPORTEX pour leur compte. Celle-ci à son tour, accusait le retard du bateau qui transportait lesdites marchandises. Les ruptures de certains articles que ces retards provoquaient, amenèrent certaines couches sociales (les élèves notamment) à se tourner vers les artisans pour se procurer des chaussures que ceux-ci fabriquaient à partir des matériaux de récupération. Elles disaient de s'accommoder de cette situation ''*en attendant que le bateau n'arrive*''. Cette expression péjorative était en réalité leur manière de dénoncer l'inefficacité de ce système de commerce populaire.

Un autre problème fort intéressant qui caractérisait le fonctionnement de ces entreprises d'Etat, était leur incapacité notoire à répondre convenablement à la demande des populations en marchandises de leur choix. En général, celles qui étaient livrées dans les magasins populaires, ne correspondaient pas toujours aux goûts des consommateurs.

5.7. La répression

La répression fut une autre méthode de lutte que le gouvernement privilégia pour combattre l'action des commerçants privés. Celle-ci fut appliquée grâce à la présence d'une police spéciale dénommée « *police économique* » dont la fonction essentielle était de réprimer l'exercice du commerce privé sur toute l'étendue du territoire national. D'autres corps paramilitaires (douanes, gendarmerie, milice populaire, police régulière) étaient également impliqués dans cette répression.

Mais c'est surtout les éléments de la police économique qui créaient la frayeur chez les populations à cause de leurs actes répressifs qui étaient particulièrement virulents et nombreux sur les marchés, En effet, ces hommes se livraient sans discernement, aux fouilles systématiques de tout bagage qu'ils considéraient suspects. Un bagage ici était n'importe quel dispositif censé contenir des marchandises prohibées. En général, celles-ci étaient les articles qui étaient acquis soit en dehors du circuit officiel des entreprises d'Etat soit, à travers celui-ci mais qui faisaient l'objet de commerce discret sur les marchés par les marchands. Par exemple la cigarette.

Le zèle de certains les conduit même à instituer la fouille corporelle des personnes aux frontières terrestres. Cette pratique dégradante était généralement appliquée aux individus qui rentraient sur le territoire Guinéen ou qui en sortaient, y compris les femmes qui fréquentaient les marchés frontaliers de certains pays voisins.

Des scènes déshonorantes de cette fouille corporelle se produisirent dans plusieurs villages frontaliers du pays. Ce fut le cas par exemple à Nongoa, dans la préfecture de Guéckédou où les femmes qui fréquentaient le marché frontalier sierra-léonais de Koindou, étaient systématiquement soumises à cette pratique humiliante à leur retour de ce marché au poste de contrôle guinéen par les éléments de ces unités paramilitaires.

En effet, ces dernières, par crainte d'être dépossédées des rares pièces de pagnes qu'elles achetaient sur ce marché, avec l'intention de les revendre sur le marché parallèle ou d'en user à titre personnel, les attachaient autour de leur hanche dans le but de les dissimuler pendant le trajet. C'était justement à la recherche de ces objets cachés que cette fouille fut instituée.

D'autres fouilles de cette nature furent signalées à Tingörö dans la sous-préfecture de Senko (Beyla) et à Zöö dans la préfecture de Lola. Des scènes d'arraisonnement des ''*Trafiquants*'' sont également décrites par le journaliste Roger Zoto Zomou comme suit : « *Sur toute l'étendue du territoire, la lutte contre Cheytane, le maléfique, prend une ampleur sans précédent..... A l'actif de Faranah, il est intéressant de mentionner la saisie le 14 février 1975 d'une somme de 1.050 livres sterling, 16 têtes de bovins et de caprins et un vilain trafiquant du nom de Adama Nabé a été arrêté à la frontière guinéo-sierra-léonaise portant sur lui 90 livres sterling...* »[55]

Ces mesures draconiennes eurent pour conséquences, la fermeture de nombreux commerces privés et le développement d'importantes activités économiques souterraines entre la Guinée et ses voisins. Des réseaux bien organisés de commerçants clandestins dont la ramification se retrouvait dans les villages frontaliers les plus reculés du pays se mirent ainsi en place. Leurs membres, composés de transporteurs et de passeurs, disposaient des véhicules, des bicyclettes ou des pirogues qui étaient spécialement aménagées pour le transport des bagages lourds.

Ce sont eux qui se chargeaient du transfert des marchandises diverses et/ou des produits agricoles et animaux, de/ou vers la Guinée, selon qu'il s'agissait de répondre à une demande intérieure ou extérieure en tel ou tel autre produit. Dans certains cas, les marchands eux-mêmes se jetaient dans les torrents des rivières pendant la nuit pour faire traverser leurs marchandises sur l'autre rive quand il s'agissait de franchir une rivière par exemple. Selon plusieurs anecdotes, ils faisaient nager les animaux, notamment les bœufs dans les mêmes conditions.

Les réseaux travaillaient souvent avec la complicité hélas des éléments de la sécurité qui étaient pourtant chargés de la surveillance des frontières. Cette pratique devint un véritable fonds de commerce pour un grand nombre de ces derniers et des responsables politiques et administratifs qui étaient dans les villes frontalières. Car les « *arrangements financiers spéciaux* » qui les liaient aux clandestins et dont ils tiraient des revenus substantiels, leur permettaient d'arrondir les angles. Quelle iro-

---

[55] Horoya No. 2162 R.G du 9-15 mars 1975, pp 54 et 55.

nie ! Eux qui avaient la charge de combattre le commerce privé et le trafic, l'alimentaient dans la plus grande discrétion.

5.8. La suppression des marchés hebdomadaires

Cette mesure fut prise pour contrer l'action des marchands ambulants dans les marchés hebdomadaires. Ces rencontres foraines qui ont lieu une fois par semaine dans chaque arrondissement ou sous-préfecture à des jours fixes, offrent l'occasion aux paysans de vendre leurs produits agricoles à des collectrices ou collecteurs venus des centres urbains et de s'approvisionner en retour en articles de consommation diverse (sel, sucre, tissus, chaussures, etc..), auprès de ceux-ci.

Le fait que les marchands se rendaient (et se rendent encore) d'un marché hebdomadaire à un autre au cours de la semaine, fut interprété par le Président comme étant un acte d'exploitation des paysans par ces derniers. Il qualifia ces marchés à la fois, de lieux d'écoulement des marchandises volées dans les magasins d'Etat et d'introduction de la fausse monnaie par les ''trafiquants'' lorsqu'il dit : « *...le trafiquant...allait de marché hebdomadaire en marché hebdomadaire pour écouler la fausse monnaie….*).[56]

Pour contrer leurs mouvements, le gouvernement institua la journée du dimanche comme jour unique pour la tenue de ces marchés forains sur toute l'étendue du territoire national. Malheureusement, au lieu de servir les paysans, la mesure fut plutôt un handicap de taille pour les échanges que ceux-ci entretenaient avec leurs partenaires extérieurs : les collecteurs et collectrices. Ces derniers se virent dans l'impossibilité d'approvisionner simultanément ces marchés en marchandises, en raison notamment de la limitation de l'offre de véhicules et de leur effectif[57].

Les transporteurs subirent également les méfaits de la mesure. Car le nombre de marchés qu'ils desservaient fut subitement réduit et par ricochet, le nombre de passagers qu'ils transportaient. Ce qui fit chuter leurs recettes hebdomadaires. Les consommateurs urbains ne furent pas non plus épargnés. Car la mesure provoqua le renchérissement des prix sur le marché urbain, suite à la contraction de l'offre de certains aliments. Ces effets rendirent la mesure aussi impopulaire que les précédentes.

---

[56] Horoya 2159 du 16 au 22 fév. 1975, p.20.

[57] Ces collecteurs se rendent sur les marchés forains selon l'ordre dans lequel ceux-ci se tiennent au cours de la semaine. Par exemple, le lundi au marché A, le mardi, au marché B, et ainsi de suite.

5.9. L'homologation des prix des denrées alimentaires

La détermination du gouvernement à lutter contre le commerce privé l'amena à fixer les prix des denrées alimentaires de première nécessité, ceux des produits agricoles destinés à l'exportation, et même de certains plants d'arbres. C'était dans le cadre de l'application de « *la politique nationale de stabilisation et d'uniformisation des prix sur l'ensemble du territoire national* » suivant la circulaire No.5/PRG du 5 avril 1975. Quant aux prix des denrées alimentaires et des plants, ils furent administrativement fixés par le Décret No. 404/75/PRG du 8 octobre 1975.

5.10. Autres actes posés

D'autres actes que le Gouvernement posa au cours de cette année furent nombreux. Citons, à titre d'exemple, l'implantation de nouvelles unités agro-industrielles et/ou la création de quelques plantations à savoir :

- (a) le Complexe sucrier de Koba à Boffa, suivant le décret No. 55/PRG du 17 février 1975, pour la production de sucre raffiné (en cubes et en poudres) et de l'alcool à usage domestique.
- (b) L'usine d'outillages agricoles de Mamou, suivant le décret No. 56/75/PRG du 17 février 1975 pour la fabrication de petits outillages agricoles (houes, coupe-coupe, haches, faucilles à dents et autres).
- (c) L'entreprise nationale agricole de production d'ananas frais destinés à l'exportation et une plantation pilote de 500 hectares sous irrigation par aspersion, à Daboya (Kindia), suivant le décret No. 200/PRG du 17 mai 1975.

C'est dans ce contexte que le séjour des étudiants arriva à terme dans les villages avec la fin de l'hivernage. Leur retour fut organisé dans la discipline la plus totale.

5.11. La fin de la campagne agricole

Hormis quelques rares cas de maladies qui furent signalés çà et là et qui occasionnèrent parfois des évacuations sanitaires vers les centres hospitaliers régionaux les plus proches des brigades, le séjour des étudiants se déroula globalement bien dans les villages. Dans l'ensemble, ils bénéficièrent d'un traitement magnanime de la part de leurs hôtes dont ils gardèrent majoritairement de merveilleux souvenirs.

Un seul point noir les intriguait cependant. C'est le fait qu'ils n'aient reçu les précieux cours dactylographiés, conformément aux engagements que prirent les responsables de l'éducation nationale. Presque tous regrettèrent ce grave manquement de la part de ces autorités.

Les étudiants exprimèrent également les endurances qu'ils supportèrent pendant leur présence dans les campagnes. Par exemple l'étudiant-Brigadier, Justin Morel Junior, décrit les activités de sa brigade en ces termes : « *Nous sommes à Dinguiraye ; une ville qui frise le sahel. C'est là que chaque groupe travaille avec les ouvriers agricoles et les paysans qui s'y investissent avec abnégation. Nous avons ensemencé 11 ha d'arachides, 76 ha de riz et défriché 20 ha pour le manioc. Mais avant que cela ne soit, il a fallu beaucoup d'endurance, de persévérance et de constance…* »[58]

Quant à Moussa Camara, producteur à Frankönèdou, (Préfecture de Kérouané), il exprima sa reconnaissance à l'endroit des étudiants en ces termes : « *Votre séjour, parmi nous, nous a impressionnés et nous a encouragés pour la transformation qualitative de la vie de nos masses paysannes. Nous étions bien des paysans, mais ne sachant transformer la terre que superficiellement. En effet, on peut vivre au bord du fleuve et ne pas savoir nager, tout s'apprend. Merci de ce que vous nous avez appris* ».[59]

C'est dans cette atmosphère de retrouvailles que les inscriptions pour la nouvelle année universitaire (1975-1976) démarrèrent le 16 janvier 1976 dans le calme sur les deux campus universitaires. L'année fut proclamée « *année spéciale* » car les étudiants qui étaient en fin de cycle à la veille de la campagne, devraient terminer leurs programmes de formation sur cette courte période avant leur sortie. Par ailleurs, étant donné le caractère populaire de la campagne agricole, une rencontre fut programmée entre le Président de la République et les étudiants de l'Institut Polytechnique de Conakry.

5.12. L'entrevue du Président de la République avec les étudiants

A leur retour de la campagne, les étudiants de l'Institut Polytechnique Gamal Abdel Nasser de Conakry eurent droit à une entrevue avec le Président de la République. Cette rencontre fut placée dans le cadre des échanges d'informations entre le Président et les étudiants.

[58] Horoya No. 2182 du 27 juillet au 2 août 1975, p. 57
[59] Horoya No. 2205 du 11 au 17 janv. 1976, p.51

Elle se passa dans un contexte économique qui était encore morose. Car les mesures que le gouvernement avait prises au cours de l'année dans le but de redresser l'économie n'avaient, d'une manière générale, produit que leurs effets contraires.

Les articles de grande consommation étaient toujours rares sur le marché, malgré les importantes opérations d'importation et de distribution des marchandises auxquelles s'adonnèrent les entreprises d'Etat. Les éléments de la redoutable police économique continuaient encore à semer la terreur sur les marchés. La peur de leurs représailles alimentait toujours l'économie souterraine qui se développait de plus en plus. Ce qui contribuait à doper les prix des articles de consommation courante. En clair, l'économie présentait encore de graves signes de faiblesse.

C'est pourquoi la rencontre entre les étudiants et le Président était d'un enjeu politique de taille. Car ceux-ci subissaient également les affres de la mauvaise conjoncture économique. En plus, ils n'avaient plus la même ardeur que lors de leur départ pour les villages. Ils étaient beaucoup moins enthousiastes et leur moral s'était considérablement effondré devant les nouvelles réalités.

Le fait que deux promotions d'étudiants (Almamy Samory Touré et Almamy Bocar Biro Barry) de l'université guinéenne se retrouvaient au même moment sur le marché du travail après la campagne, était une autre source de préoccupation majeure pour les étudiants et leurs professeurs.

Ils estimaient que la capacité de création des emplois par l'Etat était entamée à cause des graves dysfonctionnements que l'économie subissait. Conséquemment, ils doutaient tous de la capacité de l'Etat à trouver du travail pour chaque nouveau sortant, quoique celui-ci n'avait pas encore failli à ce principe depuis la création de ces institutions de formation. Les étudiants voulaient mettre cette rencontre à profit pour attirer l'attention du Président sur leur inquiétude.

C'est dans cette atmosphère d'anxiété manifeste que le chef de l'Etat rencontra les étudiants le 20 mai 1976 au palais du peuple. Après avoir lancé les slogans révolutionnaires qu'il avait coutume de prononcer au début et à la fin de chacun de ses discours (et que son audience répondait en chœur) et suite aux protocoles d'usage en pareille circonstance, le représentant des étudiants, feu Sékou Kantarala Diakité, fut invité à prendre la parole pour présenter les doléances de ses collègues.

Sans détour il posa, entre autres questions cruciales, l'emploi des jeunes et singulièrement celui des deux promotions qui étaient prêtes à sortir. Le Président qui n'était visiblement pas à l'aise à l'évoque de ce sujet sensible par l'orateur, demanda plus de clarifications sur ce sujet à la fin du discours de l'intéressé. Ce redoutable exercice soudain revint tour à tour au Ministre de l'Enseignement supérieur (Dr. Sikhé Camara) et du Domaine de l'Education Nationale (Mr. Mamady Keita) qui donnèrent chacun des explications acceptables sur cet élément sensible.

C'est à la suite de cet exercice délicat de clarification des propos de l'orateur que le Président prononça à son tour un long discours au cours duquel il apporta des éléments de réponses aux préoccupations soulevées par le porte-parole des étudiants, y compris celles de leur emploi. Il décerna par la même occasion la médaille de haute distinction honorifique à l'Université pour sa participation qualitative à la campagne agricole 1975 et à la lutte contre le trafic et les trafiquants. Ce fut par cet acte symbolique que la rencontre prit fin.

Après ce tour d'horizon, l'on peut se demander quel fut le résultat de cette grandiose opération agricole que les étudiants effectuèrent cette année-là en termes de volume de production réalisé ? L'examen des informations disponibles montre que le résultat fut globalement insuffisant.

5.13. Un résultat global insuffisant

Les gros efforts financiers, matériels et humains que le gouvernement consacra à l'agriculture à l'occasion de la campagne agricole, ne permirent guère à juguler le déficit céréalier que connaissait le pays en cette année. Selon Jean Paul Alata, « *Le gouvernement a proclamé qu'il n'importerait que 20.000 tonnes en 1975. Il a tenu parole, mais au détriment de la population. La ration mensuelle a été baissée en 1975 de 8 à 3 Kilogrammes. 20.000 tonnes représentent la ration de 600.000 habitants privilégiés des grandes villes* »[60].

Le séminaire des élèves et étudiants de Conakry qui se tint du 27 au 28 janvier 1976 sur ''*l'analyse comptable générale et l'analyse morale et politique pour l'université en communication avec le monde rural*'' ne mit en exergue que l'aspect politique de la campagne au détriment de ses résultats économiques et financiers.

La conférence administrative nationale qui regroupa au tour du Président de la République, du 2 au 7 février 1976 au Palais de la Présidence de la République, les membres du Comité Central et du

[60] L'économie guinéenne, p. 8.

Gouvernement, les Secrétaires fédéraux et les Gouverneurs de région avait également une allure populaire.

Le journaliste T. Maady Bah qui suivit cette rencontre s'exprime ainsi : « *...Cette fois, le cadre des exposés et des débats n'a pas autorisé l'étalage du verbe souvent empreint de démagogie et de tournures sophistiquées. Secrétaires Fédéraux et gouverneurs de région ont parlé chiffres avec plus de précision. Les bilans de la campagne agricole et de la commercialisation pour l'année écoulée [1975] et l'exercice en cours en font foi : Plus de 90.000 tonnes de produits commercialisés et 330 millions de sylis de bénéfice au titre des activités économiques des P.R.L.* »[61].

L'examen de la production individuelle de certaines brigades ne suffit pas non plus à étayer un résultat suffisant. Par exemple, celle des 10 brigades de Kissidougou que Djigui Camara présente dans un article intitulé '' *La Terre et la Révolution*'' met plutôt l'accent sur l'aspect populaire de cette opération lorsqu'il dit : « *Ivre du succès de ses 10 B.M.P, Kissidougou est en liesse des fructueux résultats de ses étudiants-Brigadiers. Les magasins de l'E.R.C narguèrent affamés, ne suffisent plus....Depuis que les sacs de riz surtout d'arachide ont envahi les places, les sceptiques se sont tus. Les faits ont la tête dure. Les étudiants n'ont point déserté...* » Ces résultats sont présentés dans le tableau No. 11.

Tableau No. 11 : Production de quelques Brigades Mécanisées de Production de Kissidougou

No.	Brigade Mécanisée de Production de :	PRODUCTION	
		Arachide (poids net en Kg)	Riz (poids net en Kg)
1	Férémèssadou Pompö	8.016	33.969
2	Ouéndén Bendou	7.703	31.432
3	Kènèma Bomba	7.389	-
4	Wossokoroma	6.519	-
5	Férémèssadouba	4.362	11.044
6	Mandoukörö	823	32.679
7	Krimoriah	6.166	20.851
8	Bambassariah	2.474	5.869
9	Firawa	4.875	7.564
10	Sagbè	3.611	30.522
11	TOTAL	51.938	173.930

Source : Höröya No. 2206 du 18 au 24 Janvier 1976, pp.35&36.

[61] Horoya No. 2209 du 8 au 14 février 1976.

D'autres appréciations de l'intervention des étudiants furent faites par le Président lui-même lors de son message de nouvel an 1976 à la nation en ces termes : « *...Les étudiants et élèves, de retour des villages où ils ont pendant 9 mois, eu à lutter courageusement contre la nature pour lui arracher des dizaines de milliers d'hectares de terre, qu'ils ont transformés en champs de riz, de mil, d'arachide ou de manioc, ramènent avec eux, il n'y a pas de doute, d'inestimables richesses matérielles, toutes arrachés par eux à la nature ou puisées dans la fécondante source culturelle que constitue la vie au sein du peuple...* »[62].

Certains agents de l'administration et quelques responsables politiques saluèrent quant à eux, le travail des étudiants à travers des poèmes dont quelques titres sont cités ici, par exemple : « *Le retour des pionniers de la campagne* » de Alpha Kabinet Traoré, instituteur à Kindia[63]; « *L'étudiant à la campagne* » de Boubacar Sylla Syllus, Insttuteur, Konsotami, Telimélé[64]; « *AGAPES de retour* », de Dr. Sikhé Camara, Ministre[65]. Ce dernier les compara même à Ulysse.

Ces appréciations, comme on le voit, étaient plutôt complaisantes. Il convient de souligner que le déroulement de la campagne fut marqué par de graves problèmes d'ordre techniques et financiers suivants :

- les fréquentes pannes de flexibles ou d'autres pièces maîtresses qui immobilisaient les tracteurs,
- les retards que certaines brigades accusèrent pour la réception des semences,
- les semences d'arachide inadaptées que le gouvernement fit venir de la Gambie,
- les labours hors norme qu'effectuaient les tractoristes qui n'avaient reçu aucune formation préalable,
- les détournements de fonds et de matériels agricoles y compris les tracteurs auxquels certains responsables des brigades et de l'administration se livraient, etc. Selon plusieurs anecdotes, ces engins étaient vendus dans certains pays voisins à la Guinée.

Ce résultat peut reluisant ne fit cependant pas baisser les bras du gouvernement en ce qui concerne le déploiement de nouveaux étudiants dans les brigades, l'année suivante. Toutefois, contrairement à

[62] Horoya No. 2204 du 4-10 Janv. 1976, p. 8.
[63] Horoya No. 2204 du 4-10 janvier 1976, p. 63-64
[64] Horoya No. 2207 du 25-31 janv. 1976, p. 56-58
[65] Horoya No. 2208, du 1er au 7 février 1976, p.45

la première expérience qui mobilisa l'ensemble des universitaires, la nouvelle démarche fut plutôt sélective.

Car seuls les étudiants en fin de cycle furent requis à prendre part aux futures campagnes agricoles. Ce qui fit de la Brigade Mécanisée de Production le passage obligé des étudiants en général et les agronomes en particulier qui étaient sur le point de terminer leurs études universitaires. Les fonctionnaires qui désiraient participer volontairement aux activités des brigades furent invités à le faire en s'inscrivant dans les Brigades de leur choix.[66]

C'est cette démarche qui prévalait jusqu'au 11 décembre 1978, date à laquelle le 11e congrès du P.D.G recommanda la fusion de la B.M.P et la B.A.P. C'est cette fusion qui donna naissance à la Ferme Agro-pastorale d'Arrondissement (F.A.P.A).

Il convient de signaler en passant que la Ferme Agricole Communale (F.A.C) était une autre structure rurale collectiviste intermédiaire qui devrait remplacer la Brigade dans les villages. Mais elle fut moins présente dans les discours du fait de la création de la F.A.P.A à l'échelle de l'arrondissement et surtout du rôle de 1er plan que l'Etat assigna à cette nouvelle structure en matière de production agricole et de création d'emplois pour les jeunes universitaires.

Conclusion

La campagne agricole ne connut pas le succès que le gouvernement en escomptait. Les résultats confirmèrent le fait persistant que l'on observait depuis l'institution de la politique de « *la liaison de l'école à la vie* » à savoir que l'utilisation de l'école pour des fins de production alimentaire était une approche erronée du développement agricole.

[66] Horoya No. 2209 du 9 au 14 février 1976, pp 15et 16

CHAPITRE 6

La Ferme Agro-pastorale d'Arrondissement (F.A.P.A) et les tracteurs Zétor ou le « Faux pas, j'ai tord »

6.1. Le contexte de sa création

Tout comme lors du lancement de la campagne agricole en 1975, la naissance de la F.A.P.A se fit dans un contexte socio-économique difficile. Les gros efforts financiers et matériels que le gouvernement consentit dans le domaine de l'agriculture quelques années plus tôt, s'étaient soldés par un échec.

En effet, les paysans qui constituaient l'épine dorsale des Brigades en matière de main d'œuvre après le départ des étudiants, ne trouvaient plus d'intérêt de continuer à partager leur temps de travail entre leurs champs individuels et ceux de la Brigade, comme ils le faisaient au paravent.

Politiquement, les remous qu'avait provoqués ''la situation particulière du Fouta et le complot peulh'' en 1976, étaient encore perceptibles parmi les populations. La révolte des femmes du marché M'Balia de Conakry II, le 27 août 1977 contre les exactions de la police économique, entraîna des arrestations qui se poursuivaient encore. Car selon le Président, « *ceux qui agissaient le 27 août étaient des comploteurs* ».[67] Enfin, la fusion du Parti avec l'Etat ou Parti-Etat intervenue au cours de cette année (1978) renforça l'emprise du premier sur le second. Ce qui accrut le climat de suspicion qui régnait entre les cadres. L'heure était au repli sur soi-même.

Sur le terrain économique, les effets des mesures destinées à lutter contre Cheytane se ressentaient encore très durement sur les activités économiques, quoique la police économique fût entre-temps retirée

---

[67] Horoya No. 2294 RG du 2-8 octobre 1977, p.32

des marchés à la suite de la révolte des femmes. Mais à sa place, subsistaient des Comités de Surveillance et de Contrôle des Marchés Urbains (C.S.C.M.B) que le décret No. 414/PRG/du 1er septembre 1977 institua. Ceux-ci exerçaient un contrôle strict sur les prix des denrées alimentaires de base et des marchandises que l'Etat importait.

Le rationnement alimentaire par lequel le riz et les autres vivres étaient distribuées dans les quartiers de Conakry fut renforcé par la création, suivant le décret No. 569 /PRG du 10 novembre 1977, d'une nouvelle entreprise étatique dénommée ALIDI (Alimentations diverses). Celle-ci s'occupait notamment de l'achat et de la distribution de l'huile, du sucre, etc. à Conakry.

Dans les arrondissements ruraux, une nouvelle entité commerciale dénommée Entreprise Commerciale d'Arrondissement (ECOMA), avait vu le jour suivant le décret No. 466/PRG du 19 /9/77. Sa mission consistait en la réception, le stockage et la bonne conservation des denrées alimentaires, des marchandises et articles divers en vue de leur distribution aux Pouvoirs Révolutionnaires Locaux (P.R.L).

L'ECOMA achetait en retour les produits vivriers et d'exportation auprès des P.R.L et les cédait aux Entreprises Régionales de Commercialisation (E.R.C), sous la coordination des Directions Régionales du Commerce. Sur le plan environnemental, le pays avait connu une sécheresse prolongée en 1978.

Ce sont les effets combinés de ces facteurs qui aggravèrent la situation alimentaire générale du pays. Ce qui obligea le gouvernement à recourir à l'aide alimentaire massive pour contrer la crise.

Dans le rapport du Comité Central, au 11e congrès du PDG, le Président de la République décrit cette condition comme suit : «.... *Si les résultats globaux sont loin de combler les besoins alimentaires de la Nation, nous devons annoncer que le Pouvoir Révolutionnaire Central a été amené à prendre certaines dispositions relatives à l'importation de denrées alimentaires en vue d'assurer, notamment aux travailleurs des villes, un ravitaillement alimentaire décent...* »[68]

Treize pays et deux organismes internationaux répondirent à cet appel pressant. Ils fournirent ensemble 55.000 tonnes de denrées alimentaires dont 1.500 tonnes de semences. La valeur en sylis de ces dons fut chiffrée à 449.737.800 (voir tableau N°12).

---

[68] Horoya No. 2324 R.G du 28 mai au 3 juin 1978, pp. 9 et 10

Tableau N° 12 : Valeur en Sylis des dons alimentaires en 1978

N°	Pays/Organismes donateurs	Valeur en sylis	%
1	United States of America (U.S.A)	124.200.000	27,61
2	Communauté Economique Européenne (C.E.E)	108.160.000	24,04
3	Danemark	41.400.000	9,20
4	Suède	33.810.000	7,51
5	Programme Alimentaire Mondial (P.A.M)	33.300.000	7,40
6	Canada	22.000.000	4,89
7	Grande Bretagne	19.500.000	4,33
8	Union des Républiques Soviétiques Socialistes (U.R.S.S)	14.340.000	3,18
9	République Fédérale d'Allemagne (R.F.A).	13.800.000	3,06
10	République du Togo (R.T)	12.500.000	2,77
11	Portugal	7.760.000	1,72
12	République Populaire de Chine (R.P.C)	6.900.000	1,53
13	France	6.767.800	1,50
14	Hongrie	4.600.000	1,02
15	Suisse	700.000	0,15
16	TOTAL	449.737.800	100

Source : Horoya N° 2324 du 28 mai 1978, p. 10.

Sur le front social, l'emploi des jeunes gens sortis des grandes écoles se posait davantage avec acuité à cause du nombre grandissant d'étudiants qui arrivaient par vagues importantes sur le marché du travail. La politique d'orientation massive (75%) des élèves vers les facultés d'agronomie instituée à partir de la rentrée universitaire d'octobre 1975, contribua à mettre sur le marché du travail, quelques quatre mille (4.000) techniciens de profil agropastoral de la Hiérarchie B, C et D, auxquels s'ajoutèrent leurs collègues des autres options.

Il fallait trouver un emploi pour chacun de ces sortants. Or la majorité des agronomes qui avaient terminé leurs études travaillaient d'une manière générale, dans l'administration publique faute de chantiers agricoles assurés. Ce qui leur avait d'ailleurs valu l'appellation péjorative d'« *agronomes sur carreaux* » de la part de leurs camarades des autres secteurs de l'administration.

La résolution rapide de ces problèmes brûlants devint un véritable casse-tête politique d'une grande ampleur pour le gouvernement et pour le Président de la République lui-même. Car la capacité d'absorption des nouveaux travailleurs dans la fonction publique avait atteint un seuil qu'il était difficile de franchir.

Car recruter de nouveaux fonctionnaires en si grand nombre, prédisposait le trésor public à des dépenses supplémentaires qu'il ne pouvait supporter, surtout que les importations alimentaires destinées à couvrir le déficit céréalier produisaient déjà une ardoise de 500.000.000 de sylis, soit l'équivalent de 25.000.000 de dollars pour faire venir en moyenne 60.000 tonnes de riz par an.

L'avènement de la F.A.P.A était donc opportun de ce point de vue. Le Président le justifiait comme suit : « *...Ainsi, les agents vecteurs de la science, de la technique et de la technologie agricoles et zootechniques dans tout le pays, sont créés et se créent chaque jour par la Révolution. Mais leur simple existence statique ne suffit pas pour changer nos réalités actuelles... Le 11e Congrès a décidé de l'implantation, dans chaque arrondissement (rural), d'une ou plusieurs Fermes Agro-pastorales d'Arrondissement(FAPA)* »[69].

Mais après l'échec des premières opérations de cette nature, de nombreuses personnes doutaient de l'opportunité de cette autre entreprise. Les responsables politiques eux-mêmes n'approuvaient la démarche que par simple conformisme politique à l'occasion des réunions du Parti. Cette attitude de réserve générale, traduisait clairement le scepticisme qui entourait l'implantation de la F.A.P.A.

6.2. Une implantation entourée de scepticisme

C'est donc dans cette conjoncture socio-économique morose pleine d'incertitude que l'accouchement de la Ferme Agropastorale d'Arrondissement (F.A.P.A) fut fait. Sa naissance fut saluée par de nombreux poèmes dont *''les fusils agraires''*[70]du journaliste Roger Goto Zomou.

Les formations orchestrales ne furent pas en reste de cette magnificence à l'endroit de la F.A.P.A et du Président de la République. L'orchestre national, Horoya Band, par exemple composa à cette occasion, une chanson dont le titre ''*Daba*'' (la houe en langue nationale malinké) fut dédiée à l'action salvatrice du Président pour sa lutte pour l'élimination de la faim.

Ces actes renforcèrent davantage le doute des populations vis-à-vis de la nouvelle structure. Mais le Président lui ne voyait pas les choses de cette manière. Et pour cause. C'est ainsi qu'il dit : « *Connaissant la situation actuelle du pays, du point de vue de la production très insuf-*

---

[69] RDA No. 92, pp 145 -146.

[70] Horoya No. 168 du 19 juillet 1979, p. 5.

fisante des denrées alimentaires et des autres produits agricoles, l'action à engager doit nous permettre d'atteindre l'autosuffisance, par une augmentation de la production dans tous les secteurs de la paysannerie. »[71]

En 1979, le Gouvernement fit venir quelque 200 tracteurs Zétor de la Tchécoslovaquie pour remplacer les tracteurs Universal qui présentaient de nombreuses pannes mécaniques. Les sceptiques de la F.A.P.A qualifièrent ces engins de tracteurs « *J'ai tord* », à leur arrivée à Conakry pour exprimer leur désapprobation de cette autre action qui ne se justifiait plus à leurs yeux.

En réitérant sa volonté inébranlable à faire démarrer contre vents et marées la F.A.P.A, le Président dénonça ces propos qu'il attribua aux actions de sabotage des « *ennemis du peuple* ». Ce qui lui fit dire que « *la nouvelle entreprise, c'est la F.A.P.A et nous rencontrons sur le chemin de sa réalisation des embûches, des obstacles, des oppositions sourdes ou clamées...* »[72]. Ces actes étaient le signe du mauvais départ de la nouvelle institution rurale de production.

6.3. Un mauvais départ

Ainsi, sans étude préalable, le 11e congrès autorisa la création de 200 F.A.P.A en 1978. L'improvisation, il faut le souligner était la règle observée depuis tous les temps. Ce qui primait, c'était le caractère populaire de l'action agricole au détriment de ses aspects économiques et financiers.

Les propos ci-après, du Président de la République, à l'ouverture du séminaire national sur les F.A.P.A tenu à Conakry en février 1979, atteste cette attitude quand il dit : « *Tout souci de rentabilité financière immédiate (de la F.A.P.A) doit être banni pour faire face à l'exigence de rentabilité socio-économique à moyen et le court terme* ». Le tableau No.13 montre la répartition des F.A.P.A créées à cette occasion entre les régions administratives.

[71] Tome 27, p.173.

[72] Tome 27, p.174

Tableau 13 : Distribution des F.A.P.A entre les régions administratives, Déc. 1978.

Régions Nombre	Régions Nombre	Régions Nombre.
Boffa 6	Guéckédou 9	Dalaba 4
Boké 8	Kissidougou 9	Tougué 3
Forécariah 7	Macenta 8	Kérouané 4
Gaoual 5	N'Zérékoré 5	Koubia 3
Koundara 6	Lola 7	Lélouma 4
Pita 3	Faranah 10	Labé 3
Siguiri 9	Dabola 6	Mamou 5
Kouroussa 10	Dinguiraye 6	Mali 5
Kankan 12	Yomou 5	Fria 2
Mandiana 10	Coyah 5	Kindia 5
Beyla 12	Télimélé 4	Conakry 0
TOTAL 88	**TOTAL 74**	**TOTAL 38**

Source : Création de la F.A.P.A pendant la campagne agricole 1979, P.1.

Contrairement aux autres structures de production collectiviste similaires qui la précédèrent, la réussite de la F.A.P.A revêtait un caractère hautement politique aux yeux du Président et du Gouvernement tout entier. D'abord par ce qu'elle était perçue comme étant la réponse ultime aux grands maux qui assaillaient le pays, notamment les problèmes alimentaires et d'emplois des jeunes diplômés. Ensuite, parce que l'échec de cette nouvelle entreprise était synonyme de la faillite générale du système collectiviste de production que le Président avait toujours défendu. La F.A.P.A était en quelque sorte, la dernière cartouche en matière de stratégie de développement agricole. D'où son enjeu politique, social et économique de haute portée.

Il était donc hors de question qu'elle échoue. Car selon le Président, « *Si les F.A.P.A échouent, les perspectives d'un redressement de la situation de notre paysannerie s'élimineraient du coup....* »[73]. Ce propos traduisait clairement toute l'appréhension qui entourait le lancement de la F.A.P.A. Jamais le Président n'avait, au cours des longues années de réforme du secteur rural, exprimé un tel sentiment.

Pour montrer toute l'importance qu'il accordait à la réussite de cette entreprise, il créa en février 1981, un Département Ministériel chargé des F.A.P.A et des Coopératives Agricoles (M/FAPA/CA), en dépit de l'existence d'un Ministère de l'Agriculture, des Eaux et Forêt et du Conditionnement (M.A.E.F.C).

[73] Tome 27 p.131

Bien entendu, cette séparation n'était pas opportune. Car l'existence de deux Ministères chargés de la mise en œuvre de la politique agricole du gouvernement était une duplication de rôles qui ne s'expliquait pas. Dans la pratique, cela contribua plutôt à créer des conflits de responsabilité entre les agents des deux Départements. Par ailleurs, la séparation signifiait clairement la dispersion des efforts financiers, matériels et humains que l'Etat consentait à la cause de l'agriculture.

Politiquement, c'est aux Commissariats Généraux de la Révolution (C.G.R)[74] que revint la tâche de la coordination des activités de la F.A.P.A et de celles du Ministère de l'Agriculture au niveau régional. Chaque F.A.P.A était équipée d'un tracteur de 65cv plus une charrue, un pulvériseur, une remorque et de plusieurs petits outillages agricoles. Malgré ce dispositif, la viabilisation de la F.A.P.A devint douteuse pour les raisons suivantes :

6.4. Le caractère multiple et diffus des objectifs

L'objectif principal que le gouvernement assigna à la F.A.P.A était de moderniser la paysannerie guinéenne en vue d'assurer l'autosuffisance alimentaire. Ses objectifs spécifiques étaient nombreux et variés, à savoir : produire les céréales, pratiquer l'arboriculture et l'élevage. Le Président décrit la F.A.P.A comme étant « *…un complexe comprenant son domaine de culture, son verger, sa ferme d'élevage, et son habitat (village moderne, très fonctionnel)….* »[75]. Cette multiplicité et le manque de clarté de ses objectifs étaient le premier goulot d'étranglement qui entravait le fonctionnement normal de la F.A.P.A.

6.5. Le recours massif à la main-d'œuvre estudiantine

Les étudiants sortants des universités guinéennes, étrangères et des grandes écoles représentaient 38% de l'effectif (26) du personnel de chaque F.A.P.A. Le reste (62%) était constitué des cadres de l'Agriculture, des conducteurs d'engins et des ouvriers agricoles divers comme le montre le tableau No.15.

Ils étaient tous des salariés de la fonction publique. Le Président justifiait le choix des étudiants comme suit : « *Le 11e congrès a pres-*

---

[74] Ceux-ci étaient des structures politico-administratives créées au niveau de chaque région naturelle.

[75] Tome 27, p. 178

crit l'implantation de fermes agropastorales dans les arrondissements en utilisant les jeunes universitaires qui ont reçu, en conséquence, une formation à la fois théorique et pratique et qui vont devenir les nouveaux paysans nécessaires à la domination de la nature, à l'augmentation quantitative et qualitative de la production nationale »[76].

Deux mille (2000) étudiants furent inscrits au cours de la première année sur un effectif total de 5.200 travailleurs salariés. Quant à la masse salariale annuelle, elle était estimée à quelques 20.160.000 Sylis pour l'ensemble des travailleurs des F.A.P.A. En 1979, le budget des F.A.P.A était de 650. 000.000 de sylis ou 6.500.000.000 FCFA. La composition du personnel d'une F.A.P.A est présentée dans le tableau No. 14.

Tableau No. 14 : Composition du personnel d'une F.A.P.A en 1979.

No.	Titre/Fonction	Effectif
1	Ingénieur Agronome	1
2	Ingénieur Zootechnicien	1
3	Contrôleur Technique d'Agriculture (CTA)	3
4	Contrôleur Technique d'Elevage (CTE)	2
5	Conducteur d'engins agricoles	2
6	Mécaniciens Diésélistes	1
7	Ouvriers agricoles	5
8	Berger	1
9	Etudiants stagiaires	10
TOTAL		26

Source : Compilation de l'auteur.

6.6. Des défis insurmontables

Les membres de la F.A.P.A devraient retrousser leurs manches pour mettre en valeur les grandes superficies de terres que le gouvernement avait mises à leur disposition dans les villages. Ils devraient non seulement produire suffisamment de vivres pour couvrir leurs propres besoins alimentaires, mais aussi et surtout dégager des excédents vendables aux offices de commercialisation agricole pour l'approvisionnement des magasins de vivres des villes, où fonctionnaires improductifs et populations oisives de Conakry et des grands centres, se ravitailleraient. Ce fut le premier grand défi qui attendait la F.A.P.A.

[76] Tome 27, p.188.

Le second consistait à assurer son autonomie financière dans un délai de 2 à 3 ans, en assumant toutes les dépenses de fonctionnement y compris le paiement normal et régulier des salaires de ses membres. Le troisième et dernier défi consistait à rembourser intégralement les fonds de roulement et à dégager des provisions pour l'amortissement des tracteurs que l'Etat avait mis à leur disposition.

6.7. La centralisation des décisions de production

Pour atteindre ces objectifs d'autosuffisance alimentaire et d'autonomie financière, le Gouvernement mit en place une commission ministérielle qui se chargea d'élaborer ' '*le programme d'activités productives*' ' de la F.A.P.A. Ce travail bureaucratique harassant consistait essentiellement à définir les lieux d'implantation, les types de spéculations susceptibles d'être produites et les quantités de ces spéculations que chaque F.A.P.A devrait produire.

Ces décisions ne tenaient généralement pas compte des réalités du terrain. En outre, elles étaient entérinées à l'occasion des comptes-rendus politiques au sommet de l'Etat et répercutées à la base à travers plusieurs structures politico-administratives. Ce qui leur donnait un caractère d'instructions que les responsables du Parti à la base devraient exécuter.

6.8. Le faible intérêt des agents des services de l'agriculture à la cause de la F.A.P.A

Le faible intérêt que les agents portaient au travail de la F.A.P.A fut un autre handicap de taille qui nuit à sa viabilité. En effet, très peu de travailleurs de la F.A.P.A se considéraient coopérants dont on attendait qu'ils se prissent en charge comme cela fut préconisé par le Président de la République.

La majorité des techniciens que le gouvernement affecta dans cette structure la perçurent plutôt comme un passage administratif obligé pour accéder à d'autres fonctions politiques ou administratives plus importantes. Ils considéraient les activités de la F.A.P.A comme une action purement politique, un feu de paille qui allait, comme ses prédécesseurs, mourir dans la plus grande indifférence des populations, des responsables politiques eux-mêmes et des techniciens. Il fallait simplement savoir profiter de son existence avant sa désintégration. Ainsi, au lieu de servir la F.A.P.A, ils s'en servirent plu tôt.

Les étudiants stagiaires qui devraient y apprendre le travail de la terre, se préoccupaient beaucoup plus de la rédaction de leurs thèses de mémoires de fin d'études supérieures que de la réussite de la F.A.P.A. Ils devraient défendre cette thèse devant un jury constitué de leurs professeurs et de quelques hauts cadres de l'administration.

Or le passage avec succès de cet exercice académique était la condition pour changer de statut administratif dans la fonction publique. C'est-à-dire passer du statut d'étudiant stagiaire à celui de fonctionnaire à plein temps, bénéficiant d'un meilleur traitement salarial. Ce travail de recherche leur paraissait plus important que passer leur temps dans les champs de la F.A.P.A comme cela le leur fût exigé.

Ils désertaient la F.A.P.A avec la complicité de leurs directeurs dont l'irrégularité à leur poste de travail était un autre motif de préoccupation. Car ceux-ci, à l'instar de la plupart des agents de l'Etat, mettaient toujours leurs affaires personnelles au-dessus de la gestion quotidienne de la F.A.P.A.

Ce manque de conviction totale en l'avenir de la F.A.P.A, fut à la base de sa gestion calamiteuse. Ce qui fait que trois ans après son lancement en décembre 1978, elle continuait à dépendre lourdement du budget de l'Etat pour le paiement des salaires de ses membres et pour effectuer d'autres dépenses de fonctionnement.

En 1982, tout espoir de viabilisation de cette institution rurale était complètement perdu du fait de l'aggravation de la dépendance des coopérants vis-à-vis des finances publiques. En effet le nombre de la F.A.P.A était passé entre-temps à 360. Cela représentait un séisme financier d'une grande envergure pour le trésor public qu'il fallait arrêter à tout prix. Déjà, de nombreuses personnes en privé n'hésitaient plus à qualifier la F.A.P.A de « *faux pas* » comme pour souligner sa faillite. Il fallait donc revisiter le concept.

6.9. Revisiter le concept de la F.A.P.A.

En juillet 1982, le Gouvernement fit appel à l'expertise et aux conseils de l'Union Mondiale de l'Organisation de Reconstruction du Travail (O.R.T)[77] pour lui faire des propositions afin de remédier à la situation catastrophique de la F.A.P.A qui était devenue un autre casse-tête politique de grande ampleur.

Dans son rapport final, au Ministère de la F.A.P.A, l'O.R.T attribua la principale cause de la défaillance de la F.A.P.A au « *manque de*

[77] Une organisation internationale privée et non gouvernementale.

motivation et de stimulation individuelles des membres ». D'autres causes secondaires qu'elle diagnostiqua concernaient « *l'insuffisance des salaires pour compenser les efforts des membres car ceux-ci étaient basés sur une grille émanant du gouvernement* », et le fait que « *les membres des F.A.P.A n'étaient pas tenu responsables du succès ou de l'échec de la ferme ni des revenus y afférent* ». Les imperfections les plus importantes que la mission releva étaient les suivantes :

- L'absence de main-d'œuvre qualifiée pour diriger les grandes fermes mécanisées,

- Le manque d'expérience pratique des membres en ce qui concerne les méthodes agricoles,

- Une trop grande importance accordée à l'introduction de nouvelles variétés,

- Le manque d'ateliers de réparation et/ou de services après-vente,

- Les problèmes rencontrés dans le marketing à savoir : les routes d'accès aux fermes, les transports et l'entreposage.[78]

Sur la base de ces constats, l'O.R.T proposa la conversion pure et simple de la F.A.P.A de sa structure collectiviste en une structure privée, basée sur la production individuelle afin « *de stimuler la motivation des membres et ainsi augmenter la production* ». L'O.R.T préconisa l'application de ce modèle à des villages pilotes en convertissant la F.A.P.A en village coopératif. « *Ce qui combinerait à la fois l'entreprise individuelle et la coopérative économique et sociale* »[79].

En clair, il s'agissait pour le Gouvernement en général, et le Président de la République en particulier, de renoncer au modèle collectiviste qui n'avait produit que découragement et dédain pour le secteur de l'agriculture chez les élèves. C'était un choix politique majeur qui était à faire et au plus vite.

Le Président Ahmed Sékou Touré qui était convaincu de l'objectivité des remarques et des suggestions formulées par la mission de l'O.R.T, accueillit cette recommandation avec une grande ouverture d'esprit. Car, non seulement cette démarche ne remettait pas en cause son programme de modernisation de la paysannerie, mais elle faisait toujours de la F.A.P.A, une structure d'emploi pour les nombreux étudiants qui sortaient par vagues importantes successives des universités guinéennes et étrangères depuis quelques années.

[78] Rapport ORT
[79] Rapport ORT

Préserver la F.A.P.A à ce prix, était davantage acceptable que de la voir se démanteler comme ce fut le cas de ses tristes aînées : le C.E.R version rurale, la cité socialiste et les brigades de production. Ce serait un véritable suicide politique, car cela entrainerait la mise en chômage des milliers de jeunes pour qui l'Etat était le seul employeur. En 1982, il y avait 12.000 jeunes inscrits au compte de la F.A.P.A. Or ce chiffre devrait croître au rythme de la sortie de nouvelles promotions d'étudiants.

Le Président fit savoir son entière adhésion à la proposition de l'O.T.R le 17 décembre 1982 à Conakry, à l'occasion du discours qu'il tint devant les étudiants de la 17e promotion (Ahmadou Cheikh Bamba) de l'Université Guinéenne, sur le thème de « *la libre entreprise, du développement socio-économique et de la Révolution populaire* ».[80]

Pour la première fois, depuis que le pays s'était engagé dans la voie du collectivisme agricole, le Président reconnut la nécessité de libérer les initiatives individuelles dans ce secteur. Pour marquer son consentement à la nouvelle démarche novatrice, il dit ceci : « *L'entreprise privée n'apparaît plus ainsi, dans le cadre de la Révolution populaire, comme une politique pouvant mettre en danger les choix opérés, mais comme un stimulant, un moyen de développement par excellence... L'on ne peut pas fonctionnariser un peuple. C'est pourquoi, tout en veillant à la parfaite organisation de ses cellules de base, le secteur public doit aussi se préoccuper de la promotion dynamique du second secteur, le secteur privé* »[81]

En d'autres termes cela signifiait, on ne peut plus clair, que le travail de la F.A.P.A devrait désormais être régi par le profit. Ce qui allait contribuer à accélérer son passage de son état de structure de production collectiviste léthargique, caractérisée par la fonctionnarisation de ses membres, en une entreprise privée, dynamique, fondée sur l'efficacité économique et susceptible de réaliser son autonomie financière à terme, telle qu'ambitionnée par le Gouvernement et le Président de la République lui-même.

Un changement profond s'opéra ainsi dans la conduite de la politique agricole du pays. Le Président en fixa la date au 14 mai 1983, jour anniversaire non pas de la création de la F.A.P.A, mais du Parti Démocratique de Guinée (P.D.G). Un premier groupe de 200 F.A.P.A

---

[80] RDA No. 197, p. 9 et 35
[80] RDA No. 197, p. 9 et 35
[81] RDA No. 197, p. 9 et 35.

(celles installées en 1979, notamment) sur les 360 existants, soit 58% du total, devrait être soumise à cette première phase de « *privatisation* » que le Président qualifia de « *l'épreuve et de preuve* »[82].

Lors d'un entretien avec une délégation de la Commission Economique Européenne (C.E.E) à Conakry en 1982, le Président Ahmed Sékou Touré ne cacha pas son amertume devant le refus de cet organisme d'insérer le financement de la F.A.P.A dans son portefeuille. Il le fit savoir en ces termes : « *Mais la C.E.E n'a pas voulu insérer son aide dans les canaux que nous venons de créer : Les Fermes Agro-pastorales d'Arrondissement. Or, pour nous, c'est la base de notre entreprise de transformation qualitative de la vie paysanne en Guinée... Mais si nous échouons dans cette entreprise, alors c'est la condamnation pour longtemps de la paysannerie guinéenne, car si les cerveaux nouveaux éduqués ne s'emparent pas de la vie rurale aux côtés des vieux paysans, il n'y aura pas de grand changement* »[83]. Ce sentiment traduisait en quelque sorte l'échec de la politique de la F.A.P.A.

6.10. Autres initiatives agricoles entreprises par le gouvernement

L'ouverture politique amorcée dans le secteur de l'agriculture, permit au gouvernement d'initier de nouvelles actions agricoles sous forme de projets de développement rural intégré avec l'appui de la Banque Mondiale et d'autres partenaires au développement, notamment l'USAID (United States Agency for International Developement), le FIDA (Fonds International pour le Développement Agricole) et la BAD (Banque Africaine de Développement).

Les projets nés de cette initiative (cf. tableau N°15) furent présentés à New York, le 28 juin 1982 à l'occasion du séminaire sur les investissements en Guinée, sur l'initiative du Président Directeur Général de la Chase Manhattan Bank, David Rockefeller. L'objectif général de ces projets était d'accroître la production vivrière et animale et de relancer les exportations agricoles.

[82] RDA No. 197 p. 26.

[83] Tome 27, p 206.

Tableau N° 15 : Projets agricoles présentés au séminaire de New York sur les investissements en Guinée, 28 Juin 1982.

N°	Titre du projet
1	Opération Nationale pour le développement de la riziculture (ONADER) avec deux volets : L'Opération Riz Guéckédou et la création de 4 stations de recherche pour couvrir toutes les zones rizicoles du pays.
2	Opération Riz Siguiri (O.R.S) pour la production du riz sur 6.820 hectares et le développement économique d'une région encore enclavée.
3	Développement Agricole de Kankan (DAK) pour produire 44.800 tonnes de riz par an.
4	Société Agricole de Guinée (SOAGRI) pour la production de 50.000 tonnes de riz et 300.000 tonnes de soja par an.
5	Société Agropastoral de légumes (SAPAL) pour la mise en place et l'exploitation d'une FAPA de 6.000 ha de cultures vivrières, l'élevage de 500 têtes de bœufs et la production du Gari.
6	Ferme semencière, pour la production de 2380 tonnes de semences diverses et 650.000 boutures de manioc par an.
7	AGROGUINEE pour la création de grandes plantations industrielles de palmiers à huile, d'hévéa, de cacao et de caféier.
8	Production et la conservation des fruits et légumes (ananas, tomates, arachides, haricot, Niébé).
9	Centres nationaux d'Aviculture à Mamou, Coyah et Kankan, pour la production de poulets de chair et des œufs
10	Ranch d'Elevage de la vallée de la Gouan à Beyla, pour la production de géniteurs N'dama et de 500 tonnes de carcasses de viande par an.
11	Programme d'amélioration de la pêche par l'acquisition de 30unités de pêche, la constitution d'une société d'économie mixte de pêche et la formation des cadres.

Source : compilation de l'auteur.

De son côté, l'ambassadeur des Etats-Unis d'Amérique, Son Excellence, Allen Clayton Davis remit le 7 juillet 1981, un don de 30 décortiqueuses mécaniques à riz et 27 trousses de chirurgie dans le cadre du programme spécial d'aide au développement économique et social d'auto-assistance des ambassadeurs des Etats-Unis d'Amérique à l'étranger.

En 1982, l'USAID mit en œuvre un projet d'appui aux petits exploitants agricoles à Tindo, (actuelle sous-préfecture du même nom), dans la préfecture de Faranah. Ce projet avait trois principaux volets à savoir : (i) la recherche, (ii) la formation et (iii) la vulgarisation agricole. Ses activités furent prématurément interrompues à l'avènement des militaires au pouvoir en 1984.[84]

En 1983, le Projet C.E.P.A.M (Centre Pilote d'Action Maraîchère) fut installé à Dalaba avec l'appui de la F.A.O pour l'expérimentation et la vulgarisation de différentes variétés de cultures maraîchères, dont la pomme de terre, la tomate, la carotte et le chou blanc. Des essais de production de ces légumes en milieu paysan furent réalisés à Mamou, Télimélé, Pita, Labé et Mali.

Conclusion

La F.A.P.A fut une entreprise mort-née qui ne sut guère se démarquer des modèles collectivistes similaires qui la précédèrent à cause du caractère statique de la politique agricole.

---

[84] Ce projet rénova le laboratoire de Foulayah, construit un centre de formation à Faranah –centre (actuel Institut Valery Giscard D'Estaing) et de démonstration à Tindo (actuelle sous préfecture du même nom).

CHAPITRE 7

Le front du Pouvoir Révolutionnaire Local (P.R.L)

Fig.6. La collectivisation du travail fut préférée à l'action individuelle des producteurs dans les villages. Travaux de construction d'un magasin de stockage d'un P.R.L.

7.1. Du Pouvoir Révolutionnaire Local (P.R.L)

Crée par le décret No. 441/PRG du 7/10/76, le Pouvoir Révolutionnaire Local (P.R.L) était, selon l'article 1er dudit décret, ''*l'unité de base du Parti-Etat de Guinée représentant une communauté urbaine ou rurale jouissant de la personnalité civile et de l'autonomie financière*''. Politiquement, il était chargé de l'application des décisions du Parti à la base, c'est-à-dire au niveau du village ou du quartier. Economiquement, il visait à promouvoir ''*le développement autocentré*'' autour de l'agriculture.

C'est pourquoi, contrairement au comité de village, dont il prit la relève, son organisation était fondée autour de la fourniture des services publics et l'organisation de la production et de la commercialisation collective des produits agricoles au niveau du village ou du quartier. Sa création est survenue dans les conditions de crise alimentaire marquées par les faits suivants :

7.1.1. Les maigres résultats de la campagne agricole de 1975

Rappelons que les espoirs de production que la campagne agricole de 1975 suscita ne furent pas comblés. En d'autres termes, cette opération ne permit pas au pays de se passer des importations de vivres en général et du riz en particulier cette année-là ainsi qu'au cours des années qui suivirent.

7.1.2. Le poids de la dette

Les quelque 500 tracteurs qui étaient en activité dans les Brigades Mécanisées de Production et chez certains particuliers étaient le fruit d'importants efforts financiers consentis par le pays, grâce aux prêts obtenus auprès des pays amis. Ces fonds devraient être remboursés en devises étrangères. Or, en dehors des mines, les recettes provenant de l'agriculture et d'autres secteurs de l'économie nationale étaient très insuffisantes pour couvrir ces dépenses.

L'implication des P.R.L dans le programme de production des Brigades qu'ils abritaient avait pour but d'accroître la production agricole après le départ des étudiants afin d'atteindre les trois objectifs ci-après :

- (i) Nourrir convenablement tout le peuple, durant toute l'année et constituer des réserves ;
- (ii) Permettre le remboursement des dettes contractées en devises, grâce à l'exportation d'une partie de la production agricole et
- (iii) Faciliter l'importation de nouveaux moyens techniques de production, de marchandises et articles de large consommation en faveur du Peuple grâce à l'utilisation de la valeur d'une partie des produits exportés »[85].

Toutefois, devant l'ampleur de la crise alimentaire, le Président opta pour la livraison obligatoire des produits agricoles, animaux et

[85] Horoya No. 2338 RG du 24-30 sept. 1978, p24.

halieutiques par les paysans aux entreprises nationales de commercialisation (ECOMA, E.R.C et ENCOBE notamment) contre les articles manufacturés que l'Etat importait. L'ENCOBE était l'Entreprise Nationale de Commercialisation du Bétail. Elle achetait les animaux des paysans aux prix administratifs fixés par l'Etat pour approvisionner les abattoirs des préfectures et de la capitale en viande.

Les quantités livrables des produits agricoles furent définies en termes de normes de commercialisation aussi bien pour les P.R.L, les détenteurs privés de tracteurs, que pour les paysans pris individuellement. Les produits suivants furent prioritairement ciblés à cet effet :

- (i) les vivriers (riz, mil, fonio, manioc, arachide),
- (ii) les produits d'exportation (café, palmiste, huile de palme, essence d'orange, miel, cire, cola et tabac),
- (iii) les animaux d'abattage (bœufs) et
- (iv) les produits halieutiques (poissons).

7.2. Des normes de commercialisation agricole

Ainsi, les normes de commercialisation agricole peuvent être définies comme étant les quantités de produits agricoles, halieutiques et animaux d'abattage, qu'un producteur ou une communauté (P.R.L) devrait obligatoirement vendre aux offices de commercialisation étatique.

Deux catégories de normes furent définies : la norme individuelle et la norme collective. La première remplaça l'impôt de capitation que les populations acquittaient naguère en espèces. La seconde prit en compte la production de la Brigade Mécanisée de Production (B.P.M).

La norme individuelle fut initialement fixée à 80 kilogrammes par imposable. Mais le Président la jugea insuffisante pour couvrir les besoins alimentaires des travailleurs de l'administration et des populations de la capitale. Il exprima cette préoccupation comme suit : « *...La norme individuelle de commercialisation ne dépasse nulle part 80 kg, quantité qui, au regard de nos besoins, est insuffisante pour assurer la correcte nourriture du peuple guinéen. La demande des seuls travailleurs salariés et familles atteignant l'effectif de 1.500 personnes est de 180.000 tonnes de denrées vivrières par an.* ».[86].

Ce chiffre fut revu à la hausse en 1978 comme suit par produit : Riz : 155kg ; Maïs : 134 kg ; Fonio : 104kg et Manioc : 100 kg. Les propriétaires privés de tracteurs furent soumis au paiement de 15 tonnes de riz paddy ou 10 tonnes de riz net au titre de la norme individuelle.

[86] Horoya No. 2338 du 24-30 septembre 1978, p. 27

Pour apprécier le degré d'acquittement de ces normes par les populations, le Président préconisa le classement des structures du Parti (P.R.L, Sections et Fédérations) sur la base des quantités des produits commercialisés par chacune d'elles. « ...*Chaque direction de région sera jugée objectivement selon son bilan et le meilleur reflet de ce bilan sera le résultat de la commercialisation des produits* »[87] dit-il.

C'est dans ce cadre que des ratios de commercialisation furent institués. Le calcul de ces variables s'effectuait à l'occasion des rencontres spéciales qui se tenaient au niveau de chaque région administrative et à Conakry.

- (a) Niveau régional : Chaque bureau fédéral était chargé de calculer les ratios de commercialisation des sections et des P.R.L de son ressort à l'occasion de la tenue des Conseils Régionaux de la Révolution (C.R.R). Ces rencontres politico-administratives regroupaient annuellement les responsables politiques et les gestionnaires des Offices de Commercialisation dans les chefs-lieux de chaque région administrative.
- (b) Niveau national : Les exercices de classement des Fédérations du Parti ou régions administratives se faisaient à l'occasion des Conférences Economiques Nationales (C.E.N). Celles-ci se tenaient généralement à Conakry une fois l'an, sous la direction du Président de la République lui-même. C'était également le moment que le président choisissait pour « *examiner les bilans de toutes les unités de production relevant du Pouvoir Révolutionnaire Central* »[88].

La Fédération de Guéckédou fut régulièrement classée première parmi les 33 Fédérations ou régions du pays. Ce qui lui conférait le prestigieux titre politique de Fédération Pilote du Parti comme ce fut le cas en 1978.

7.3. Guéckédou, la Fédération Pilote

C'est au cours de la session du Comité Central du lundi 22 mai 1978, élargie aux membres du Gouvernement, que le classement définitif par ordre de mérite des Fédérations, des Sections et des Pouvoirs Révolutionnaires Locaux (P.R.L) du Parti fut fait. Le tableau No. 16

---

[87] Horoya No. 2338 du 24-30 sept. 1978, p. 29
[88] Horoya No. 2324 28 mai-3 juin 1978, p.7

présente les trois fédérations, sections et P.R.L lauréats de ce classement.

Tableau 16 : Lauréats du classement des Fédérations, Sections et P.R.L en 1978.

Rang	Fédération sur 33	Section sur 300	P.R.L sur 2.441
1er	Guéckédou	Kakossa (Forécariah)	Kaïnté (Kakossa/ Forécariah)
2e	Yomou	Guédimbou (Guéckédou)	Sangbawali (Guédimbou/ Guéckédou)
3e	Macenta	Panziazou (Macenta)	Bonfi-Port (Conakry II)

Source : Compilation de l'auteur.

C'est à la Fédération de Mandiana que revint la lanterne rouge de ce classement. Le Bureau Fédéral de cette circonscription administrative fut dissous et le Gouverneur de région fut relevé de ses fonctions par le Président de la République en guise de sanction politique.

Les trois Fédérations lauréates furent elles couronnées de médailles. La remise de ces prix faisait l'objet de grandioses manifestations populaires. Le Président de la République lui-même, à la tête d'une importante délégation du Bureau Politique National et du Comité Central du Parti, se chargeait d'accomplir cette mission hautement politique.

A Guéckédou, cette importante cérémonie se déroula au stade Fédéral le Dimanche 28 mai 1978. Le thème central du discours que le Président prononça à cette occasion, porta sur « *le travail, créateur de bien-être...* ». Evoquant le mérite du travail dans la lutte contre la faim, il dit en substance : «*...Voyez-vous, peut-on calmer, soulager un affamé par d'autres moyens que la mise à sa disposition de la nourriture qui lui manque ? Seul le travail permet cela...* »[89]. Poursuivant son intervention, il exhorta les populations de Guéckédou à redoubler d'effort pour ne pas se faire évincer par d'autres Fédérations du Parti au prochain classement.

Le discours fut suivi de la remise solennelle de la médaille d'or et du drapeau d'honneur du Parti Démocratique de Guinée par le Président lui-même aux autorités de la région de Guéckédou (gouverneur et secrétaire fédéral). La récompense politique exceptionnelle de la fête fut l'élévation, séance tenante, du Secrétaire Fédéral de Guéckédou, Popèye Dembadouno au rang de gouverneur de la région administrative de Mandiana par le Président de la République. Car, dit t-il : « *lui qui a maintenu des années durant, le flambeau de la Révolution à*

[89] Horoya No. 2326 du 11-17 juin 1978, p. 55.

Guéckédou, est sans doute le bâtisseur le mieux indiqué pour la jeune région de Mandiana »[90]

Le soir, un match de football comptant pour la coupe nationale du Parti Démocratique de Guinée fut joué pour marquer la fin de la cérémonie. Le lundi, 29 mai et le mercredi, 31 Mai 1978, la délégation du Comité Central du Parti remit successivement la médaille de bronze et le diplôme de 2e Fédération du Parti à la région de Macenta et la médaille d'argent et le diplôme de 3e Fédération du Parti à celle de Yomou.

Ces résultats, si intéressants paraissaient-ils, cachaient cependant de graves réalités qui menaçaient la continuité du système de production collectiviste et de la commercialisation basée sur la fourniture des normes par les paysans.

7.4. La fourniture des normes menacée

En effet, le nombre de fédérations ayant obtenu des résultats en deçà des objectifs fixés par le Parti fut plus important l'année de la veille (1977) qu'en 1978. La remarque suivante faite par le Président de la République lui-même atteste ce fait : « *Il est vrai que les résultats de cette année [1978] sont nettement inférieurs à ceux de l'année précédente...* »[91]. Les raisons suivantes aident à étayer ce fait :

7.4.1. L'indifférence des paysans vis-à-vis des travaux des Brigades

Les paysans ne supportaient plus le fait que le travail dans les champs de la Brigade ne les épargnait nullement du paiement de la norme individuelle. Ce travail non rémunéré était désormais perçu comme une corvée qui ne s'expliquait point. C'est ainsi qu'ils s'en détournèrent progressivement.

7.4.2. Les difficultés d'entretien des tracteurs

L'entretien des tracteurs était un autre goulot d'étranglement pour les P.R.L. Sans moyens financiers suffisants, il était pratiquement impossible pour ces structures rurales d'effectuer les entretiens de routine requis ou d'entreprendre des réparations importantes quand les tracteurs tombaient en panne. Les PRL dépendaient des services de

---

[90] Horoya No. 2326 du 11-17 juin 1978, p. 59.

[91] Horoya No. 2324 R.G du 28 mai au 3 juin 1978, p.9

l'AGRIMA pour effectuer les réparations. Or, les agents de cette entreprise n'étaient pas toujours disponibles, en raison de leur effectif limité et de la dispersion des brigades sur l'ensemble du territoire. La conséquence fut la baisse des quantités de produits que les P.R.L commercialisaient. Il fallait donc rectifier les tirs.

7.5. Rectifier les tirs

Les rectifications que le Président proposa étaient très importantes et même encourageantes. Elles procédaient d'une prise de conscience progressive de l'inefficacité du système de production basée sur le collectivisme et l'acquittement obligatoire des normes de commercialisation par les paysans.

Les actions qu'il préconisa furent dans l'ensemble, assez novatrices. Car elles étaient le contre-pied de la vieille approche et du vieux concept de la production agricole qu'il avait défendue jusqu'à maintenant. Par exemple, les problèmes techniques cruciaux qui, autrefois, étaient passés sous silence, devraient à présent être évoqués avec assez d'objectivité.

Par ailleurs, la nouvelle réflexion privilégia la pratique de la culture intensive au détriment des grandes superficies qui étaient assignées aux populations. Le Président l'exprima de cette façon : « *Il y a lieu maintenant d'abandonner la conception du rapport mécanique entre le succès dans la production agricole et l'augmentation des superficies. L'on peut augmenter les superficies, mais si les terres sont mauvaises, stériles ou exigent de grands frais pour leur exploitation, les succès seront compromis. Nous devons donc maintenant, passer de la phase des superficies étendues à perte de vue et souvent improductives, à la phase de l'augmentation du rendement à l'hectare* »[92]

Un autre aspect intéressant de cette transformation projetée qu'il convient de noter est le fait que l'importation d'un grand nombre de tracteurs n'apparaissait plus comme étant la condition suffisante pour accroître la production. Car, pour le Président : « *quand on voit beaucoup de tracteurs, on devient paresseux* », en faisant allusion à la présence des centaines de tracteurs dans les villages et les maigres résultats de production obtenus.

Evidemment, faut-il, à ce niveau, dire que ce n'était pas la disponibilité d'un grand nombre de tracteurs en soit qui engendrait ''la

[92] Horoya No. 2339 du 1-7 oct. 1978, p 29.

paresse'' chez les producteurs. C'était plutôt la façon dont ces engins étaient exploités qui expliquait le désintéressement des paysans.

En effet, le tracteur étant la propriété collective du P.R.L, donc de l'Etat, personne dans les villages, en dehors des premiers responsables politiques, ne se préoccupait réellement de son entretien encore moins de sa rentabilité, fut-ce t-elle économique ou financière.

Il était perçu non pas comme un bien appartenant à la communauté, comme le Président l'avait souvent fait savoir, mais plutôt comme une propriété du Parti-Etat, donc de personne. D'où l'indifférence que les paysans marquaient vis-à-vis de son état de fonctionnement et de sa rentabilité.

Un autre signe de changement notoire qu'il annonça, fut l'importance qui revint désormais à l'éducation professionnelle des paysans. Il s'agissait là de la reconnaissance tacite de la nécessité de vulgariser les techniques culturales auprès de ces derniers, une pratique qui fut longtemps négligée au profit de l'intervention des élèves dans les champs.

La reconnaissance de l'opinion du paysan dans la prise des décisions de production fut une autre innovation. Celui-ci n'apparaissait plus comme un simple instrument d'exécution des décisions prises au niveau des instances du Parti dans les grandes salles de réunions politiques, mais comme un interlocuteur incontournable dont il fallait désormais prendre l'avis en compte. Le Président l'exprima lui-même de cette manière : *« l'augmentation de la productivité agricole est fondamentalement liée aux décisions des paysans eux-mêmes dès lors que la meilleure combinaison des facteurs de production (terre, main d'œuvre, investissement) est pratiquement impossible sans leurs avis »*[93]

L'acceptation publique de ces graves insuffisances était un acte politique courageux. Cependant dans la pratique, l'application de ces principes n'augura nullement la rupture complète entre l'ancien système rétrograde et dé motivateur qui était à bannir et le nouveau système incitateur que l'on voulait mettre en place. Par exemple, le Président suggéra le regroupement des champs des paysans autour de celui de la brigade dans le but d'assurer un suivi régulier des cultures de cette unité.

Cette décision fut froidement accueillît par les paysans. Car leur désintéressement vis-à-vis des travaux de la Brigade n'était nullement le fait de la distance. D'autres raisons expliquaient plutôt ce comportement que le Président lui-même reconnut finalement lorsqu'il dit : *« C'est sur le champ individuel que compte le paysan pour subvenir*

[93] Horoya No. 2339 du 1-7 oct. 1978, p 33.

aux besoins vitaux de sa famille : nourriture, habillement, constructions, entretien, santé, etc. »[94].

Les méthodes administratives de détermination des prix des produits agricoles restèrent également inchangées. Par ailleurs, l'implication préconisée des paysans dans la prise de décision des problèmes de production fut plutôt envisagée dans le cadre des réunions du Parti à la base. Ces assemblées populaires hebdomadaires qui se tinrent tous les vendredis sur toute l'étendue du territoire national dans tous les quartiers et villages du pays, étaient les moments recommandés pour discuter de toutes les questions de production agricole des Brigades.

Ces démarches, loin d'encourager les travaux des brigades de production, les compromirent plutôt. Les paysans se replièrent sur eux-mêmes en signe de réprobation. C'est ainsi qu'ils continuèrent à fournir les produits de mauvaise qualité au titre de la norme. Les responsables politiques dont la performance se mesurait par le niveau et le volume d'acquittement de la norme prescrite, ne s'opposèrent guère à cette pratique frauduleuse qui leur permettait ''de réaliser'' leur part de normes prescrites par le Parti. La conséquence fut la baisse systématique de la production et l'augmentation continue des importations de denrées alimentaires en général et de celle du riz en particulier.

Conclusion

La production du P.R.L avait très peu de chance de rallier l'adhésion des paysans à cause du caractère dirigiste de cette opération qui ne laissait aucune place à l'épanouissement économique individuel de ces derniers.

[94] Horoya RG No. 2339 du 1-7 oct. 1978, 21

CHAPITRE 8

Le front des forces armées

Fig.7. L'armée nationale fut un autre acteur dans la mise en œuvre de la politique agricole. Des militaires au travail dans un champ de riz.

8.1. L'insertion des forces armées dans la production agricole

A l'instar de l'école et du P.R.L, l'armée nationale fut elle aussi appelée à apporter sa contribution à la consolidation de l'indépendance nationale en participant aux travaux productifs. Les secteurs suivants furent particulièrement visés à cet effet : la construction des routes et la production agricole. La création au sein de l'armée d'une unité de génie route s'inscrivait dans ce cadre. Le Président estimait que l'armée devrait être sur tous les fronts de combat y compris celui de l'économie nationale.

La création d'organismes intermédiaires entre celle-ci et la population fut l'une des étapes de cette politique. Les éléments du Service Civique et plus tard, ceux de la Milice Populaire furent déployés dans les bananeraies en Basse Guinée, les champs de riz en Haute Guinée, les potagers en Moyenne Guinée et dans les plantations de café et de quinquina en Guinée Forestière.

En 1976 des Entreprises Militaires Agricoles (E.M.A) équipées de tracteurs, de moissonneuses-batteuses et autres équipements, furent créés et déployées dans plusieurs régions du pays, notamment à Sumbalako (Mamou), Koundara et à Foumbadou (Lola) dans le but de produire le riz, les légumes et autres denrées alimentaires.

Il convient de souligner que l'élite militaire n'appréciait nullement cette démarche qu'elle assimilait plutôt à une manœuvre visant à disperser les éléments par crainte de coup d'Etat. Le fait que des coups d'Etat furent perpétrés dans les pays avec lesquels la Guinée entretenait de bonnes relations politiques, renforçait cette crainte soutiennent certains officiers. C'était par exemple le cas du Ghana de N'Kwuamé N'Kruma (le 24 février 1966) et du Mali de Modibo Kéita (le 19 novembre 1968).

8.2. Quels impacts les actions militaires eurent-elles sur la production agricole ?

L'absence d'informations spécifiques sur les résultats de ces actions militaires rend quelque peu difficile une telle appréciation. Toutefois, l'on peut affirmer sans risque de se tromper que l'implication des militaires dans la production agricole s'avéra plutôt inopportune. Car elle ne permit jamais un approvisionnement régulier et suffisant des garnisons militaires en denrées alimentaires produites par ces hommes. Car l'Etat continua à importer du riz pour nourrir les troupes jusqu'en 1984. Aussi, de nombreux militaires répugnaient-ils le fait qu'ils étaient réduits en de simples ouvriers agricoles dont les conditions matérielles laissaient souvent à désirer.

Cependant, ayant juré fidélité au chef suprême des armées (le Président de la République), ils n'extériorisèrent guère leur mécontentement. Au contraire, ils se résignèrent dans cette condition. La marche révolutionnaire de '' *fidélité et de reconnaissance au commandant en chef* '' de tous les corps (militaires et paramilitaires) qu'ils organisèrent le mercredi 10 mars 1982 à la suite de l'élévation à des grades supérieurs de certains d'entre eux, fut une preuve de cette loyauté.

Leur avènement au pouvoir en 1984, suite au décès du Président Sékou Touré marqua un nouveau départ dans la vie politique, économique et agricole du pays comme nous le verrons dans la 3e partie qui suit ou la réorientation de la politique agricole.

Conclusion

L'implication de l'armée dans la production agricole fut une autre erreur stratégique de la bataille pour l'autosuffisance alimentaire. Car ses éléments n'étaient pas préparés à cette activité qui ne correspondait nullement à leur mission régalienne de défense de la souveraineté nationale et de l'intégrité territoriale. Aussi, l'absence de mécanisme de motivation personnelle n'encouragea pas les hommes à s'investir entièrement dans cette opération.

TROISIEME PARTIE

La réorientation de la politique agricole en 1984.

CHAPITRE 9

Le nouveau départ

9.1. L'avènement des militaires au pouvoir

Le lundi 26 Mars 1984, à 20h23mn, le Président Ahmed Sékou Touré rendit l'âme à l'hôpital de Cleveland dans l'Etat de l'Ohio, aux Etats-Unis d'Amérique. Les Guinéens, dans leur majorité, n'apprirent la triste nouvelle que le lendemain matin. Ils restèrent cependant, perplexes quant à la succession de l'homme à cause des graves dissensions qui surgirent entre ses anciens collaborateurs autour de la désignation de celui qui devrait assurer cette transition brutale avant l'élection régulière de son successeur.

Finalement, c'est l'armée nationale qui s'empara du pouvoir le mardi 3 avril 1984, sans effusion de sang. Un nouveau départ commença ainsi pour un peuple resté pendant plus d'un quart de siècle dans un système économique fortement centralisé. L'événement annonça également la fin d'une ère marquée par 26 années de politique collectiviste dans l'agriculture.

L'avènement des militaires au pouvoir fut politiquement perçu comme étant la naissance de la deuxième république. Elle fut saluée avec joie et allégresse par les populations qui virent en ce changement, l'occasion d'espérer pour un lendemain meilleur. Car les nouvelles autorités, regroupées au sein du Comité Militaire de Redressement National (C.M.R.N) avec à leur tête, un certain Colonel Lansana Conté, affichèrent clairement leur volonté de rompre avec le passé.

Elles s'engagèrent à restaurer la démocratie et promurent la libre entreprise. Le dimanche, 22 décembre 1985, un important discours-programme confirmant l'option du marché fut prononcé à Conakry par le nouveau chef de l'Etat qui promut de bâtir « *une société de producteurs libres, entreprenants, un Etat au service exclusif du développement* ».[95]

---

[95] Yacine Diallo, ''D'un régime à un autre'', p.112.

Officiellement on parla de redressement économique, c'est-à-dire de la réforme de tous les secteurs de l'économie nationale en vue de corriger les graves insuffisances héritées du système antérieur. Pour atteindre cet objectif, les nouveaux dirigeants firent d'abord un état des lieux de chaque secteur. Citons à titre d'exemples :

- (a) Les travaux de l'atelier national du Ministère du Commerce, dont relevaient les Offices de commercialisation sur '*'la nouvelle politique commerciale de la République de Guinée*' tenu du 15 au 20 octobre 1984 à Conakry ;
- (b) La conférence nationale de l'éducation, le 26 mai 1984 sur '*'la réforme de l'enseignement*'' à Conakry. Ce ministère abritait les facultés d'agronomie et
- (c) La conférence nationale de l'agriculture du 26 au 31 Mai 1984 à Conakry. Ce secteur qui incluait la F.A.P.A, polarisait déjà l'attention des nouvelles autorités.

9.2. L'état des lieux de l'agriculture

La première conférence nationale du développement rural réunit à Conakry les principaux responsables politiques et techniques de l'agriculture. Convoquée par le C.M.R.N et placée sous son autorité à travers le Premier Ministre du gouvernement, le colonel Diarra Traoré, la conférence des cadres de l'agriculture avait pour but, « *d'analyser la situation face à l'échec constaté et dégager en toutes responsabilités les mesures dynamiques de redressement [du secteur agricole*] »[96]

Tout en reconnaissant les difficultés des premières heures de l'indépendance nationale qui furent caractérisées entre autres par « *la fuite des capitaux, le départ brutal des cadres coloniaux et la rupture des liens commerciaux entre la Guinée et la France* », les conférenciers, à l'ouverture de leur rencontre, se demandèrent tout de même « *pourquoi durant les 26 ans du régime défunt, le spectre de la faim a toujours plané sur la République de Guinée ?* »

La réponse qu'ils livrèrent aussitôt fut que « *ce secteur clé (agriculture) qui devait promouvoir le développement national était relégué au second plan et son importance n'était que verbale* »[97]. D'une manière générale, ils relevèrent les faiblesses suivantes dans la conduite de la politique agricole :

[96] Ministère agriculture, rapport de la conférence
[97] Ministère agriculture, rapport de la conférence

- (i) La non-réalisation de l'autosuffisance alimentaire,
- (ii) La collectivisation à outrance de l'agriculture,
- (iii) Le développement d'un secteur étatique puissant,
- (iv) Le prélèvement sur les troupeaux,
- (v) La mauvaise répartition des investissements entre le Ministère de l'Agriculture (10%) et celui des Fermes Agro-pastorales d'Arrondissement (F.A.P.A) (90%),
- (vi) La faiblesse de la part du secteur rural dans l'investissement public qu'ils chiffrèrent en deçà de 7% contre 48% pour les mines, l'Energie et l'industrie entre 1964 et 1971,
- (vii) La faiblesse des circuits de commercialisation et des prix,
- (viii) Le manque de moyen de communication et de stockage, de semences améliorées et d'engrais,
- (ix) la faible productivité de l'agriculture et
- (x) la dégradation des infrastructures routières et de transport.

Ils évaluèrent les importations annuelles de riz à 70.000 tonnes dont 40.000 tonnes hors aide alimentaire en 1984 et estimèrent les exportations agricoles courantes à 2.000 tonnes pour le café ; 1.000 tonnes pour l'ananas en 1984 et 5.000 tonnes pour le Palmiste en 1982. La banane qui jadis fut la fierté de l'agriculture nationale, avait disparu de la liste.

Malgré ce tableau sombre, les participants notèrent cependant les réalisations suivantes :

- (i) L'existence d'une douzaine d'unités agro-industrielles,
- (ii) La reprise de la recherche à partir de 1980 avec la création d'ONADER,
- (iii) L'adhésion du pays à l'ADRAO (Association pour le Développement de la Riziculture en Afrique de l'Ouest) et sa participation aux activités de l'AFGRAAD (African Graduate Association Development) et
- (iv) La création de l'Institut de Recherche de Kilissi, sur financement de la Corée du Nord.

Ce diagnostic sévère, fruit d'intenses travaux et du désir ardent de redressement, permit aux participants de s'accorder sur la nouvelle orientation stratégique. Celle-ci s'articula autour des trois points essentiels suivants :

- (i) Développer les cultures vivrières (céréales, tubercules et légumes) pour assurer l'autosuffisance alimentaire,

- (ii) Promouvoir les cultures industrielles pour l'approvisionnement en matières premières des unités agro-industrielles et
- (iii) Accroître le volume des produits agricoles exportables en vue de l'acquisition de devises nécessaires à l'achat des équipements.

Si dans le fond, il n'y eut pas une grande démarcation par rapport aux objectifs similaires qui furent définis sous le régime précédent, la différence résida cependant, dans les voies et les moyens que les participants préconisèrent de mettre en œuvre pour les atteindre. Il s'agit entre autres :

- (i) D'encourager l'entreprise agricole privée au détriment du secteur étatique,
- (ii) De créer un climat d'investissement propice au secteur agricole,
- (iii) D'instaurer les foires et les primes du mérite agricole,
- (iv) De supprimer les Fermes Agro-pastorales d'Arrondissement (F.A.P.A), les normes de commercialisation agricole et le prélèvement sur le bétail.

La fin des travaux annonça l'ouverture de nombreux chantiers agricoles qui furent inscrits dans le cadre du Programme d'Ajustement Structurel et Economique (P.A.S.E). Le 27 juin 1985 le Président de la République promulgua par ordonnance, la première phase de ce programme ou Programme Intérimaire de Redressement National (PIRN). Celui-ci fit du secteur rural en général, et de l'agriculture en particulier, la priorité essentielle de la politique de développement économique du gouvernement.[98]

Pour assurer une meilleure coordination et une efficacité dans la conduite des nouvelles actions, un nouveau cadre d'intervention apparut indispensable pour éviter la centralisation des décisions et la lourdeur dans l'administration des différents programmes. Les rôles furent ainsi distribués entre l'Etat, les entreprises privées naissantes et les projets de développement qui se mettaient en place.

9.3. Définir les rôles

Les rôles furent définis en tenant compte des atouts de chaque entité. L'Etat fut pressenti dans le rôle principal de maître d'ouvrage de la

[98] P.I.R.N, p. 97

nouvelle politique. Ce faisant, il devrait se désengager '*'des activités de production ou de services économiques pour s'ériger en arbitre des agents économiques qui devront tous ou presque, appartenir à l'avenir au secteur privé et à ses organisations...*''[99]. C'est à ce titre que le nouveau Ministère du Développement Agricole (M.D.A) fut restructuré en une quinzaine de services techniques.

Les entreprises privées agricoles et para-agricoles furent invitées « *à intervenir au niveau de la commercialisation et, plus généralement, la fourniture de service à l'agriculture.... De même, une place de choix fut réservée aux organisations paysannes qui devront, dans l'avenir, jouer un rôle de plus en plus important dans le développement rural et devenir le principal partenaire de l'Etat* »[100].

Les projets se virent confier le rôle de vulgarisateurs dans leurs zones d'intervention respectives. Ils devraient à cet égard diffuser les nouvelles connaissances parmi les cadres nationaux chargés de leur exécution et les paysans bénéficiaires de la retombée de leurs actions. En fin, la nouvelle approche privilégia la concertation en lieu et place de la gestion de type '' top-down'' qui prévalait jusque-là.

Plus tard, la 1ère conférence des bailleurs de fonds fut organisée à Conakry en octobre 1987. Le gouvernement la mit à profit pour présenter à ses partenaires les grandes lignes de sa politique de développement. Cette rencontre connut un grand succès avec la participation des cadres nationaux et des experts invités. Elle donna l'occasion aux bailleurs de fonds d'exprimer leurs avis sur la nouvelle situation et de prendre des engagements conséquents quant à l'accompagnement du Gouvernement dans la mise en œuvre des mesures ainsi envisagées.

En avril 1989, la 2e conférence nationale sur le développement rural se tint à Conakry. Tout en faisant le point sur le travail accompli, elle permit aux participants d'approfondir la réflexion stratégique. C'est elle qui marqua le départ pour l'élaboration d'un document de référence acceptable par toutes les parties (partenaires et gouvernement) ou Lettre de Politique de Développement Agricole (L.P.D.A).

Il s'agissait d'établir une cohérence interne entre les politiques sectorielles en général et en particulier avec les options économiques du Gouvernement dans le cadre du Programme de Redressement Economique et Financier (P.R.E.F) dont le coût initial fut estimé à 120 millions de dollars U.S, au titre du prêt d'ajustement structurel consenti par les principaux bailleurs de la Guinée.

---

[99] P.I.R.N. p. 106
[100] P.I.R.N. p. 108

9.4. La Lettre de Politique de Développement Agricole (L.P.D.A)

Ainsi, en tant que cadre d'intervention du secteur rural, la L.P.D.A1, dont l'élaboration fut achevée en 1991, fixa à la fois les principales orientations et les principes de base de la nouvelle politique agricole du pays. Ceux-ci reposaient sur les trois approches suivantes :

- (a) l'approche participative et concertée,
- (b) l'approche évolutive et pragmatique et
- (c) l'approche par blocs au sein desquels les actions furent classées tel qu'indiqué dans les tableaux No.17 et 18.

Tableau No.17 : Blocs verticaux de la L.P.D.A1

Blocs	**Types Blocs**	**Filières**
A	Sécurité alimentaire	Filière riz et autres vivriers
B	Cultures d'exportation	Café, coton, hévéa Fruits et légumes
C	Elevage	Santé animale, alimentation amélioration races locales production animale et commercialisation
D	Pêche	Ressources halieutiques, commercialisation, conditionnement, pêche industrielle et artisanale

Source : L.P.D.A1, p. 3.

Tableau No.18 : Blocs horizontaux de la L.P.D.A1

Blocs	**Types Blocs**	**Filières**
E	Promotion opérateurs ruraux	Organisations paysannes, Crédit Rural, Distribution intrants
F	Services publics de l'agriculture	Recherche, vulgarisation, formation paysanne, protection des végétaux.
G	Infrastructures rurales	Hydraulique agricole, pistes rurales.
H	Gestion Ressources Naturelles	Politique foncière, gestion des terroirs villageois, développement forestier.
I	Organisation Ministère Agriculture et Ressources Animales	Mise en œuvre de la LPDA, formation des cadres, systèmes informations et procédures.

Source : L.P.D.A1, p. 3.

Les principaux objectifs de la Lettre de Politique de Développement Agricole étaient les suivants :

- (a) Diminuer la dépendance du pays vis-à-vis du secteur minier en accroissant et en diversifiant la production agricole par le biais de l'amélioration de la productivité et de la compétitivité, plutôt qu'en terme d'accroissement physique des superficies,

- (b) Lever les handicaps majeurs à la production agricole par l'amélioration de l'état des communications et le renforcement du niveau de qualification des agents,
- (c) Faciliter la mise en place des organisations paysannes et atteindre un taux de croissance du Produit Intérieur Brut Agricole de 3 à 15% à moyen terme et inverser la tendance de la dégradation des termes d'échanges entre la ville et la campagne, pour éviter l'exode rural incontrôlé,
- (d) Poursuivre la libéralisation du prix des produits agricoles, sauf pour le coton dont le prix sera fixé par concertation à chaque campagne et
- (e) Créer la transparence sur les marchés en faisant diffuser par le moyen de la radio, les prix pratiqués et les prix indicatifs ainsi que les stocks villageois et encourager les producteurs et les opérateurs à négocier les prix sur la base des contrats.

L'adoption formelle de la LPDA1 créa un engouement immense chez les populations en général et les ruraux en particulier. Tous virent en ce nouveau cadre, un moyen individuel d'épanouissement économique et social. Pour les paysans qui étaient soumis à la fourniture des normes de commercialisation et au prélèvement sur leurs troupeaux, ces dispositions offraient l'opportunité de produire et de disposer librement de sa production.

Pour les autorités politiques les nouvelles mesures étaient porteuses d'espoir pour la réalisation de l'autosuffisance alimentaire et la relance des exportations.

La communauté des bailleurs de fonds marqua son entière adhésion à l'ensemble des programmes par son engagement à soutenir techniquement et financièrement les efforts du gouvernement pour *''le rétablissement d'un cadre cohérent d'incitation économique de renforcement de l'environnement légal, institutionnel débouchant au désengagement de l'Etat des activités industrielles, commerciales, la promotion d'un secteur privé fort et performant''*[101].

Cette volonté des nouveaux responsables fut cependant mise à rude épreuve suite à l'effritement rapide de leurs rapports politiques, après les événements du 4 juillet 1985. Ce qui jeta le doute sur la capacité de l'équipe gouvernementale à réaliser les ambitieux objectifs de production qu'elle s'était fixés.

---

[101] Projet d'Appui au Développement socio-économique (P.A.D.S.E) Août 1991, p.6

9.5. Les dissensions au sein de l'équipe dirigeante du C.M.R.N.

Si sur le front économique, les réformes envisagées furent bien accueillies et suscitèrent un réel espoir chez les populations, le terrain politique lui inquiétait déjà plus d'un observateur attentif. Car la scission de l'équipe dirigeante du C.M.R.N était désormais visible au grand jour, suite aux événements du 4 juillet 1985.

En effet, après que le Président Lansana Conté eut prononcé la triste et célèbre phrase ''*Wofatara*'' (vous avez bien fait en langue soussou) à son retour de Lomé, devant des manifestants en délire, de nombreux membres du C.M.R.N et des responsables civils de l'ethnie malinké furent persécutés pour leur implication présumée dans le « coup Diarra Traoré ».[102]

Certains responsables politico-administratifs mal intentionnés du nouveau régime, exploitèrent cette malheureuse situation sur l'autel des règlements de compte. Ce qui eut des répercussions négatives sur l'exécution de l'ensemble des programmes du P.I.R.N en général et des projets agricoles en particulier. Car elle ouvrit la voie à un ethnocentrisme virulent, à l'exclusion systématique et à l'impunité criarde dans la conduite des affaires publiques en général, et de celles des projets agricoles en particulier.

Cette pratique s'aggrava hélas, avec l'avènement du multipartisme intégral en Avril 1992 et la légalisation conséquente des partis politiques. Car l'appartenance à une formation politique devint un autre critère déterminant pour le choix des futurs cadres chargés de la gestion des projets.

La primauté fut accordée à ceux qui militaient ouvertement au sein du Parti qui soutenait les actions du Président de la République, le Parti de l'Unité et du Progrès (P.U.P). En effet, «*…tout fonctionnaire pour avoir une promotion doit être dévoué au P.U.P. Peu importe la compétence, c'est la fidélité au P.U.P qui compte. Pour être ministre, préfet ou autre haut cadre fonctionnaire de l'Etat, d'abord il faut être fidèle au P.U.P* »[103]. Le mérite céda ainsi la place au zèle politique et à la démagogie administrative.

Enfin, et non des moindres, la propension affichée des plus hautes autorités de l'Etat pour l'accumulation personnelle de biens matériels au détriment de la cause publique, fut une autre gangrène qui présageait la gestion calamiteuse des futurs projets.

---

[102] La Guinée en marche, volume 1, 2008, p.15.

[103] La Guinée en marche, volume 1, 2008, p. 231

Conclusion

Les querelles internes de positionnement qui firent très tôt surface au sein du C.M.R.N, portèrent un coup dur à la cohésion de l'équipe gouvernementale. Ce qui favorisa l'ethnocentrisme qui devint à la fois une arme redoutable d'exclusion des uns et un critère subjectif de sélection des autres pendant la mise en œuvre de la nouvelle politique agricole.

CHAPITRE 10

La mise en œuvre de la nouvelle politique agricole ou LPDA 1

L'exécution de la nouvelle politique agricole se fit avec le soutien massif des partenaires au développement. Les principaux sont présentés dans la section qui suit.

10.1. Le soutien massif des partenaires au développement

Avec le consensus fait autour des orientations stratégiques, il ne restait plus qu'à mettre la nouvelle politique agricole en œuvre. C'est à cet effet que les partenaires au développement, mirent la main à la poche pour faire démarrer les nombreux projets puisés dans différents blocs de la Lettre de Politique de Développement Agricole (L.P.D.A1). Ils organisèrent pour ce faire des ateliers de lancement des dits projets çà et là à Conakry et dans les provinces en collaboration avec les services du Ministère de l'Agriculture avec l'objectif d'aider l'agriculture Guinéenne à se relever de plus de deux décennies de collectivisme.

Les plus actifs de ces partenaires bi et multilatéral furent entre autres : l'Agence Américaine pour le Développement International mieux connue sous son sigle Anglais de U.S.A.I.D (United States Agency for International Development), la GTZ, ou Coopération Technique Allemande, le Fonds International pour le Développement Agricole (F.I.D.A), la Banque Mondiale, (B.M), le Programme des Nations Unies pour le Développement (P.N.U.D), la Food and Agricultural Organisation (F.A.O), l'Agence Française de Développement (A.F.D), l'Agence Japonaise de Coopération Internationale (JICA), la Banque Africaine de Développement (B.A.D), le Programme Alimentaire Mondial (P.A.M), l'Union Européenne (U.E), la Banque Arabe de Développement Agricole (B.A.D.E.A), etc.

Les Organisations Non Gouvernementales (O.N.G) américaines et françaises s'illustrèrent particulièrement sur le terrain. Du côté Américain, il y avait par exemple : la National Association of Schools of Public Affairs and Administration (N.A.A.S.P.A.A), l'African Development Fondation (A.F.D), la Developpement Assistance Corporation (D.A.C), AFRICARE, le Volontaire In Technical Assistance (VITA), l'Agence Adventiste d'Aide et de Développement (A.D.R.A), l'Opportunities Industrialization Center International (O/I.C.I), CLUSA ou la Ligue des Coopératives des Etats-Unis d'Amérique, Winrock International (WI), Land O'Lakes (L.O.L) et l'Entreprise Works (E.W).

Dans la loge des O.N.G françaises, l'on pouvait noter la présence de l'Association Française des Volontaires du Progrès (A.F.V.P), l'Echange Sud-Sud-Ouest en Milieu Rural (E.S.S.O.R), l'Association Sud-Ouest pour le Développement International Agricole (A.S.O.D.I.A), des Vétérinaires sans Frontières (V.S.F), et l'Association de Coopération et de Recherche pour le Développement (A.C.C.O.R.D).

D'autres ONG internationales de marque étaient également présentes pendant cette période. Il s'agit notamment, de l'Italienne GRUIPPO DI VOLONTARIATO CIVILE (G.V.C); de la Fondation FRIEDDRICH EBERT (FFE), Allemande ; du Centre Canadien d'Etudes et de la Coopération Internationale (C.E.C.I); de l'Association de Coopération Technique (A.C.T), Belge ; de Sassakawa Global 2000 (SG200), de Concern Universal (C.U), et de l'O.C.P.H (Organisation Catholique pour la Promotion Humaine). De nombreux bureaux d'études prirent également part à cet effort de lancement et de mise en œuvre des projets agricoles. Citons à ce propos le Chemonics International des U.S.A. La Compagnie Française de Textile (C.F.D.T) était également de la partie.

Localement, l'on pouvait noter la présence des ONG suivantes : la Fondation pour l'Investissement et la Commercialisation Agricole (F.I.C.A), qui devint plus tard l'Agence pour la Commercialisation Agricole (A.C.A), l'Entraide Universitaire pour le Développement (E.U.P.D), l'Union Guinéenne des Volontaires du Développement (U.G.V.D), le Centre Africain pour la Formation et le Développement (CENAFOD), l'Association pour la Promotion Economique de Kindia (A.P.E.K), le Centre d'Appui au Développement (C.A.D). La Société de Production et de Commercialisation des Intrants Agricoles (SPCIA) était également présente à ce rendez-vous.

Dans le domaine du microcrédit, il y avait le Programme Intégré de Développement de l'Entreprise (PRIDE), qui se scinda en deux entités distinctes (Formation et Crédit) ; le Crédit Rural de Guinée (C.R.G) et le Crédit Mutuel de Guinée (C.M.G). D'autres structures de crédit de moindre envergure s'insérèrent plus tard dans ce peloton. Ce fut le cas de la Caisse Populaire d'Epargne et de Crédit de Guinée (C.P.E.C) ou Yètè-mali. Il convient de noter que ces structures locales étaient, en grande partie, le fruit du partenariat entre l'Etat Guinéen et certains de ses partenaires bi ou multilatéraux suscités.

Jamais depuis son indépendance, le 2 octobre 1958, la Guinée n'avait connu une si grande sollicitude dans le domaine de l'agriculture de la part de la communauté internationale. Dans les campagnes et les villes où ces institutions installèrent leurs quartiers généraux composés de techniciens locaux et étrangers, une euphorie agricole s'empara des populations qui les accueillirent avec un grand soulagement en espérant tirer un réel profit de leur présence.

Le B.C.E.P.A (Bureau Central d'Etude et de Planification Agricole) du Ministère de l'Agriculture décrit l'importance et le nombre des projets agricoles inscrits sous la L.P.D.A1 pendant cette période comme suit : «*… A l'avènement de la 2e république, le secteur agricole a été désigné comme prioritaire dans la relance de l'économie nationale. A ce titre, des investissements importants ont été orientés vers ce secteur afin de donner réponse aux nombreux problèmes qui s'y posaient. Ces investissements se sont généralement faits à travers des projets publics. Leur nombre a connu le pic de 92 projets en 1991* »[105].

Un dispositif de suivi fut mis en place pour coordonner l'exécution de l'ensemble des projets et programmes.

10.2. Le suivi des projets et programmes

Avec un si grand nombre de projets à exécuter, le suivi devint une activité importante pour éviter des surprises désagréables. La démarche consista à répartir les différents blocs de la L.P.D.A1 entre les directions nationales du Ministère de l'Agriculture en les rendant *« responsables de la conception, de la mise en œuvre et du suivi des projets relevant de leurs sous-secteurs »*[104] comme le montre le tableau No.19.

---

[104] ''*Note technique sur le secteur agricole*'' Saïkou O. Baldé p. 23

Tableau No. 19 : Répartition des blocs de la L.P.D.A1 entre les directions du Ministère de l'Agriculture.

No.	Direction	Blocs
1	Direction Nationale Agriculture	Sécurité Alimentaire ; Culture d'Exportation
2	Direction Nationale Elevage	Elevage
3	Direction Nationale Génie Rurale	Infrastructures rurales
4	Direction nationale Forêts et faune	Gestion des Ressources naturelles
5	Service National Promotion Rurale et Vulgarisation	Recherche- Vulgarisation et Appui a la professionnalisation

Source : 'Note technique sur le secteur agricole'' Saïkou O. Baldé, p. 23

La coordination technique proprement dite de l'ensemble des opérations de la L.P.D.A1, revint au Bureau de Stratégie de Développement (B.S.D), mis en place en 1986 avec l'appui technique et financier de la Banque Mondiale (BM) et de l'Agence Française de Développement (A.F.D) pour un coût global estimé à 12.000.000 de dollars U.S.

Restructuré, il devint le Bureau de Coordination de la Politique Agricole (B.C.P.A) en 1993, suivant le décret No. 93/020/PRG/SG du 18 février et rattaché au Secrétariat Général du Ministère de l'Agriculture, des Eaux et Forêts (M.A.E.F). Sa principale mission était d'assurer le suivi-évaluation de la Politique de Développement Agricole et de servir de secrétariat technique du Comité de Pilotage de la L.P.D.A1[105]. Cette fonction fit du B.C.P.A, la structure technico-administrative incontournable du Ministère de l'Agriculture pendant la mise en œuvre de la L.P.D.A1.

C'est dans le cadre de la facilitation de cette importante fonction qu'il bénéficia de l'appui technique et financier du PNUD, de la F.A.O et de l'USAID. Les deux premières institutions le firent à travers le projet PNUD/FAO/GUI/92/019, intitulé « *Mise en œuvre de la L.P.D.A* ». La troisième (U.S.A.I.D), intervint dans le cadre du Projet d'Assistance à la Réforme Economique (P.A.R.E) ou Economic Reform Policy Support (ERPS/USAID 675-0218).

D'autres partenaires tels que la Banque Mondiale, la Coopération Allemande, la Coopération Française et l'Union Européenne apportèrent des appuis semblables à diverses Directions nationales. Par exemple : la Direction Nationale des Eaux et Forêts (D.N.E.F), la Di-

[105] Ahmed Tidiane Diallo et.all, p.20.

rection Nationale du Génie Rural (D.N.G.R) et l'Institut de Recherche Agronomique de Guinée (I.R.A.G).

Nonobstant ce dispositif technico-administratif et financier, le suivi de la LPDA1 connut des difficultés d'ordres techniques, financiers et de structuration qu'il convient de souligner. Il s'agit :

10.2.1. L'insuffisance des ressources financières

Les premières difficultés apparurent lorsque le Gouvernement guinéen et le P.N.U.D réduisirent chacun, en ce qui le concerne, sa contribution au financement du Projet de mise en œuvre de la L.P.D.A 1 pour des raisons encore mal élucidées.

En effet, le premier ne déboursa que 135 millions de Francs guinéens au titre de la contrepartie sur un engagement annoncé de 430 millions GNF, soit une réduction de 32%. Quant à la contribution globale du second, elle fut ramenée à 1.417.519 dollars U.S en février 1996, contre 1.799.240 $ inscrits en 1994, soit une baisse d'environ 22%.

Selon la Coordinatrice Nationale du B.C.P.A, Madame Camara Aminatou, cette contraction brutale des finances ne s'accompagna nullement du redimensionnement conséquent des activités de son institution. C'est ce qui rendit l'appui financier des Antennes Régionales de Coordination (A.R.C) du B.C.P.A laborieux sur le terrain. En effet, en dehors de l'A.R.C de la Moyenne Guinée qui bénéficia de quelques matériels[106], les autres furent laissées pour compte, selon l'intéressée. Sans ressources, elles ne firent que '*vivoter*' dit-elle.

L'activité des autres structures de coordination du Ministère de l'Agriculture à la base (Inspections régionales, Directions préfectorales, etc.) souffrit également de l'insuffisance de crédit, faute de budget public pour financer les actions programmées dans le cadre du suivi.

Celles-ci dépendaient directement ou indirectement des projets dont elles assuraient une quelconque tutelle technique ou administrative. De sorte que pour trouver du simple papier pour préparer un rapport, elles devraient se tourner toujours vers ces projets. Pour les préfectures qui étaient moins dotées en projets, c'était la léthargie totale qui caractérisait le fonctionnement de ces structures agricoles, précise la Coordinatrice.

---

[106] A savoir : deux véhicules, un ordinateur avec accessoires, une photocopieuse et un groupe électrogène de 20 KVA.

10.2.2. Le parallélisme des structures de coordination régionale

Deux structures de coordination des projets et programmes cohabitaient au niveau de chaque région administrative[107]. D'un côté, les Antennes Régionales de Coordination (A.R.C) du B.C.P.A ; de l'autre, les Inspections Régionales du Développement Rural et de l'Environnement (I.R.D.R.E). Celles-ci relevaient de l'Inspection générale de l'Agriculture. Cette situation dichotomique fut à l'origine de nombreux conflits de compétences entre le chef de l'A.R.C et le Directeur de l'I.R.D.R.E, souligne la coordinatrice. Ce qui nuit à la collaboration entre les responsables de ces structures.

10.2.3 La fréquente restructuration du Département de l'Agriculture

Ces actes administratifs portèrent un coup dur au fonctionnement normal du dispositif du suivi-évaluation du B.C.P.A d'après la Coordinatrice. Car elle donna lieu à la création de nouvelles directions ou la suppression d'anciennes. Ce qui compliqua les relations de coordination entre les nouvelles structures qui se créaient au gré de ces changements et les anciennes qui étaient maintenues.

Ahmed Tidiane Diallo et.al note quatre (4) restructurations du Département de l'Agriculture entre 1984 et 1996. Quant à Saikou Oumar Baldé, il signale qu'en 1992, deux décrets de restructuration du Ministère de l'Agriculture furent signés. Le premier, au mois de Mai, sous le No. 92/125/PRG/SGG du 26 mai 1992. Le second, abrogeant le premier en septembre sous le No. 92/213/PRG/SGG du 3 septembre 1992. Un troisième, (No. 94/108/PRGA/SGG du 3 novembre 1994), changea la dénomination du Ministère en '' Ministère de l'Agriculture, de l'Elevage et Forêts''(M.A.E.F).

10.2.4. La subdivision des régions naturelles de la Moyenne Guinée, de la Basse Guinée et de la Haute Guinée

La création en 1994 de 7 régions administratives suivant la Loi No. L/94/027/CTRN du 18/08/94 à la place des quatre régions naturelles, contribua à la multiplication des structures de coordination de la L.P.D.A1 à l'échelle nationale avec la subdivision des régions naturelles de la Moyenne Guinée, de la Guinée Maritime et de la Haute Guinée en deux régions administratives distinctes chacune.

---

[107] Ici le terme région désigne un ensemble de préfectures.

Selon la Coordinatrice du B.C.P.A, ceci provoqua une scission entre les agents de terrain en ce qui concerne l'approche à adopter pour une meilleure organisation des activités de suivi de la L.P.D.A au niveau régional. « ... *Les uns ayant préféré l'approche selon la région naturelle alors que les autres recommandèrent l'approche selon la région administrative...* »,[108] soutient-elle en substance.

10.2.5. La classification des projets en types régionaux et préfectoraux

Ce fait concourut à faire échapper les projets de types régionaux du contrôle des structures préfectorales de l'agriculture bien qu'ils intervenaient dans leurs zones d'influence administrative. Il fut à la base des frustrations et parfois même des suspicions entre les responsables de ces structures étatiques et ces projets.

Les premiers voulant coûte que coûte être informés de l'évolution technique de ces projets, alors que les seconds opposaient une fin de non-recevoir à ces sollicitations, surtout quand il s'agissait des finances du projet, souligne la Coordinatrice. Le dialogue de sourds qui s'établissait ainsi entre les deux parties, nuit gravement à leurs relations professionnelles et par ricochet aux activités de suivi de la L.P.D.A1.

10.2.6. Le dysfonctionnement des mécanismes de concertation

Ces mécanismes furent mis en place pour faciliter la communication entre les gestionnaires des projets et les responsables administratifs. Les plus fameux de ces mécanismes furent les Comités de Pilotage de la Politique Agricole (C.P.P.A), les Comités de Concertation au niveau des différents Blocs (C.C.B), les Comités Régionaux de Concertation (C.R.C) et les Comités Préfectoraux d'Initiatives Concertées (C.O.P.I.C).

Leur fonctionnement fut entravé par la conjonction des facteurs ci-après : l'insuffisance des ressources financières, la lourdeur administrative et le caractère redondant de leurs activités. Le Comité de Pilotage de la L.P.D.A1 au sein duquel siégeaient les Directeurs des Services Centraux, les cadres du Ministère de l'Agriculture des Eaux et Forêts (M.A.E.F), les représentants des bailleurs de fonds et des Ministères techniques, connut à peu près le même sort. Ce fut un autre frein à la conduite normale des activités de suivi de la L.P.D.A1.

---

[108] B.C.P.A : Rapport de suivi-évaluation en Basse Guinée, 29 octobre 1994, p.3.

10.2.7. Le niveau disparate de compréhension de la L.P.D.A1

Ahmed Tidiane Diallo et.al signalent que certains responsables des services et des structures déconcentrées du Ministère de l'Agriculture avaient la difficulté à s'identifier dans la mise en œuvre des actions des blocs horizontaux de la L.P.D.A1 à cause de « *...la complexité dans la structuration des blocs qui correspondent tantôt à un thème, tantôt à un groupe de services, ou à un ensemble de spéculation....et par le ''caractère diffus'' des objectifs de développement de certains projets* ».[109]

D'autres difficultés de compréhension de la LPDA1 concernaient les notions de suivi-évaluation et d'indicateurs. Selon la Coordinatrice Nationale du B.C.P.A, très peu d'agents de terrain connaissaient ces notions. Certains ne les apprirent pour la première fois qu'à l'occasion des réunions de travail que son bureau organisait au niveau de chaque région.

L'intéressée décrit cette situation comme suit à l'issue d'une réunion : «... *La réunion ...a été essentiellement consacrée à l'étude du suivi-évaluation, des échanges d'expériences entre projets et programmes et l'élaboration des indicateurs de suivi....Les discussions ont parfois traîné en longueur car les gens ne sont pas toujours habitués aux techniques et procédures de suivi-évaluation, la notion d'indicateurs de suivi n'est pas évidente pour tout le monde et il a fallu expliquer et réexpliquer* »[110].

10.2.8. Un nombre pléthorique d'Indicateurs Objectivement Vérifiables (I.O.V) à suivre

Le Conseiller Technique Principal (C.T.P) du projet de suivi de la L.P.D.A1 définit les indicateurs de suivi comme étant « *des variables auxquelles sont rattachées des prévisions permettant de mesurer l'objectif global, les objectifs intermédiaires et les composantes afin de confronter les niveaux de réalisation et ceux retenus pour chaque terme du projet. Ils doivent être quantifiables autant que faire se peut* »[111].

Quelque 353 indicateurs de suivi furent identifiés en 1994 à l'occasion des ateliers que le B.C.P.A organisait dans les régions. (cf. tableau No.20). Les blocs Elevage et Promotion des Organisations paysannes se taillèrent la part du lion au cours de ces exercices avec respectivement 69 et 62 indicateurs chacun. La Haute Guinée ravit la

---

[109] Ahmed Tidiane Diallo et.all, p.20

[110] B.C.P.A ''Rapport de mission en Guinée Forestière, novembre 1994, p.3''

[111] Suivi-éval. Opérationnelles LPDA p. 7.

vedette aux autres régions naturelles, avec un total de 179 indicateurs contre 46 par exemple pour la Basse Guinée.

Toutefois, les participants à l'atelier national de synthèse qui se tint à Conakry ne retinrent que 135 variables (voir tableau No. 20). Ceci paraissait énorme compte tenu de l'insuffisance de personnel qualifié et de la faiblesse des ressources financières pour effectuer un suivi régulier desdits indicateurs. Ce fut un autre handicap au suivi régulier de la L.P.D.A.1.

Tableau No. 20 : Indicateurs objectivement vérifiables retenus par bloc et par région en 1994.

Bloc	Description	Guinée Forestière	Guinée Maritime	Haute Guinée	Moyenne Guinée	Totaux Régionaux	Total National
A	Sécurité alimentaire	4	7	27	3	41	14
B	Cultures d'Exportation	7	5	11	8	31	18
C	Elevage	8	10	39	12	69	26
D	Pêche	5	4	22	-	31	30
E	Promotion des Organisations Paysannes	20	4	29	9	62	15
F	Services publics à l'agriculture	10	3	17	6	36	14
G	Gestion des Ressources naturelles	14	5	10	9	38	08
H	Infrastructures rurales	-	8	24	13	45	10
TOTAL		68	46	179	60	353	135

Source : Compilation de l'auteur.

10.2.9. La faible attention des hauts cadres du Département de l'agriculture aux problèmes quotidiens de la L.P.D.A1

L'affiliation des hauts cadres du Ministère de l'Agriculture au Parti Présidentiel, le Parti de l'Unité et du Progrès (P.U.P), les éloigna quelque peu des problèmes quotidiens de la L.P.D.A1 au profit des activités de soutien aux actions dudit Parti. Le suivi rapproché des projets et des programmes ne paraissait intéressant que pour contrôler les ressources financières et matérielles dont certains projets étaient richement dotés.

C'est pourquoi l'appréciation des chefs des projets par ces hauts cadres était davantage fonction de l'appui financier et matériel que ces techniciens apportaient au titre de la contribution du Ministère de l'Agriculture à la réussite des cérémonies de soutien au Parti Présidentiel, qu'aux résultats techniques proprement dits de leurs projets.

Ceux qui excellaient dans cette pratique néfaste, étaient malheureusement félicités par leurs mentors à travers des notes de service que certains Ministres de l'agriculture signaient. D'autres problèmes qui marquèrent l'exécution proprement dite de la L.P.D.A1 sont examinés ci-dessous.

10.3. L'exécution des projets et programmes sous la L.P.D.A1

Elle fut marquée par des difficultés de plusieurs ordres. Les plus importantes furent :

10.3.1. Les problèmes financiers récurrents

Le financement des projets qui semblait être réglé au départ, fut le principal goulot d'étranglement auquel certains chefs de projets se butèrent. Les difficultés de déblocage de la contre partie Guinéenne, ou le retard dans la mise en place de l'avance de démarrage par certains bailleurs, ou encore les malversations de fonds auxquelles certains responsables de projets se rendirent coupables, expliquent en partie ces ennuis financiers.

Le Projet DERIK à Kissidougou, le Projet Agricole de Guéckédou (P.A.G), le Projet de Développement Rural de Forécariah, le Projet Dabola Dinguiraye (PDD) et le Projet de Développement Rural de Siguiri (PDRS2) sont des exemples d'unités qui éprouvèrent de sérieuses difficultés de fonctionnement suite à ces ennuis financiers.

10.3.2. Les procédures d'approbation longues et compliquées

Les procédures d'approbation longues et compliquées que certains partenaires mirent en place affectèrent négativement le déroulement normal des activités de quelques projets. Ces dispositions étaient généralement justifiées par ceux-ci comme étant des mesures de précaution visant à réduire les risques de détournement des fonds par les agents des projets.

Selon certains chefs de projet, cette pratique contribua plutôt à rallonger les délais d'exécution des travaux, à accroître les coûts des opérations et à détourner l'attention des gestionnaires de leur travail de conception au profit des tâches administratives quotidiennes. C'est ce qui arriva par exemple pendant l'exécution du Projet Dabola Dinguiraye (PDD).

10.3.3. Une multitude de composantes non maîtrisées

Le nombre impressionnant de composantes de certains projets et/ou programmes fut une autre entrave de taille à leur exécution correcte. Par exemple, le Projet Guinée Maritime 2 comptait à lui seul treize (13) composantes.

La nature et les exigences techniques qui entouraient l'exécution de certaines composantes étaient si critiques, qu'il était pratiquement impossible pour les chefs de projet de les réaliser dans les normes techniques requises et les délais qui leur étaient impartis.

L'absence de personnel qualifié ou l'insuffisance de fonds pour financer les nouvelles opérations ou encore l'incompatibilité du calendrier d'exécution de ces opérations par rapport à celles qui étaient régulièrement inscrites, expliquent en partie cet écart.

Les projets qui se trouvèrent dans cette situation laissèrent derrière eux des actions inachevées et une mauvaise impression auprès des bénéficiaires présumés de leurs actions. Ce fut par exemple le cas du projet DERIK à Kissidougou dont les efforts d'introduction des plants hybrides de café à partir des graines qu'il fit venir du Togo en 1993, furent fortement compromis.

10.3.4. Des stratégies d'intervention peu efficaces

Deux cas d'espèce sont examinés ici, à savoir : la stratégie basée sur l'action des groupements de producteurs et celle fondée sur le système des nucleus.

➢ La stratégie des groupements de producteurs.

C'est au cours de la table ronde sur le secteur agricole de décembre 1991 que le Ministre de l'Agriculture d'alors, Koly Kourouma décrit les groupements de producteurs agricoles et autres associations professionnelles comme étant le ''*fondement de la politique de privatisation des filières de production*''.[112]

C'est dans ce cadre que les chefs des projets furent invités à appuyer la constitution des groupements de producteurs au nom de la structuration du monde rural. Malheureusement, ces nouvelles entités de production se formèrent sans une réelle conviction d'association de la part de leurs nouveaux membres. Ce qui explique en partie pourquoi les activités de la plupart de ces groupements s'arrêtèrent avec la fin des projets qui les appuyaient.

---

[112] Résumé des travaux de la table ronde.

➢ La stratégie des nucleus.

Le système de nucleus fut introduit par le Projet Cadre de Promotion des Exportations Agricoles (P.C.P.E.A). Il visait à faciliter l'encadrement des petits producteurs par les Petites et Moyennes Entreprises Agricoles (P.M.E.A). Le concept était basé sur le principe selon lequel, ces P.M.E.A ou nucleus pouvaient servir de locomotive pour les plus petits producteurs. C'est à cet effet que 13 d'entre elles bénéficièrent de l'appui financier du projet pendant la campagne agricole 1994-1995 (Cf. tableau No. 21) afin de leur faciliter ce soutien.

Tableau No. 21. Répartition des fonds entre les nucleus pendant la campagne agricole 1994-1995.

No.	Nucleus bénéficiaire	Montant reçu en FG pour		Total appui en FG
		Encadrement paysan	Acquisition d'équipement	
1	AGRICO	16.628.702	39.186.268	55.814.970
2	APEK	4.309.233	000	4.309.233
3	APRODEF	2.133.333	20.000.000	22.133.333
4	BIOGUINEE	58.637.168	30.179.260	88.816.428
5	BURQUIER	2.047.733	16.625.000	18.672.733
6	CARIS	48.569.209	39.555.604	88.124.813
7	DIPAG	4.130.000	15.000.000	19.130.000
8	EKIBUS	41.338.150	4.280.000	45.618.150
9	MALIPAN	24.119.615	19.339.061	43.458.676
10	NABEKAM	2.566.490	19.521.969	22.088.459
11	RAMA BOTI THIAM	4.681.940	38.238.683	42.920.623
12	SOCOPRONA	2.800.000	000	2.800.000
13	SOGUITIE	6.760.975	18.320.000	25.080.975
14	**TOTAL**	**218.722.548**	**260.245.845**	**478.968.393**

Source : PCPEA : Rapport d'activités Déc. 1994-Juillet 1995, page 8.

Malheureusement l'application de ce modèle se heurta, selon le P.C.P.E.A, au fait que *« les nucleus n'ont pas la force nécessaire pour entraîner les producteurs, parce qu'ayant eux-mêmes des problèmes...Ils n'ont pas la capacité technique suffisante pour maîtriser leurs propres productions a fortiori d'assister d'autres planteurs ».*[113]

Faut-il souligner que bon nombre de responsables de ces nucleus pratiquaient cette activité par simple opportunisme économique. Certains s'étaient constitués à la faveur de l'implantation du Projet. Ils n'avaient que très peu ou pas d'expériences de terrain dans le domaine agricole. C'est pourquoi, contrairement aux structures similaires dont

[113] Rapport P.C.P.E.A, p. 97.

le projet s'inspira des modèles réussis dans la sous-région (Ghana, notamment), ils furent incapables d'apporter l'appui technique aux petits producteurs de bananes, d'ananas, de mangues, de pastèques et de melons que le projet cibla en Basse Guinée.

10.3.5. Une mauvaise présentation des projets aux populations

La teneur souvent très prometteuse des discours d'introduction des projets que certains agents tinrent à l'endroit des populations lors du lancement de ceux-ci, explique en partie la rapidité avec laquelle celles-ci souscrivaient aux activités de ces unités. Par exemple, de nombreux membres de la Fondation pour l'Investissement et la Commercialisation Agricole (F.I.C.A) justifièrent leur adhésion à cette institution à cause des promesses de crédit qui leur furent faites en 1993 lors du lancement du dit projet.

D'autre part, les 376 groupements de producteurs qui se formèrent lors de la mise en place du Projet de Développement des Petites Exploitations de Guinée Forestière (PDPEF), furent davantage la conséquence de ces discours flatteurs que du besoin d'association ressenti par ces producteurs.

10.3.6. Des opérateurs nationaux sans grande capacité financière

La L.P.D.A ayant limité le rôle des projets à la fonction de coordination, la réalisation des ouvrages et autres infrastructures rurales fut réservée aux Petites et Moyennes Entreprises (P.M.E). Celles-ci agissaient en qualité de maîtres d'œuvre. C'est à cet effet que certaines obtinrent d'importants contrats de prestation à la suite des appels d'offres.

Mais sans ressources suffisantes pour financer les avances et soumises aux paiements de rançons administratives par les hauts commis de l'Etat, la plupart de ces P.M.E furent incapables d'honorer les contrats qu'elles signèrent çà et là dans le cadre de l'ouverture des pistes rurales, la construction d'écoles, de centres de santé et autres infrastructures publiques. C'est pourquoi un grand nombre d'entre elles laissèrent derrière elles des chantiers inachevés en plusieurs endroits du pays au plus grand dam des chefs des projets, des populations bénéficiaires, de l'Etat et des partenaires au développement.

10.3.7. Le difficile mariage entre producteurs ruraux et institutions de micro crédit

L'accès au Crédit Agricole fut identifié comme une nécessité pour aider les producteurs ruraux à financer l'achat des intrants agricoles ou à réaliser d'autres opérations culturales. Cependant, leur accès à cette ressource précieuse fut un véritable parcours de combattant. Et pour cause.

La localisation urbaine des institutions de microcrédit (crédit mutuel, crédit rural, PRIDE, etc.), les taux d'intérêt prohibitifs qu'elles pratiquaient, les délais de remboursement courts qu'elles imposaient et les procédures administratives longues et compliquées qu'elles mettaient en place, expliquent en partie les difficultés que les paysans éprouvaient pour accéder à cette importante ressource pendant cette période.

10.3.8. Des problèmes fonciers récurrents

L'aménagement des bas-fonds était une composante importante de certains projets sous la L.P.D.A1. L'objectif était d'encourager la pratique de la culture intensive du riz au détriment de la culture pluviale. Malheureusement, la réalisation de cette opération fut entravée en maints endroits par les difficultés d'accès des projets à ces bas-fonds. L'absence de plan foncier rural clarifiant le droit des exploitants agricoles sur leur terre, fut considérée comme étant le principal facteur de résistance des populations.

10.3.9. Les difficultés d'entretien des infrastructures réalisées

L'entretien des infrastructures réalisées (magasins et pistes rurales notamment) fut un autre goulot d'étranglement pendant cette période. La participation communautaire qui était préconisée pour la prise en charge de ces coûts récurrents souffrit de l'absence de motivation de la part de ces collectivités.

Celles-ci estimaient au contraire que cette responsabilité incombait plutôt à l'Etat et à ses services techniques. D'où leur indifférence vis-à-vis de ces travaux d'entretien.

Après ce tour d'horizon, l'on est en droit de se demander quel fut le bilan de la nouvelle politique agricole ? L'examen des résultats ci-dessous, montre que celui-ci fut plutôt maigre, au regard des objectifs d'autosuffisance alimentaire et de relance des exportations agricoles qui furent assignés à la L.P.D.A1.

10.4. Un maigre bilan

Vers la fin de l'année 1994, il était hors de doute que l'action des projets et programmes inscrits et exécutés sous la L.P.D.A1 n'avait pas permis à la Guinée de réaliser son objectif politique d'autosuffisance alimentaire et de relance de ses exportations agricoles. D'autres objectifs stratégiques que la L.P.D.A1 se fixa ne furent pas non plus atteints comme l'attestent les résultats décrits ci-après :

10.4.1. La forte dépendance du pays vis-à-vis des importations alimentaires

En novembre 1994, le Bureau de Coordination de la Politique Agricole (B.C.P.A) reconnut cette grave insuffisance de la L.P.D.A1 en ces termes : « *...Force est de constater que les résultats [de la LPDA] obtenus à ce jour sont encore en deçà des besoins qui ont motivé leur mise en œuvre. La dépendance de la Guinée vis-à-vis de l'extérieur notamment en matière d'importation de riz, reste une préoccupation car elle se situe à plus du tiers de nos besoins et les exportations agricoles ne se sont pas accrues de manière significative* ».[114]

En 1995, la Guinée importa 290,800 tonnes de riz (dont 14.000 tonnes d'aide alimentaire), contre 238.000 tonnes que la L.P.D.A1 projeta pour la même période, soit un dépassement de 22%. Le tableau No. 22 et le graphique numéro 04 montrent l'évolution des importations alimentaires (commerciales +aide) de 1985 à 1995.

Tableau No. 22 : Importations alimentaires : 1985-1995(en Tonnes)

Années	commerciales	Aide alimentaire			
		P.L. 480	Autres	TOTAL	GRAND TOTAL
1985	69,800	Nd*	Nd*	38,100	107,900
1986	77,500	45,000	25,000	70,000	147,500
1987	59,000	37,000	21,400	58,400	117,400
1988	148,000	32,000	13,000	45,000	193,000
1989	174,000	21,000	0,000	21,000	195,000
1990	96,000	09,000	07,000	16,000	112,000
1991	150,000	22,000	35,000	57,000	207,000
1992	244,000	20,000	35,600	56,000	300,000
1993	189,000	13,000	40,000	53,000	242,400
1994	192,700	41,100	35,500	76,700	269,400
1995	276,700	0,000	14,100	14,100	290,800

Source : LPDA2, Politique de Développement Agricole, Sept.1996, page 20. Nd * = Non Disponible.

[114] Les potentialités agricoles de Guinée et Programmes prioritaires, p.4.

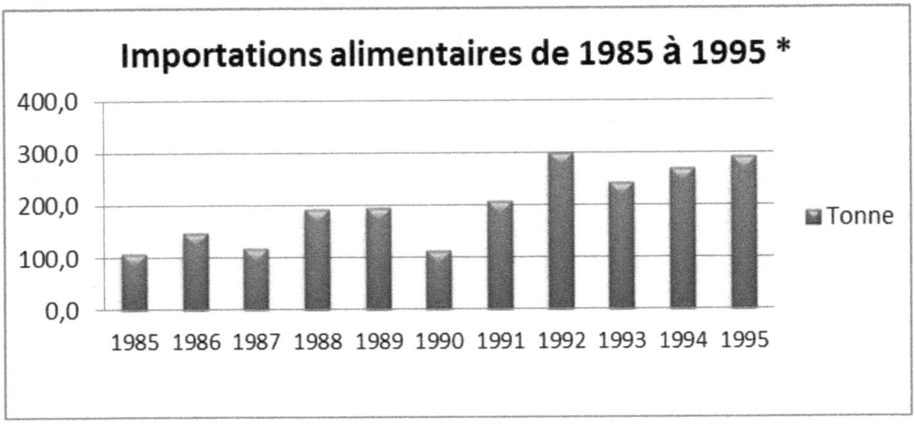

Graphique 4. Importations alimentaires de 1985 à 1995.

10.4.2. L'insuffisance des produits agricoles exportables

Une sensible amélioration des quantités de produits agricoles exportables fût cependant notée. Mais elle ne concernait que le café dont la quantité exportée fut de 15.000 tonnes en 1993, contre 2.000 tonnes en 1984. Par contre, l'on observa la baisse des quantités d'autres produits destinés à l'exportation. Ce fut le cas par exemple du coton dont les volumes passèrent de 19.000 tonnes en 1993 à 13.335 tonnes en 1996[115].

Les résultats globaux des exportations de fruits et légumes dont la Guinée détenait jadis le flambeau en Afrique de l'Ouest, laissèrent également à désirer. Par exemple, les exportations de mangues se chiffrèrent à moins de 1.000 tonnes par an, entre 1992 et 1995, contre une projection annuelle de 4.000 tonnes sur une production nationale estimée entre 50.000 et 60.000 tonnes.

Dans cette gamme des fruits, l'on peut noter l'absence totale des avocats, des agrumes qui étaient pourtant visés par la L.P.D.A1 en 1991 avec les quantités exportables projetées respectivement à 2.500 et 20.000 tonnes. La banane qui, autrefois, faisait la gloire agricole du pays avant l'indépendance nationale, demeura également absente de la liste des produits agricoles exportés pendant cette tranche de la LPDA1.

10.4.3. Une faible mécanisation agricole

Les résultats relatifs à la mécanisation agricole ne furent guère reluisants. Car « *...au regard des objectifs poursuivis dans le cadre de la L.P.D.A, le bilan reste limité. Seules 60.000 exploitations sur 420.000, disposent d'une paire de bœufs et à peu près autant de char-*

[115] LPDA2, p.52.

rues pour les travaux agricoles. Le nombre de tracteurs (500 en 1992) a, quant à lui, nettement diminué ces dernières années, faute de réseau fiable de vente de pièces détachées »[116]. Ce qui explique la pré-prépondérance des instruments aratoires comme les houes, les coupes-coupes et les haches dans le système de production.

10.4.4. La difficile émergence du secteur privé

Le secteur privé qui devrait relever l'Etat dans le domaine de la production et de la commercialisation des produits agricoles est resté timide, malgré la constitution de 2.000 groupements de producteurs pendant la vie de la L.P.D.A1. Ces associations furent incapables de fournir les services appropriés (formation, engrais, crédit, etc.) à leurs membres comme cela fut préconisé par les autorités du Ministère de l'Agriculture.

Le développement des P.M.E (Petites et Moyennes Entreprises) et P.M.E.A (Petites et Moyennes Entreprises Agricoles) fut entravé en partie par les tracasseries administratives intempestives et la corruption rampante qui sévissaient dans l'administration pendant cette période.

En effet l'obtention des contrats de prestation par ces unités était assujettie au paiement des dessous de table qui représentaient souvent une proportion importante (5 à 15%) des enveloppes qu'elles négociaient. Par ailleurs, le fait que certains responsables des P.M.E/A manquaient cruellement des compétences professionnelles requises pour gérer leurs entreprises, fut un autre aspect négatif de ce processus.

Un autre facteur de fragilisation de ces structures fut leur quasi-dépendance vis-à-vis des projets pour le financement de leurs activités. C'est pourquoi, à l'exception de quelques-unes, les autres disparurent progressivement au rythme de la fermeture des projets dont elles dépendaient.

Par ailleurs, le programme de privatisation des Centres Semenciers que le Gouvernement initia avec l'appui de la Banque Mondiale prit également un coup dur au cours de cette période. Par exemple, l'A.S.S.O.D.I.A qui cogéra le Centre semencier de Koba (Boffa) entre avril 1994 et avril 1996 dans ce cadre, émit un sérieux doute quant à la capacité de ce centre d'atteindre cet objectif. Elle évoqua à ce propos, le manque de gestion rigoureuse des coûts et l'exacerbation de certaines charges fixes (personnel notamment).

---

[116] L.P.D.A2, p. 164.

10.4.5. Une mauvaise gestion des ressources naturelles

Sur le front de la préservation de l'environnement, ce fut le paradoxe total qui s'observa entre l'objectif d'une gestion rationnelle des ressources naturelles prescrite par la L.P.D.A1 et l'indifférence totale des autorités administratives vis-à-vis des activités des milliers de coupeurs clandestins de bois qui s'acharnaient dans les forêts guinéennes.

Ces gens utilisaient (et utilisent encore) les tronçonneuses aux dents tranchantes qui broient, sans état d'âme, les gros troncs d'arbres qui protègent les têtes de sources et le couvert végétal dans les villages. Ils envahissaient ces forêts avec la complicité de certains responsables administratifs et de quelques élus locaux des Communautés Rurales de Développement (C.R.D).

Dans certains cas, les responsables se livraient eux-mêmes, par personnes interposées, à la coupe abusive des arbres. Car ce qui comptait pour eux et leurs complices, c'était de profiter au plus vite de ce marché juteux et incontrôlé du bois. Notons par ailleurs que des sociétés d'exploitation forestières de grande envergure s'installèrent également avec l'appui de l'Etat. La plus importante fut ''La forêt forte'' à N'zérékoré, en région forestière.

A l'action de ces exploitants (autorisés et non autorisés) de bois, il convient d'ajouter celle des nombreuses entreprises minières qui étaient également présentes dans les campagnes soit pour des travaux d'exploration, ou pour une exploitation régulière de gisements miniers. Enfin, l'arrivée et l'installation des réfugiés dans certaines régions du pays, furent un autre facteur qui aggrava la dégradation de l'environnement.

Combien d'hectares de forêts furent-ils dévastés par l'action commune de ces exploitants de bois, des sociétés minières et des réfugiés pendant cette période ? Difficile d'avancer des chiffres avec exactitude, faute de statistiques. Ce que l'on sait en revanche, c'est que les gros arbres en s'effondrant, détruisent toute la flore qui les entoure, mettent à nu de vastes étendues de terre qui deviennent impropres à l'agriculture, et démantèlent l'habitat des animaux.

De même les eaux souillées par l'action des sociétés minières deviennent impropres à la consommation humaine et animale. Elles réduisent les stocks de poissons et d'autres animaux aquatiques. Enfin elles compromettent dangereusement la pratique d'une agriculture saine. Il en est de même de l'excavation à outrance des terres par les machines qui recherchent les minerais. Leur action détruit la flore et la terre arable propice à la culture des plantes. Selon la L.P.D.A2, il n'existait que 700.000 hectares sur les 14.000.000 d'hectares de forêts recensées en 1967[117]. Cela représente un recul de 50% en 35 ans.

10.4.6. Une insuffisance des services publics à l'agriculture

Les résultats obtenus dans le cadre du désenclavement des zones de production, de la vulgarisation agricole et de l'hydraulique villageoise étaient mitigés. En effet, le Projet National d'Investissement Rural ne réalisa que 50% des objectifs qui lui furent assignés, soit 4.000 km de pistes sur 8.000 selon la L.P.D.A2.

567 Unités Expérimentales Paysannes (UEP) furent créées dans le cadre du Projet National de Vulgarisation Agricole (P.N.V.A) entre 1992 et 1994. Le but recherché était de faciliter la diffusion des thèmes techniques sur les filières riz, maïs et autres cultures auprès des paysans. Quant au Service National des Points d'Eau (S.N.A.P.E), il contribua à la promotion de l'hydraulique villageoise en réalisant 7.521 points d'eau sur un objectif de 6.100 entre 1980 et 1995.

10.4.7. Autres résultats de la L.P.D.A1

Ceux-ci concernent la mise en place, en juin 1995, avec l'appui de la F.A.O, des 33 Chambres Préfectorales d'Agriculture (C.P.A) dans le cadre de la restructuration du monde rural. Ce processus prit fin en août 1997 avec la création de 8 Chambres Régionales d'Agriculture (C.R.A) et de la Chambre Nationale d'Agriculture de Guinée (C.N.A.G).

Le Président de la République (Lansana Conté) lui-même fut porté à la tête de la C.N.A.G. Ce qui fit de cette structure, une caisse de résonnance politique dont la fonction voilée devint le renforcement de la base du Parti Présidentiel, le P.U.P, en milieu rural.

Enfin et non des moindres, la croissance moyenne que le secteur de l'agriculture accusa (de 3, 3% en 1992 à 3,6% en 1995) au cours de cette période, fut beaucoup plus l'effet d'une extension des superficies que de celui d'une amélioration progressive de la productivité.

10.5. La note finale : le Département du Développement Rural, un secteur dépensier

Les maigres résultats de la L.P.D.A1 finirent par jeter un discrédit sur le Département du Développement Rural quant à sa capacité d'atteindre l'objectif d'autosuffisance alimentaire et de relance des

---

[117] Bilan diagnostic LPDA2, p.12.

exportations agricoles. Aux yeux de certains observateurs, il apparut plutôt comme '' *un secteur dépensier, qu'un secteur capable de contribuer à l'accroissement du P.N.B*''[118]. En d'autres termes, cela signifiait qu'il y eut plus de gaspillages de ressources que de réalisations pendant la mise en œuvre de la nouvelle politique agricole.

Le rapport de la Banque Mondiale de 1995 sur les dépenses publiques renforça ce point de vue. Selon ce document : « .... *les résultats obtenus n'auraient pas été à la hauteur des efforts consentis puisque l'élasticité estimative de la valeur ajoutée agricole par rapport à la dépense publique n'est que de 0,32...* ». Exprimé en d'autres termes, cela revient à dire « *...que, pour chaque 10% d'augmentation des dépenses publiques, la valeur ajoutée n'augmenta que de 3, 2% durant la période 1988-1994* »[119].

Par ailleurs, le total des dépenses publiques pour le secteur agricole à l'exclusion du secteur de la pêche fut, en moyenne, en valeur courante, évaluée à 60 milliards de Francs guinéens au cours de la période d'exécution de la L.P.D.A 1991-1995. Ce qui représenterait environ 20% des dépenses publiques totales, soit un peu moins de sa contribution (24%) au Produit Intérieur Brut (P.I.B).

A ce résultat financier peu reluisant, s'ajouta le fait qu'en 1995, 97% du budget ordinaire de l'Agriculture était consacré au paiement des salaires de son personnel composé de 8.972 agents répartis comme suit : 7.723 fonctionnaires des catégories A, B et C et 1.249 contractuels.

Enfin, le contexte socio-économique général du pays en cette fin d'année 1995 fut marqué par de nombreux cas de détournements des fonds publics par les hauts cadres de l'Etat. Ces actes honteux entraînèrent la rupture brutale des relations de partenariat que le pays entretenait avec les institutions de Brettons Woods et d'autres partenaires bilatéraux à cause de l'impunité qui entourait ces actes. C'est ce qui fut à l'origine du reflux de l'assistance technique internationale et de l'ajournement du financement de nombreux projets agricoles qui étaient en cours d'exécution.

Cette contraction eut des répercussions fâcheuses sur les activités quotidiennes des populations en termes de perte de revenus et de mauvaises conditions de vie. C'est en réaction à cette situation périlleuse que celles-ci se mirent à grogner. A partir de cet instant, le besoin de redresser l'économie tout entière en générale, et de repenser la L.P.D.A1 en particulier, se posa avec une grande acuité.

---

[118] Ahmed T. Diallo et.al., p.1
[119] op. LPDA2, p. 171

Conclusion

Le suivi de la L.P.D.A1 souffrit de l'insuffisance des ressources financières, des difficultés de communication, et de la faible implication des responsables du Département de l'Agriculture dans la résolution des problèmes quotidiens du B.C.P.A. Ce qui fit de ce bureau, une structure de façade plutôt que d'actions réussies. Sa mise en œuvre fut entravée par les facteurs suivants : les interventions inappropriées, l'inadaptation du crédit aux besoins des paysans, l'insuffisance de fonds, la corruption et l'impunité.

CHAPITRE 11

Repenser la L.P.D.A1

Du coup, les mesures visant à corriger les graves faiblesses constatées lors de la mise en œuvre de la L.P.D.A1 s'imposèrent. Aussi, l'aggravation de la situation économique générale du pays l'année d'après, marquée par la suspension des programmes de développement par la Banque Mondiale et le Fonds Monétaire International et le déclenchement d'une mutinerie les 2 et 3 février 1996 à Conakry, accélérèrent-elles cette démarche qui s'inscrivit désormais dans le cadre plus large du redressement de l'économie nationale.

Cette mission fut confiée au nouveau Premier Ministre, Sidya Touré que le Président Lansana Conté nomma en juillet 1996 avec la mission de « *restaurer la viabilité des finances publiques, pour mobiliser le potentiel de croissance et de développement du pays et une reprise des financements extérieurs* »[120]. Il s'agissait de mettre fin au marasme économique dans lequel le pays baignait et de relancer l'économie.

C'est à cet effet que la revue des projets agricoles démarrée en décembre 1995 sur financement du P.N.U.D et de la Mission Française de Coopération, fut inscrite dans le cadre de ''*la stratégie de développement socio-économique à l'horizon 2010*''. Il s'agissait d'améliorer le cadre des dépenses du secteur rural en ciblant mieux les coûts récurrents. C'est pourquoi un accent particulier fut mis sur les critères d'éligibilité des projets agricoles au Programme d'Investissement Public (PIP).[121]

---

[120] La Guinée nouvelle, p.5

[121] Notamment, leur conformité par rapport aux objectifs et priorités sectorielles, la disponibilité de dossiers et d'études suffisantes justifiant une rentabilité économique mesurée par un taux interne de plus de 10%, et leur complémentarité avec les autres actions de développement.

Ce sont les résultats préliminaires de ces travaux qui constituèrent le fondement de la politique agricole revue ou L.P.D.A.2. Elle fut adoptée en mars 1998 et présentée en octobre de la même année aux bailleurs de fonds de la Guinée.

Parallèlement, le gouvernement entreprit l'élaboration de plusieurs documents de politique et de stratégies sous-sectorielles avec l'appui technique et financier de ses partenaires. L'on peut, dans ce cadre, citer à tire d'exemple, le Document de Stratégie de Réduction de la Pauvreté (D.S.R.P 1&2), le Programme d'Appui aux Communautés Villageoises (P.A.C.V) et la Stratégie Nationale de Sécurité Alimentaire (SNSA). Quant au lancement de la L.P.D.A2, elle se déroula dans un contexte socio-économique tendu, tel que décrit ci-dessous.

11.1. La L.P.D.A2 lancée sous haute tension politique

L'année 1998 au cours de laquelle la LPDA2 fut lancée, était sur le plan politique, une année électorale aux enjeux multiples à la fois pour le pouvoir, l'opposition, les populations et la communauté internationale. La mise en place d'un organisme chargé de l'organisation de l'élection présidentielle fut le principal point de discorde entre les protagonistes de la scène politique cette année-là.

D'un côté, les Partis de l'opposition, réunis au sein de la Coordination de l'Opposition Démocratique (CO.D.E.M) militaient en faveur de la création d'une Commission Electorale Nationale Indépendante (C.E.N.I). De l'autre, les représentants du pouvoir, (le P.U.P et les Partis de la mouvance présidentielle) soutenaient la création d'un Haut Conseil aux Affaires Electorales (H.C.A.E). La suite on la connaît.

Dans la banlieue nord de Conakry, de nombreuses familles furent endeuillées à l'occasion des opérations musclées de déguerpissement des occupants des réserves foncières du Centre Directionnel de Koloma (C.D.K). Ces opérations qu'il est convenu d'appeler 'KAPORO-RAILS'' se déroulèrent au cours des journées chaudes des 23, 24 et 25 mars 1998.

Enfin, et non des moindres, l'interpellation dans la nuit du 15 au 16 décembre 1998, du Professeur Alpha Condé, un opposant politique au régime du Président Lansana Conté, accusé de ''*tentative de fuite alors que les frontières sont fermées*'', avant même le dépouillement des résultats du scrutin du 14 décembre 1998, fut parmi les événements malheureux qui portèrent un ombrage au lancement de la L.P.D.A2. Car très peu de médias en parlèrent.

Réaliser l'autosuffisance alimentaire en 2005, fut l'un des objectifs stratégiques de la LPDA2. Les sections qui suivent décrivent les différentes interventions menées dans ce cadre.

11.2. Réaliser l'autosuffisance alimentaire en 2005

Neuf (9) objectifs stratégiques furent assignés à la L.P.D.A2, dont :

- (a) la réalisation de l'autosuffisance en 2005 et la création à l'horizon 2010, d'un flux d'exportation d'environ 100.000 tonnes de riz par an,
- (b) l'accroissement des exportations des autres produits agricoles et
- (c) la protection de l'environnement.

La réalisation de ces ambitieux objectifs fut inscrite dans le cadre des projets et programmes qui étaient déjà approuvés ou qui devraient l'être par le gouvernement et ses partenaires. L'implication des entreprises privées étrangères fut également définie comme une stratégie d'intervention de la LPDA2, en ce qui concerne notamment la production du riz à laquelle la priorité fut donnée.

11.3. La priorité à la production du riz

La promotion du riz NERICA initiée en 1996 avec l'appui technique et financier de Sasa kawa Global 2000 (SG2000), fut la principal cheval de bataille de la nouvelle politique agricole dans le domaine de la production vivrière.

L'intérêt des partenaires[122] pour la diffusion de ce riz s'observa à travers le soutien financier et technique qu'ils apportèrent au Projet Initiative Riz Africain ou ''African Rice Initiative'' (A.R.I) et les multiples visites que leurs représentants effectuaient sur le terrain pour s'enquérir des avancées du projet.

Par exemple, la participation de Monsieur Yochio Yatsu, député japonais et ancien Ministre de l'Agriculture du Japon aux côtés du Ministre Guinéen de l'Agriculture, de l'Elevage, des Eaux et Forêts, Jean Paul Sarr et d'autres invités de marque aux grandioses cérémo-

---

[122] Par exemple la Banque Mondiale (B.M), la Banque Africaine de Développement (B.A.D), le Gouvernement japonais à travers le Programme des Nations Unies pour le Développement (P.N.U.D), le Programme Alimentaire Mondial (P.A.M) et le Fonds International de Développement Agricole (F.I.D.A).

nies de récolte du Nerica organisées à Faranah en septembre 2004, fut un témoignage de ce soutien.

L'implication personnelle du Président de la République et de la première dame, Mme Henriette Conté, s'inscrivaient également dans le cadre de l'appui institutionnel du gouvernement Guinéen à la promotion dudit projet. Le 1er participa à la Journée Porte Ouverte sur la démonstration des machines post-récolte en 1999. La 2e gratifia le projet en acceptant d'accompagner le Dr. Norman E. Borlaug, Président de Sasakawa Afrique dans certaines préfectures du pays en 2000. Quant au Ministre de l'Agriculture et Elevage, Jean Paul Sarr, son appui au projet fut sans égal, d'autant plus qu'il le qualifiait de ''*son bébé*''.

L'engouement du Gouvernement Guinéen et de ses partenaires pour la vulgarisation du riz NERICA, par rapport aux autres variétés locales de riz et autres céréales fut justifié, selon plusieurs techniciens du Ministère de l'Agriculture, par son cycle végétatif jugé très court, sa résistance aux mauvaises herbes, sa facilité d'adaptation aux conditions climatiques, son rendement estimé à 1,4 t/h et ses qualités nutritionnelles. Des qualités qui sont contrebalancées selon d'autres agents, par les immenses besoins en engrais et autres fertilisants du riz NERICA.

La restauration de la fertilité des sols, le renforcement de la capacité des agents de terrain, la promotion des machines post-récoltes, la formation et l'installation des stockistes furent d'autres volets de l'intervention de Sassakawa dans ce cadre. Ces activités étaient exécutées avec la collaboration des centres de recherche, les projets de développement, les Organisations Non Gouvernementales et les institutions de formation en agriculture. Selon Sasa kawa Global, ces opérations touchèrent quelques 200.000 exploitations agricoles entre 1996 et 2003.

Parallèlement à ces efforts, se poursuivaient en 1998, à Döfili (Dubréka), Kindia et Irikiri (Kouroussa), les activités du Programme Spécial de Sécurité Alimentaire (P.S.S.A), lancées en 1995 sur l'initiative de la F.A.O avec la contribution de l'I.D.A, l'U.E, et l'A.F.V.P. Quelques 274 familles paysannes furent touchées par ces opérations selon les résultats que le projet présenta.

Le Projet de Développement de la Riziculture Irriguée en Guinée Maritime (PDRI-GM) qui prit la relève du Projet de Développement Agricole du Kapatchez, démarra ses activités en 1998 dans les C.R.D de Bintimodia, de Douprou (Boffa) et de Fillaya à Dubréka avec l'objectif d'aménager 3.600 hectares de terre et de réhabiliter 150 km de pistes rurales grâce à l'appui de l'Agence Française de Développement (A.F.D) et d'autres partenaires.

Le projet de Dynamisation des filières vivrières (Dynaifv) né des cendres du Programme d'Appui à la Sécurité Alimentaire (P.A.S.A.L) sur financement de la Coopération Française, bénéficia également d'une grande attention au cours de cette tranche de la L.P.D.A2. Il avait pour objectif l'amélioration des circuits de commercialisation du riz local et d'autres cultures vivrières. Selon les responsables du projet, l'implication du Crédit Rural de Guinée (C.R.G) dans cette opération facilita le financement des opérations de commercialisation des opérateurs privés que le projet structura en Associations de Caution Mutuelles (A.C.M).

L'amélioration des technologies post-récolte fut un autre volet important du projet Dynafiv. Ses efforts portèrent notamment sur la promotion des décortiqueuses à riz, la fabrication des décortiqueuses de fonio, de la presse à huile de palme, de l'amélioration de la technique d'étuvage et de la création des aires de stockage du riz.

L'intervention des privés se fit dans le cadre des accords d'établissement des sociétés pour la production de riz. La société sino-guinéenne de Coopération pour le Développement Agricole (SIGUICODA) et le Projet Guinéo-Malaisien pour la production du riz à travers la Société Bernas de Guinée (SOBERGUI) furent les plus importantes sociétés qui entreprirent des actions dans ce cadre.

La première s'engagea à améliorer la production de riz en la portant à 3 ou 7 tonnes à l'hectare, avec trois récoltes par an. D'autres volets de l'intervention de la SIGUICODA furent l'installation d'une usine de fabrique d'emballage, d'aliments de bétail et d'un atelier de traitement du riz d'une capacité estimée à 24 tonnes par jour. Son volet aviculture visait la production de poulets de ponte, de poulets de chair et la production de 600.000 poussins par an.

Malheureusement, elle fut confrontée à de sérieuses difficultés de fonctionnement, surtout en ce qui concerne l'acquisition de matériels qu'elle devrait faire venir de Chine à grands frais. En outre, sa production fut fortement concurrencée par les importations de riz. Ce marché était dominé par un groupuscule d'opérateurs économiques qui jouissaient des entrées faciles dans la haute administration. La société ne put rien pour préserver sa production contre cette concurrence déloyale.

Cette situation fut aggravée par le mécontentement de ses travailleurs qui jugeaient leur traitement salarial insuffisant au regard de leurs conditions de travail[123]. Selon plusieurs sources anecdotiques, ce sont eux qui organisaient le vol des matériels et des récoltes de

[123] Le salaire mensuel d'un agronome n'excédait pas 150.000 FG.

l'entreprise avec la complicité des villageois. La combinaison de ces facteurs fut à l'origine de la baisse drastique des activités de celle-ci.

La seconde société produit du riz sur 1.800 hectares sur le domaine de Monchon, dans la préfecture de Boffa. Elle récolta ses premiers champs le 6 décembre 1997 en présence du Président Lansana Conté, qu'accompagnait le Premier Ministre de Malaisie. Mais derrière la joie apparente qui se lisait sur les visages des populations au cours de cette cérémonie, se cachait le mécontentement de nombreux paysans dont les terres étaient exploitées contre leur gré par la SOBERGUI. C'est eux qui déclarèrent une hostilité ouverte à la société. Ce qui la fit subir d'énormes pertes matérielles et financières.

D'autres interventions intervenues pendant la vie de la LPDA2 sont décrites ci-dessous.

11.4. Autres interventions sous la LPDA2

Ces interventions se firent dans le cadre de divers projets. Il s'agit notamment de l'appui financier que l'African Developement Fondation (A.D.F) et le Centre d'Appui au Développement (C.A.D) apportèrent aux associations d'éleveurs en Moyenne Guinée, de commercialisation des produits vivriers en Haute Guinée et aux groupements de producteurs de riz en Basse Guinée.

L'USAID de son côté initia le Projet Elargi de Gestion des Ressources Naturelles (P.E.G.R.N) en octobre 1999 dans les préfectures de Macenta, Guéckédou et Kissidougou. Celui-ci fut délocalisé l'année suivante à Tougué et à Lélouma, en Moyenne Guinée suite aux attaques rebelles en région forestière en 2000. Quelques années après, le projet fut étendu aux préfectures de Faranah, Kouroussa, et Dabola en Haute Guinée et de Kindia, en Basse Guinée.

Le P.E.G.R.N visait la promotion d'une agriculture respectueuse de l'environnement. Son exécution fut confiée à un consortium d'O.N.G américaines (Winrock International, Land O'Lakes, Volunteer In Technical Assistance) et Guinéennes (l'Agence pour la Commercialisation Agricole et PRIDE-Formation).

A Boké, l'U.S.A.I.D appuya la culture du cajou dans le cadre de son ''Programme de Développement Durable des Cultures Pérennes'' (P.D.D.C.P) ou ''Sustainable Tree Crop Production'' (S.T.C.P) en anglais. Plus tard, elle initia un projet de transformation locale de la noix de cajou en Haute Guinée et en Basse Guinée dont l'exécution fut assurée par l'Entreprise Works (E.W).

L'Agence pour la Commercialisation Agricole (A.C.A) initia une foire agricole et artisanale (FAAK) à Kankan et une Bourse des Produits Agricoles de Guinée (B.P.A.G) à Labé.

Ces activités avaient pour but de moderniser les opérations de commercialisation des produits agricoles en général, et de ceux qu'elle suivait en particulier.

AFRICARE à Dinguiraye et A.D.R.A à Siguiri furent toutes deux très actives pendant cette période. Leurs interventions portaient essentiellement sur l'amélioration de la sécurité alimentaire dans leur zone d'implantation respective avec l'appui financier de l'USAID.

A Mamou, l'O.I.C.I (Opportunities industrilization Center International) installa une ferme avicole à l'Ecole Nationale d'Agriculture et d'Elevage (E.N.A.E) de Tolo entre 1997 et 2002 dans le cadre de son programme Crédit/Education.

Le Projet de Réhabilitation Agricole et d'Appui au Développement Local (PRAADEL) signé en 1997 grâce à un accord avec le F.I.D.A, poursuivait également ses interventions dans les préfectures de Labé, Lélouma, Mali, Koubia et Tougué en Moyenne Guinée. Ses activités étaient essentiellement axées sur la formation des auxiliaires d'élevage au tatouage, et la vaccination du bétail. Le projet disposait également d'un volet au crédit.

Le Projet Cadre de Promotion des Exportations Agricoles (P.C.P.E.A) financé par la Banque Mondiale, fit de ''*l'amélioration des infrastructures en amont et en aval du processus d'exportation*'' l'une de ses principales activités pendant sa deuxième phase qui s'étendait de 1998 à 2002. Ces opérations portèrent notamment sur :

- (a) l'installation d'une usine de conditionnement de la mangue à Matoto dans la banlieue sud de Conakry,
- (b) la construction d'un terminal de produits périssables à l'aéroport de Conakry,
- (c) l'ouverture de pistes desservant quelques zones de production et
- (d) la construction des terminaux d'exportation entre Benty et Fandje, Kindia et Maferenya, en Basse Guinée.

La confédération interprofessionnelle de la filière café/cacao initia à son tour un ambitieux programme d'introduction de 10.000.000 de plants sélectionnés sur la période 2004 – 2005. Elle s'engagea à mettre quelques 10.000 tonnes de café robusta et 30.000 tonnes de cacao sur le marché à l'horizon 2010.

La privatisation du projet coton fut une autre activité majeure sous la L.P.D.A2. Malheureusement elle connut un dénouement malheureux. Car les discussions que le Gouvernement engagea avec ses partenaires (A.F.D, U.E, C.F.D.T) en 1998, en vue de la création d'une société cotonnière anonyme privée à participation publique de droit guinéen (La Compagnie Guinéenne de Coton (C.G.C/SA), aboutit au divorce entre les deux parties. La conséquence fut l'effondrement complet de cette filière qui fut pourtant un fleuron de l'économie nationale.

L'autre filière d'exportation dont on suivait de près les activités dans le cadre de la LPDA2, fut le couple palmier à huile et l'hévéa, exploités par la Société Guinéenne de Palmier à Huile et d'Hévéa (SOGUIPAH) de Diécké dans la préfecture de Yomou, en zone forestière. Une unité que le Président Lansana Conté visita en juillet 1999 à l'occasion de la pause de la première pierre de l'usine de traitement du latex et de l'inauguration de l'huilerie.

En 2003, le Projet d'Appui aux Populations Paysannes de la Moyenne Guinée (P.A.P.P) initia l'expérimentation de la culture de la pomme de terre en station et en parcelles paysannes en Moyenne Guinée sur financement de la Coopération Canadienne.

L'intervention de la F.A.O dans cette filière se fit à travers le projet d'« *appui à l'intensification de la production de la pomme de terre* » dont le document fut signé le 30 août 2004 au Ministère de la coopération par le diplomate Ari Toubo Ibrahima.

Le Fonds Commun de Base (F.C.B) dont la Guinée devint membre en 1989, apporta également un appui substantiel à la production de certaines cultures pendant cette période. Son assistance porta notamment sur la relance de la filière banane en Basse Guinée et sur l'amélioration de la production du fonio et de la pomme de terre en Moyenne Guinée.

Le Projet Fruit et Légume (PROFEL) s'installa dans les préfectures de Kindia et de Mamou sur financement de la BADEA.

A Kindia, l'Association pour la Promotion Economique de Kindia (APEK), et la Structure d'Appui au Réseau des Agriculteurs (SARA) prirent part aux actions de formation des femmes aux technologies de transformation agro-alimentaire avec l'appui de SG2000.

L'Organisation Catholique pour la Promotion Humaine (OCPH), et Concern Universal, apportèrent un concours précieux aux populations rurales de Dabola, Kankan et Siguiri en Haute Guinée, à travers le ''Projet d'Appui aux Plus Pauvres'' (P.A.P.P) qu'elles initièrent en 2005.

Ces opérations, quoiqu'intéressantes, se déroulaient malheureusement dans un climat socio-économique qui était encore délétère, donc peu rassurant.

11.5. La persistance du climat socio-économique délétère

Lors de son message à la nation du 3 avril 1996, le Président Lansana Conté dénonça vigoureusement plusieurs tares de l'administration générale[124] dont les détournements massifs de fonds auxquels les hauts commis de l'administration se livraient tristement. Cette pratique s'était malheureusement aggravée avec le temps. L'exemple du monstrueux scandale financier commis à l'Agence Nationale d'Aménagement des Infrastructures Minières (A.N.A.I.M) en 1999 sur plusieurs milliards de francs guinéens au détriment du trésor public est illustratif à cet égard.

La commission parlementaire qui enquêta sur ce scandale écrit : « *Après 6 mois de travaux effectués tant à Conakry et à l'intérieur qu'à l'extérieur de notre pays,... nous sommes parvenus à une douloureuse conclusion : ...A savoir que les cadres Guinéens et non-Guinéens, se sentant protégés par les relations intimes et très suivies, disons des relations de copinage qu'ils entretiennent avec les hautes personnalités du pays, se croyaient de ce fait même parfaitement intouchables. Aussi, se sont-ils livrés des années durant à des actes frauduleux aux dépens du patrimoine national, tant à travers certaines entreprises de l'Etat, qu'à la tête des administrations* »[125]. Ces hautes personnalités de l'Etat se trouvaient malheureusement dans l'entourage immédiat du Président de la République.

D'autres cas de détournements effarants de fonds furent enregistrés au Ministère du Transport sur la fabuleuse somme de 97 milliards de FG, soustrait de la valeur des vignettes d'automobile en 2001[126]. Le projet de crevette de Koba, souffrit également de la dilapidation de ses ressources par les cadres qui étaient chargés de sa mise en œuvre.

[124] A savoir : le manque d'initiative et de responsabilité, le non-respect de la hiérarchie, l'absence de cohésion et d'actions communes concertées, le manque de transparence et de confiance entre les agents de la même administration et entre les différentes administrations, le défaut de contrôle, d'inspection, de rigueur dans la gestion et l'absence de sanction, le non-respect des règles de fonctionnement de l'administration et des lois, l'absence de règles objectives pour le choix des agents devant servir l'Etat et les structures créées par lui et l'absence de mécanisme pour la formation des agents administratifs et pour le recyclage des travailleurs.

[125] Lynx No. 400 du 22 nov. 1999, p.4

[126] L'Indépendant No. 454 du 20 déc. 2001, p.3

Les préfectures n'échappèrent guère à ces malversations. Car les premiers responsables de certaines de ces circonscriptions administratives furent régulièrement dénoncés par les médias privés pour leur implication présumée dans des affaires sulfureuses de détournement de fonds destinés au développement de leurs localités. Ce fut par exemple le cas de la préfecture de Mali où le préfet fut accusé du détournement de 49 millions de Francs destinés à des travaux d'intérêt public.

Sur le plan social, l'on assista à la réédition des conflits entre les communautés après les sanglantes batailles de 1990 qui opposèrent les Guerzés et les Koniankés à N'Nzérékoré. En 2000, c'était les toma de Valezou et les konias de Konéssérédou dans la préfecture de Macenta qui se livrèrent une guerre fratricide pour des problèmes domaniaux.

L'école ne fut non plus épargnée par cette grogne sociale. Là, l'on vit monter en puissance, le phénomène des gangs dans les établissements scolaires du pays dont les membres s'attaquaient ouvertement à leurs maîtres. Les déflatés du Ministère de l'Agriculture se firent également entendre dans ce tohubohu social en assiégeant la primature que dirigeait entre temps, le magistrat Sidimé Lamine. Celui-ci avait succédé au Premier Ministre Sidya Touré que le Président Lansana Conté remercia après les élections.

Sur le terrain politique, le procès du professeur Alpha Condé continuait d'occuper le devant de la scène nationale. D'autres événements qui marquèrent la vie politique pendant cette époque, furent entre autres, le referendum du 11 novembre 2001 qui ouvrit la voie à un troisième mandat pour le Président Lansana Conté et la recomposition de l'opposition en Front Républicain pour l'Alternance Démocratique (FRAD) avec l'arrivée de nouveaux acteurs dont l'ancien premier Ministre Sidya Touré.

Les agressions armées dont le pays fut victime en septembre 2000 le long de ses frontières sud, intervinrent dans ce contexte de tourmente politico-sociale. Ces attaques provoquèrent les déplacements massifs des populations rurales qui abandonnèrent leurs villages et leurs champs, le long des dites frontières.

Elles entraînèrent par la même occasion une augmentation soudaine des dépenses de sécurité au détriment du secteur rural pourtant éprouvé. Ce fut le début d'une véritable saignée financière pour le trésor public qui subissait déjà le poids des malversations financières de la part des hauts commis, de l'entretien des troupes dans le cadre de l'ECOMOG (Force armée de la Communauté Economique des Etats de l'Afrique de l'Ouest) et du service de la dette extérieure.

En septembre et octobre 2000, les dépenses de sécurité furent estimées à environ 17 millions de dollars U.S, soit 30 milliards de Fg[127]. Au titre du budget 2001, « *l'armée rafle 100 milliards pour contrer les rebelles ...soit une augmentation de crédit de 20% par rapport à l'année précédente qui était de 50 milliards* » lisait-on dans l'hebdomadaire, ''le Libéral''.[128]

D'une manière générale, l'accroissement des dépenses de sécurité entre 2001 et 2003 se fit dans les proportions suivantes, par rapport au Produit Intérieur Brut (P.I. B): 5,4% en 2001, 6,2% en 2002 et 7, 9% en 2003.

A ces charges, s'ajoutèrent les salaires des travailleurs de la fonction publique. Ceux-ci s'étaient accrus de 3%, suite aux négociations entre les syndicats et les pouvoirs publics. Enfin et non des moindres, il y eut les dépenses politiques du P.U.P dont les principales rubriques étaient les suivantes :

- (i) la campagne pour le 3e mandat du candidat du P.U.P, le Président Lansana Conté,
- (ii) les cérémonies de prières par les hauts cadres de l'Etat, membres du Parti Présidentiel en faveur du Président et
- (iii) les manifestations de soutien des jeunes et des femmes en l'honneur du Président et de son Parti.

Où trouver ces sommes faramineuses qui ne se calculaient que sur la seule base de l'existence de la caisse publique ? Sans exportations agricoles conséquentes, l'Etat ne comptait que sur les recettes minières pour alimenter le budget national. Or, le cours des produits miniers que le pays exporte (bauxite notamment) s'était détérioré suite au ralentissement des activités économiques de par le monde. Ce qui s'était traduit par une moins-value pour le trésor public.

Le cordon douanier qui était l'autre mamelle de l'économie nationale, souffrait également des détournements massifs. La suspension du dossier guinéen en 2000 au compte de la Facilité d'Ajustement Structurel Renforcé (FAS-R) réduit considérablement les précieux concours extérieurs qui constituaient des bouffées d'oxygène traditionnelles pour le budget national. Enfin le choc pétrolier, marqué par un accroissement du prix du pétrole sur le marché international et la détérioration des termes de l'échange vinrent assombrir ce tableau macroéconomique.

---

[127] Lynx No. 450 du 6 nov. 2000, p 14

[128] Le Liberal No. 002 du 27 février 2001, p. 6.

Devant l'ampleur et l'urgence des dépenses en face, toutes les méthodes furent autorisées. C'est ce qui conduit par exemple à l'endettement massif du trésor public auprès de la Banque Centrale de la République de Guinée (B.C.R.G), autrement dit, au recours à outrance à la planche à billets. Cette pratique peu orthodoxe eut pour conséquence, l'accroissement exponentiel de la masse monétaire en circulation. La dette fut chiffrée à 274 milliards de Fg en décembre 2001.

L'augmentation en cascade du prix du carburant à la pompe, fut une autre option que les gouvernements successifs privilégièrent dans le but de renflouer la caisse de l'Etat qui se vidait au fur et à mesure, tel un gouffre. C'est ainsi qu'en septembre 2000, les prix de l'ensemble des produits pétroliers furent révisés à la hausse. L'essence passa de 1.000 Fg à 1.600Fg, soit une augmentation de 60%, le gas-oil de 800 FG à 1.300 FG et le pétrole de 700FG à 1.300FG (85%). En 2005, l'accroissement était de 48% en mai et de 70% à mi-août. Cette pratique se poursuivit les années suivantes, jusqu'en 2008.

Le doublement de la valeur faciale des vignettes en 2001 et l'accroissement du taux de pression fiscale pour les entreprises (de 11,6% à près de 13%) au cours de la même année, s'inscrivirent dans la même logique de renflouement désordonné de la caisse publique.

Ces décisions impopulaires entraînèrent une augmentation générale du coût des transports et de l'ensemble des prix des denrées alimentaires en général. De sorte qu'au lieu d'une amélioration de la situation macro-économique globale du pays, l'on assista plutôt à la dégradation de celle-ci.

Le corollaire fut l'augmentation en spirale du prix du sac de riz de 50 kilogrammes qui devint peu à peu un aliment de luxe pour les pauvres ménages de Conakry et des grandes villes de l'intérieur. Une situation que les femmes dénoncèrent vigoureusement à l'occasion de l'anniversaire du 27 août 2001 au Palais du Peuple.[129]

Un autre signe évident de l'essoufflement financier du Gouvernement fut son incapacité à assurer les services publics de base (eau et électricité notamment) dans les grandes villes comme Conakry. Ce sont ces conditions socio-économiques épouvantables qui irritèrent davantage les populations dont le grognement devint plus sourd, plus fréquent et plus menaçant. Désemparé, le Gouvernement commença à naviguer à vue, tel un bateau sans gouvernail, pour trouver les solu-

---

[129] Selon le Lynx N°. 493 du 3 Sept. 2001, p. 3, elles le firent à travers une chanson qu'elles entonnèrent comme suit en langue nationale soussou : « *Nous nous amusons, nous rions. Mais le prix du riz a augmenté. Le Gouvernement n'a qu'à comprendre ça* ».

tions urgentes à ces problèmes brûlants, notamment celui de l'alimentation.

Conclusion

L'exécution de la LPDA2 se déroula dans un contexte socio-économique de mal gouvernance extrêmement aiguë, marquée par la corruption, l'impunité et la course effrénée des hauts cadres de l'Etat à l'enrichissement personnel. Quant aux programmes sectoriels, ils n'apportèrent pas grand-chose à l'élimination de l'insécurité alimentaire.

CHAPITRE 12

Les mesures d'élimination de la crise alimentaire

Fig.8. Oranges retournées et déversées sur le marché de Koundara, le 30 janvier 2007, suite à l'application de la mesure d'interdiction de sortie des denrées imposée au cours de la même année.

Devant la détérioration poussée de la situation économique, caractérisée par la faiblesse des recettes fiscales et l'exacerbation des tensions sociales, le Président Lansana Conté qui croyait en la bonne intention de ses Ministres en matière de gestion rigoureuse de la chose publique, finit par les désavouer publiquement en les traitants de menteurs en décembre 2001.

Il s'était aperçu qu'au lieu d'œuvrer à la résolution des problèmes brûlants de l'heure, chacun de ses collaborateurs travaillait plutôt pour soi, au détriment de l'Etat. Cet acte démontrait également le faible niveau de contrôle que le Président exerçait désormais sur la haute administration totalement désarticulée. Il le prouva lui-même lorsqu'il dit : « *Les gens prennent l'argent à la Banque Centrale sans même que je sois au courant ! Sans même informer la Présidence. J'ai été surpris d'entendre qu'on doit 274 milliards de Francs guinéens à la Banque Centrale...* »[130].

Face à cette situation, le Président préconisa un certain nombre de stratégies dans le but de juguler rapidement la crise alimentaire qui s'aggravait d'année en année. Les plus importantes de ces mesures sont présentées dans les sections qui suivent.

12.1. Le recours à l'armée nationale pour la production du riz

En 2002 le Président Lansana Conté, en compagnie de son Ministre de l'Agriculture, Jean Paul Sarr, effectua les premières visites de reconnaissance des plaines dans les préfectures de Faranah, Mandiana, Dinguiraye et Siguiri, en Haute Guinée. C'est dans ces circonscriptions administratives que des Actions Agricoles Militaires furent initiées peu de temps après.

Il mit des lots importants de machines, de matériels et d'intrants agricoles à la disposition de ces nouvelles unités de production agricole afin qu'elles produisent suffisamment de riz pour nourrir leurs troupes. Dans le cas de la préfecture de Faranah, ce sont au total cinq (5) sites de production qui furent retenus à savoir :

- (a) Tindo-Centre (actuelle sous-préfecture du même nom),
- (b) Douwouléma (Sous-préfecture de Banya),
- (c) Bèlèya (sous-préfecture de Passaya),
- (d) Dantiliya (sous-préfecture de Hermakono) et
- (e) Hermakono-centre (sous-préfecture du même nom).

La nouvelle unité de production agricole fut dotée des principaux équipements et intrants ci-après :

- 13 tracteurs de marque italienne d'une puissance variant entre 45 et 140 cv,
- 5 moissonneuses-batteuses,
- 2 bulldozers,
- 3 véhicules tout terrain,
- 1 citerne à eau d'une capacité de 5.000 litres,
- 1000 sacs de semence de riz pesant chacun 80 kilogrammes et
- 150 tonnes d'engrais.

Quant aux superficies à labourer, elles furent fixées à 1.000 hectares pour l'ensemble de ces sites, soit une moyenne de 200 hectares par site. Pour assurer le suivi technique de cette opération, tous les

[130] Lynx No. 509 du 24 déc. 2001, p. 5.

services techniques régionaux et préfectoraux d'appui à l'agriculture furent mobilisés autour de ce projet.[131]

Selon le Directeur du Centre de Tindo, feu Morissima Camara, qui fut l'hôte de l'action militaire en question, la première campagne fut sanctionnée par la récolte de 7.600 sacs de riz, d'un poids moyen de 80 kg chacun, soit 608 tonnes. En termes de rendement, cela représente une moyenne de 608 kilogrammes par hectare contre 800 kg récoltés en moyenne par hectare en milieu paysan.

Selon l'intéressé, une partie de cette récolte fut affectée au paiement de la dîme, sur l'initiative des responsables de l'unité. Cette part fut distribuée entre les populations déshéritées, les notables et les chefs religieux de la ville de Faranah. Le deuxième lot servi de semence pour la campagne agricole suivante. Le reste du stock, précise Mr. Camara, fut vendu à la population locale et la recette versée à l'intendance militaire à Conakry. Le montant de cette recette n'est pas connu, secret militaire oblige, dit-il.

Si cette première campagne permit d'obtenir ces résultats, du reste peu encourageants, les opérations qui suivirent furent catastrophiques pour les raisons suivantes :

(a) <u>Les fréquentes pannes de tracteurs</u>. Selon de nombreux témoignages, les tracteurs qui tombaient en panne, n'étaient pas réparés par manque de pièces de rechange et/ou de ressources financières suffisantes. C'est ainsi que le nombre des tracteurs en état de fonctionnement tomba à 10 au cours de la 2e année (2002-2003), contre 13 la 1ère année.

L'unité ne put labourer que quelque 500 hectares de terre, soit 50% des superficies cultivées au cours de la première campagne. En 2007-2008, il ne restait plus que 3 tracteurs en bon état, selon Mamady Nabé de la Direction Régionale de l'Agriculture et de l'Environnement de Faranah. D'après l'intéressé, seuls 50 hectares de terre furent mis en valeur pendant cette campagne.

(b) <u>Le mauvais usage du carburant</u>. La mauvaise gestion du carburant fut une autre faiblesse de cette unité. De l'avis du Directeur du centre de Tindo, celle-ci n'obéissait à aucune règle d'orthodoxie. « *Chacun se sert comme il l'entend* » dit-il.

---

[131] Il s'agit du Centre de Tindo, de l'Institut Valery Giscard d'Estaing de Faranah, la Direction du Bureau Technique du Génie Rural, la Direction Régionale du Service National de Vulgarisation, l'Inspection Régionale de l'Agriculture et la Direction Préfectorale de l'Agriculture.

(c) Le faible suivi des opérations. Le suivi régulier des opérations par la haute hiérarchie militaire ne parut pas évident. Le Président qui effectuait lui-même ce travail, se retrancha dans son village de Wawa, à Dubréka en 2003 pour cause de maladie grave.

Notons que les résultats qu'obtinrent les autres Unités Agricoles Militaires de Koundjan dans la Préfecture de Mandiana, de Bon Soutoura à Dinguiraye et de Norassoba à Siguiri, ne furent pas du tout meilleurs à ceux enregistrés à Faranah pour les mêmes raisons.

En effet, sans ressources suffisantes pour entretenir les tracteurs, sans pièces de rechange pour effectuer les réparations requises et sans discipline rigoureuse de gestion établie, ces actions agricoles se soldèrent par un échec cuisant. Car les garnisons militaires continuèrent à être approvisionnées en riz importé pendant cette période grâce aux ressources du contribuable guinéen. L'ironie est que les soldats acquéraient ce riz au prix subventionné de 18.000FG le sac de 50 kg contre une moyenne de 30.000FG sur le marché.

12.2. Des tracteurs pour les travailleurs de l'administration générale

L'autre couche socioprofessionnelle que le Président invita à produire pour elle-même, fut l'armée des fonctionnaires désœuvrés dont le pouvoir d'achat s'amenuisait chaque année du fait de l'inflation. Contrairement aux militaires qui recevaient le riz importé au prix fortement subventionné, les travailleurs de la fonction publique eux, achetaient le même sac de 50 kg de riz au prix du marché. Ce qui occasionnait de fréquentes revendications de la part de leurs syndicats pour un meilleur traitement salarial.

Pour contenir les risques d'explosion, le Président dota les travailleurs de certaines localités en tracteurs. Dans les préfectures où ce projet fut lancé, les autorités invitèrent les travailleurs concernés à se constituer en ''*Coopératives de Production Agricole*'' (C.P.A). Dans certaines préfectures, ces mêmes autorités effectuèrent des retenues obligatoires sur les salaires des travailleurs au titre des cotisations, sans le consentement de ces fonctionnaires. Ce qui n'encouragea nullement ces derniers à collaborer à la nouvelle structure[132].

Les activités des C.P.A ne furent pas long feu. Elles cessèrent quand le dernier tracteur fut admis sur cale pour cause de pannes sous

[132] A Faranah par exemple ce montant était fixé à 10.000Fg par travailleur et par mois selon de nombreux travailleurs de la fonction publique.

l'œil indifférent des autorités administratives de la préfecture. Selon plusieurs fonctionnaires, celles-ci ne s'intéressaient au tracteur que quand il s'agissait de labourer leur propre champ.

12.3. Don de tracteurs aux organisations féminines affiliées au Parti du Président

Les groupements féminins de production qui étaient affiliés au Parti du Président de la République, le P.U.P, furent eux aussi dotés en tracteurs. L'exemple des groupements de Bagbè-faradala, dans la sous-préfecture de Yombiro à Kissidougou et des femmes du P.U.P de Labé et de Kankan est édifiant à ce titre. Dans le cas de Labé, c'est un tracteur du Centre Agricole Préfectoral qui fut affecté à ces femmes selon des responsables du Ministère de l'Agriculture.

Malheureusement, sans moyens financiers suffisants pour entretenir ces engins dont les pièces de rechanges étaient d'ailleurs introuvables sur le marché, plusieurs associations féminines, bénéficiaires de ces machines, sollicitèrent auprès de leur autorité compétente la liquidation pure et simple de ces engins et le partage de la recette entre leurs membres.

Ailleurs, le tracteur fut froidement reçu par les associations. Par exemple dans la préfecture de Forécariah, Madame Yarie Touré, présidente d'un groupement féminin de Mafèrinya en recevant un tracteur de la part du Président de la République par les soins du Vice-président de la Chambre Nationale d'Agriculture, dit ceci : « ... *Le problème de la sécurité alimentaire passe d'abord par le riz. ...Mais aujourd'hui, nous sommes confrontés notamment aux problèmes d'engrais, d'aménagement et de manque de techniciens agricoles* ».[133]

Ces propos traduisaient clairement le fait que le tracteur n'était nullement la priorité de ce groupement. L'activité des organisations féminines ne porta aucun fruit. Elle cessa au rythme de l'arrêt de ces tracteurs dans les préfectures.

12.4. Les Actions Agricoles du Président (A.A.P)

Surnommé ''*Sènè Samö*'' qui signifie ''*grand agriculteur*'' en langue nationale malinké, ou de celui de ''*Président-Paysan*'', par les médias publics, le Président Lansana Conté, s'adonnait aux activités

[133] Horoya No. 6261, du mardi 10 août 2004, P. 3.

agricoles de grande envergure dans son village natal où il plantait le palmier nain, cultivait le riz et l'arachide et pratiquait l'élevage.

Il le faisait savoir lui-même avec fierté chaque fois qu'il en eut l'occasion, comme lors de cette interview qu'il accorda aux journalistes Mouctar Bah, représentant de la Radio France Internationale (R.F.I) et Serge Michel du quotidien Français, le Monde dans son village de Wawa, le 8 novembre 2006 : « *...j'ai des arachides, du riz, des palmiers et je fais de l'élevage. J'ai plus de 1.000 têtes de bœufs à Koba et je cultive au moins 900 hectares. Depuis que je suis rentré en Guinée en 1958 avec le grade de sergent, je fais de l'agriculture...* »[134]

Bien que le Président fut régulièrement crédité par les médias d'Etat de produire suffisamment dans ses champs, grâce bien évidemment aux équipements et matériels modernes de production qu'il détenait et à la présence d'une main d'œuvre militaire et civile abondante et presque gratuite qu'il employait, sa production était généralement introuvable sur le marché local, même pendant les moments de crises alimentaires les plus aiguës que le pays connaissait. Ce fait, il faut le souligner, irritait plus d'un guinéen, surtout ceux de Conakry, la capitale.

D'ailleurs la destination peu claire de ses récoltes suscitait-elle de vives polémiques entre les populations. Certaines personnes l'accusaient à tort ou à raison de les destiner délibérément vers d'autres pays de la sous-région au lieu de les mettre sur le marché local. Cette frange, très nombreuse, conclut à l'indifférence du Président vis-à-vis des difficultés alimentaires auxquelles les populations étaient confrontées en ces années chaudes. Ce qui ravivait davantage les tensions sociales à l'occasion des multiples grèves que les syndicats des travailleurs déclenchaient.

De ce qui précède, il ressort que les activités de production décrites ci-dessus ne permirent point au gouvernement de juguler la crise alimentaire qui secouait le pays. Toutefois, face à la contestation sociale qui s'amplifiait, les autorités gouvernementales recoururent à d'autres méthodes que voici :

12.5. Autres méthodes d'élimination de la crise alimentaire

Profitant de l'anniversaire de l'an 46 de l'indépendance nationale, le Président de la République dénonça cette carence avec vigueur dans son message à la nation du 2 octobre 2004 comme suit : « *Rappelons-nous. En 1958, nos parents produisaient manuellement 200.000*

---

[134] La Guinée en marche, Volume 1,2008, p. 52.

tonnes de riz. Ne pouvons-nous pas aujourd'hui avec les moyens modernes produire davantage ? Manquons-nous de volonté ou choisissons-nous librement d'être esclaves de l'importation ?... L'autosuffisance n'est pas un rêve avec la volonté de chacun. Unis, nous y parviendrons plus rapidement que certains le voudraient... »[135]

Malheureusement les chances de réaliser cette autosuffisance s'étaient considérablement amenuisées après l'échec des malheureuses initiatives décrites ci-dessus. Par ailleurs l'application des nouvelles mesures de relance de la production agricole que le Président préconisa dans son message, à savoir, entre autres : «*...mettre en place des crédits pour les paysans et les jeunes agriculteurs,...* »[136] se heurtait, d'une manière générale, à la mal gouvernance aiguë de l'administration.

En outre, son éloignement des affaires courantes du pays pour raison de santé, ne lui permettait pas de suivre de telles mesures salutaires avec rigueur. Enfin, et non des moindres, certains hauts cadres de l'administration ne crurent pas en l'efficacité immédiate de cette démarche, compte tenu de l'acuité avec laquelle se posaient les problèmes alimentaires.

En lieu et place, ils privilégièrent plutôt les importations massives de riz, estimant que c'était la voie la plus rapide pour satisfaire les revendications populaires qui ébranlaient le régime chancelant du Président Lansana Conté. Outre ce fait, il y avait également les enjeux économiques intéressants de ces opérations. Ceux-ci profitaient directement aux grands commis de l'Etat et à la minorité d'opérateurs économiques qui avaient acquis le monopole de ces importations.

C'est ainsi que le centre des discussions relatives à l'approvisionnement du marché en denrées alimentaires, notamment en riz, fut tristement déplacé du Ministère de l'Agriculture vers celui du Commerce. C'était désormais dans ce Ministère que se tenaient régulièrement de longues et improductives rencontres entre importateurs de riz et hauts cadres bureaucrates de l'administration autour de l'importation, la fixation du prix et la distribution du riz dans les quartiers de Conakry.

12.5.1. La distribution du riz dans les quartiers de Conakry

Devant la pression sociale qui s'intensifiait, le Gouvernement opta pour l'implication de l'administration générale dans la distribution du riz dans les quartiers de Conakry. Ainsi en février 2004, sur instruc-

[135] Horoya No. 6286, du vendredi 1er au lundi 4 octobre 2004, p.3.
[136] Horoya No. 6286, du vendredi 1er au lundi 4 octobre 2004, p.3.

tion du Président Lansana Conté, elle entreprit la vente de 20.000 tonnes du riz importé dans les 5 communes et les 98 quartiers de la capitale.

Cette opération fut confiée aux chefs de quartiers auxquels des instructions fermes furent données pour la vente du riz aux populations au prix subventionné de 26.500 Fg le sac de 50 kg sous la supervision des maires.

Ces derniers, à leur tour, furent invités à assurer la sécurité des magasins de vente du riz et à préparer les rapports de vente pour le gouverneur de la ville de Conakry et le ministre de l'administration du Territoire et de la Décentralisation. Le contrôle de l'ensemble des opérations revint au gouverneur de la ville.[137]

Malheureusement l'expérience montra que, dans ce genre de vente populaire, les instructions données au sommet sont très peu suivies à la base. C'est ce qui se passa pendant la distribution du riz dans les quartiers. Les chefs de quartier, de connivence avec leurs supérieurs hiérarchiques, les maires des communes et certains responsables de l'administration territoriale, se rendirent coupables de détournements massifs des stocks de la précieuse céréale au détriment de leurs populations.

Dans sa ''*Lettre ouverte à Monsieur le Président de la République*'', Sékou Kaba, un citoyen, dénonce cette pratique comme suit : « *...Si votre décision de prendre en charge le ravitaillement en riz de la population de Conakry est bien perçue et soutenue, par contre d'autres s'en sont saisis pour profiter et s'enrichir... Une bonne partie du riz est passée indirectement aux commerçants... Quand le riz arrive dans les magasins, le maire ordonne à ses chefs de quartier complices et malhonnêtes de lui réserver une certaine quantité. Si le maire demande 60 sacs, le chef de quartier profite pour sortir 100 sacs....* »[138]

En termes de résultat final, ce fut un fiasco. Car le programme ne profita qu'à très peu de ménages d'autant plus que les populations déshéritées de certains quartiers pauvres de la banlieue sud de Conakry, n'hésitèrent pas à s'attaquer en plein jour aux camions-remorques qui transportaient les chargements de riz de quelques importateurs privés du port maritime vers leurs magasins de stockage en ces moments de crise.

Devant ce bilan peu élogieux, le Président de la République révoqua les 98 chefs de quartier de leur fonction et suspendit les maires des 5

[137] Horoya No. 6202 du lundi 23 février 2004, P. 3.
[138] Horoya No. 6230 du mercredi 26 mai 2004, Page 5.

communes de la ville de Conakry à l'occasion d'une rencontre qu'il convoqua le 6 juillet 2004, au palais Sékou Touréya au tour de cette question. Voici ce qu'il leur dit en substance lors de cette rencontre : « *Vous tous vous devriez être en prison...Si vous aviez bien vendu, l'Etat aurait perdu, mais les populations auraient gagné* »[139]. Rappelons que le coût de ce programme était estimé à 1.162.800.000 FG.

Mais, devant la montée en puissance de la tension sociale, il n'était pas question de s'arrêter là. Une nouvelle aventure fut tentée. Celle-ci consista à réorganiser la distribution du riz sur de nouvelles bases. C'est ainsi qu'une Commission Technique Interministérielle (C.T.I) chargée de régulariser le transport et la distribution du riz importé fut mise en place dare-dare par le gouvernement.

12.5.2. La Commission Technique Interministérielle de distribution du riz (C.T.I.D.R)

Composée des représentants des principaux ministères techniques, cette commission était chargée de réguler le transport et la distribution du riz importé dans les quartiers de Conakry. Elle demanda aux importateurs de riz de distribuer eux-mêmes la précieuse céréale dans leurs magasins à l'intention des populations. Ces derniers donnèrent leur accord de principe mais évoquèrent, l'épineuse question du prix de cession de ce riz aux populations.

Le protocole d'accord que les deux parties signèrent à cette occasion est décrit comme suit par le Projet de Dynamisation des filières vivrières (Dynafiv): « *Le gouvernement a, au début du mois de juillet 2004, passé un protocole d'accord avec les principaux importateurs. En échange du versement par l'Etat d'une subvention de 11.000 fg par sac de 50 kilos, les importateurs s'engagent de leur côté à faire en sorte que le prix de vente du sac au consommateur ne dépasse pas 40.000 fg... Ce premier protocole est signé pour 77.000 tonnes.* ».[140].

Une soixantaine de magasins d'approvisionnement furent recensés et ouverts à cet effet par les importateurs dans différents quartiers de Conakry. La nouvelle de la vente, à 40.000Fg le sac de riz de 50 kg, contre 70.000Fg sur le marché en cette période de soudure alimentaire, enchanta les populations pauvres de la capitale qui se ruèrent sur ces entrepôts aux premières lueurs du jour, occasionnant ainsi de monstrueuses bousculades.

---

[139] Horoya No. 6244 du Jeu. 8 juillet 2004, p.3.
[140] DYNAFIV, Bulletin No. 7 du 23/12 /2004, p1.

Seuls les plus forts pouvaient se frayer le chemin pour se procurer le précieux sac de riz. Ceux qui ne pouvaient ou ne voulaient pas se battre, à cause de l'insécurité de ces lieux, s'approvisionnaient aux alentours immédiats des dits magasins où des jeunes gens revendaient le même sac de 50 kg au prix moyen de 46.000Fg.

Notons que les syndicats des travailleurs de la fonction publique se battaient eux aussi comme des lions pour faire bénéficier leurs camarades des avantages de ces opérations de vente administrative du riz. C'est à ce titre par exemple que les bureaux de l'Agriculture, Ministère technique chargé de la mise en œuvre de la politique agricole du gouvernement, furent tristement envahis de sacs de riz importés pendant cette période.

La fréquence et l'envergure de ces opérations étaient en quelque sorte les signes avant-coureurs de l'échec de la L.P.D.A2 qui s'achevait. Mais les responsables du Département de l'Agriculture qui ne voulaient pas croire en cette réalité, attribuaient plutôt cette triste situation à divers facteurs sociaux, économiques et climatiques[141].

Mais c'est surtout la thèse de l'exportation vers les pays voisins, des vivres localement produits, dont le riz qu'ils mettaient en avant chaque fois qu'ils étaient interpellés sur la question de la production agricole. En réalité, ceci n'était qu'une simple manœuvre politique qui visait à préparer l'opinion publique à accepter cet échec.

Par ailleurs, pendant que les pauvres ménages de Conakry peinaient à s'offrir l'inestimable céréale, une grave crise de positionnement éclata à nouveau au sommet de l'Etat entre les principaux collaborateurs du Président Lansana Conté en mars 2006 alors que celui-ci se trouvait en République Helvétique pour des soins médicaux intensifs[142].

Ce fait, à n'en pas douter, était la démonstration de la trop faible attention que les hauts commis de l'Etat accordaient à la tourmente alimentaire dans laquelle les milliers de pauvres ménages se débattaient péniblement en ce moment à Conakry dans les préfectures. Ce fut l'un des principaux ingrédients qui incitèrent ces populations à répondre massivement aux appels répétés des centrales syndicales

---

[141] *Notamment les attaques rebelles enregistrées en 2000, les invasions d'insectes ravageurs, les inondations enregistrées le long du fleuve Niger notamment à Faranah, la hausse du taux de change du franc guinéen par rapport au dollar US et à l'Euro, la hausse des cours du riz sur le marché mondial, l'inflation monétaire, etc.*

[142] La querelle coûta à Cellou Dalein Diallo, alors Premier Ministre, son poste le 5 avril 2006. Il fut remplacé par Fodé Bangoura qui devint tour à tour ''*coordonnateur des affaires gouvernementales*'' et ''*Ministre d'Etat chargé des affaires présidentielles jusqu'à son éviction*''.

pour protester contre leurs mauvaises conditions de vie en général et d'insécurité alimentaire en particulier.

Ainsi, la grève des enseignants du lundi 12 juin 2006, au cours de laquelle l'armée tira à balles réelles sur les élèves, fut un exemple frappant de cette explosion sociale. Le protocole d'accord de sortie de cette grève que les centrales syndicales et le gouvernement cosignèrent, stipula que le sac de riz de 50 kg (25% de brisure) soit vendu à 85.000 Fg contre 120.000 FG sur le marché. Toutefois, faute de stocks suffisants chez les importateurs, c'est vers l'océan que les regards des deux parties signataires se tournèrent. Il faudra attendre le bateau.

12.5.3. Attendre le bateau

La satisfaction de cette nième revendication fut un autre casse-tête politique majeur pour le gouvernement. Le Ministre du Commerce de l'époque, Kazaliou Baldé qui coordonna cette opération délicate, décrit les efforts de recherche des cargaisons de riz par les importateurs comme suit : « *... Les tentatives [de trouver du riz] ont été jusque-là vaines et nous n'avons rien vu. Heureuse coïncidence. Au même moment, un autre opérateur économique nous propose l'achat d'une cargaison de riz qui se trouve dans un autre bateau en rade. Mamadou Sylla, le PDG de Futurelec a saisi aussi l'opportunité pour acheter ce riz. Il est venu nous proposer de le mettre à la disposition de notre programme de distribution du riz dans les quartiers. Alpha Amadou Diallo, un des opérateurs économiques guinéens, a lui aussi, exprimé sa volonté d'en faire autant. C'est à cet effet que nous nous sommes saisis de ce bateau immédiatement pour décharger le contenu... Ce sac de riz de 50 kg est donc vendu à 82.500 FG aux distributeurs et 85.000FG aux consommateurs. En premier lieu nous souhaiterions inonder Conakry...* »[143]

La suite de ce programme fut également compromise. Car les populations continuèrent à éprouver de réelles difficultés à se procurer la denrée recherchée. C'est ce qui les prédisposa davantage à suivre sans réserve, la grève générale et illimitée que les syndicats déclenchèrent sur toute l'étendue du territoire national le mercredi 10 janvier 2007.

Comme on le sait, ce mouvement de protestation qui embrasa tout le pays, aboutit à la nomination par le Président Lansana Conté du diplomate Lansana Kouyaté au poste de Premier Ministre, chef de ''*gouvernement de large consensus et aux larges pouvoirs*'', le 26

[143] Horoya No. 6411 du vendredi 30 juin au lundi. 3 Juillet 2006, p. 2.

février 2007, suite à la médiation de la C.E.D.E.A.O, (Communauté Economique de Développement des Etats de l'Afrique de l'Ouest).

C'est l'équipe gouvernementale que ce dernier mit en place en Avril 2007, qui se chargea de l'application intégrale de l'arrêté conjoint N° A/032 MAEF/MPA/MCIPME/SGG du 25 janvier 2007 interdisant l'exportation et la réexportation des produits agricoles vivriers, forestiers, de l'élevage, halieutique et pétroliers.

Cet acte que les Ministres de l'Agriculture, du Commerce et des Finances cosignèrent avant l'installation de l'équipe Kouyaté, fut cependant qualifié de *''faux pas du gouvernement''* par de nombreux observateurs de la vie publique guinéenne. Et pour cause.

12.6. L'interdiction d'exportation et de réexportation des produits agricoles vivriers, forestiers, de l'élevage, halieutique et pétroliers, le faux pas du gouvernement

Cette décision suscita de nombreuses prises de position publiques et privées à travers la presse privée et publique (journaux, radios et autres médias en ligne). La divergence des points de vue exprimés à cette occasion par les protagonistes, montre à quel point l'opinion était divisée sur l'opportunité de cette mesure.

La tendance générale qui se dégagea cependant était que, d'une manière générale, la décision fut saluée avec soulagement par la majorité de la population, surtout celle des grands centres urbains de l'intérieur et Conakry, la capitale. Une enquête d'opinions que Sta-View International réalisa en juin 2007 dans cette métropole, montra que 93% des personnes touchées approuvaient la décision.

Evidemment, ce résultat ne pouvait en être autrement, car les populations subissaient depuis quelques années les effets nocifs de l'inflation dont le niveau atteignit 39,1% en 2006 contre 15,4% en 2003. Le prix du sac de 50 kg du riz importé s'était accru de 30% entre 2002 et 2004. Le Franc guinéen s'était déprécié de 40% en 2005 par rapport au dollar US et à l'Euro.

Ceux qui approuvaient la mesure se sentirent réconfortés lorsqu'il fut observé la chute brutale des prix des denrées alimentaires dont le riz pendant les premières semaines de l'application de l'arrêté.[144] Ils crièrent aussitôt victoire, c'est-à-dire à la justesse de la mesure d'interdiction.

---

[144] Selon l'A.C.A, ce recul était de 20% entre janvier et juin 2007.

Il convient de noter que cette chute fut précipitée d'une part par le déroulement de la campagne de commercialisation des produits agricoles au cours de laquelle les prix des denrées produites localement affichent leurs niveaux les plus bas de la saison et d'autre part, par l'effet d'annonce de la promesse d'importation massive de riz que la nouvelle équipe gouvernementale fit lors de son installation. Ce qui amena de nombreux collecteurs et distributeurs de riz à mettre prématurément leurs stocks sur le marché dans le but de se prémunir contre l'effondrement éventuelle des prix que cette opération gouvernementale pourrait provoquer avec l'arrivée de cette commande sur le marché.

Ceux qui désapprouvaient la mesure, firent eux prévaloir le manque à gagner que cet acte causerait aux producteurs locaux de produits vivriers. « ...*Un manque à gagner dont la nouvelle équipe gouvernementale ne pouvait pas tenir compte. Après tout, un paysan n'est pas un philanthrope, il ne produit pas pour faire plaisir au consommateur* » lisait-on dans la presse.[145]

Ce groupe mit en exergue, les principes communautaires auxquels le pays a souscrit en termes de libre circulation des personnes et des biens dans l'espace de la C.E.D.E.A.O (Communauté Economique des Etats de l'Afrique de l'Ouest). C'est justement cette catégorie d'observateurs qui qualifièrent la mesure de ''*faux pas du gouvernement*''.

Les résultats des sondages d'opinion et/ou des études que réalisèrent certaines Organisations Non Gouvernementales (ONG), les bureaux d'études et le Ministère de l'Agriculture dans le but d'évaluer l'impact de cette décision sur le fonctionnement du marché, confortèrent bien ce point de vue.

- (a) Par exemple l'étude que l'Agence pour la Commercialisation Agricole (A.C.A) effectua dans 22 préfectures et la ville de Conakry sur un échantillon de 320 producteurs, 251 distributeurs de denrées alimentaires et 322 consommateurs urbains, aboutit au constat selon lequel « ....*d'une manière générale, l'application de l'arrêté a créé un désarroi chez les producteurs et distributeurs de produits agricoles qui se sont vus laissés pour compte avec des pouvoirs de négociation réduits...face à*

[145] L'Indépendant No. 730 du 14 juin 2007, p. 4

une masse de consommateurs urbains acharnés et clamant une hypothétique ''victoire de marché''. ...»[146]

- (b) Les résultats du sondage d'opinion que Stat-View International réalisa entre le 31 mai et le 3 Juin 2007 auprès de 1.143 personnes vivant à Conakry révélèrent l'existence, «... *de la galère à Conakry malgré l'interdiction formelle de sortie des denrées alimentaires de nos frontières. En effet, le pourcentage des ménages qui ne mangent qu'une fois par jour reste toujours élevé soit 20% avant cette interdiction.* »[147]
- (c) Les travaux du bureau d'études S.A.E.I.F (Société Africaine d'Etudes et d'Ingénierie Financière) montrèrent que «...*le déficit commercial a été multiplié par 5,7 depuis décembre 2006, du fait de l'impact d'une part, des mesures interdisant l'exportation et la réexportation des produits de première nécessité et d'autre part, de la dépréciation du dollar américain vis-à-vis de l'Euro(6, 1%), le tout combiné avec une hausse du prix du baril de pétrole de plus de 30%* »[148] En fin,
- (d) ''L' étude de l'impact des mesures de régulation des marchés des produits vivriers en Guinée''que le Ministère de l'Agriculture, de l'Elevage, de l'Environnement, des Eaux et Forêts (MAEEEF) réalisa dans 15 préfectures sur un échantillon de 300 acteurs ressort que «...*pendant les premiers mois de l'application de cette mesure, l'offre de produits s'était sensiblement améliorée à telle enseigne que les consommateurs ont crié victoire du fait de la baisse généralisée des prix qui s'en est suivie. Cette embellie n'a été que de courte durée à cause principalement de la mise en vente massive des produits stockés pendant la grève, soit près de deux mois d'inactivité. Ainsi, les prix ont repris leur remontée dès le mois de mai... Parmi les produits visés par la présente étude, seul le riz ne fait pas l'objet d'exportation massive. ...* »[149]

Au regard de ces constats, du reste peu encourageants, l'on est en droit de dire que la mesure n'a pas produit l'effet que les pouvoirs publics en escomptaient en termes de stabilisation durable des prix sur

[146] A.C.A : Rapport de l'étude sur l'impact de l'interdiction d'exporter et de réexporter les produits agricoles, 11 Sept. 2007, p. 5.
[147] Horoya No. 6530 du lundi 2 juillet 2007, p.3.
[148] L'Economie Guinéenne en chiffres, éd. 2007, p 27.
[149] MAEEF : février 2008, p7.

les marchés. Au contraire, elle perturba dangereusement le cours normal des transactions. Ce qui favorisa le renchérissement des prix.

Ainsi, le Gouvernement Kouyaté que les populations acclamèrent à son installation fut pris pour cible par les syndicats, l'Assemblée Nationale et même le camp Présidentiel. Tous l'accusèrent de ne pouvoir bien jouer le rôle de sapeur-pompier qui lui fut assigné. Ce sentiment fut davantage renforcé lorsque le gouvernement fut dans l'incapacité de tenir ses propres promesses d'amélioration de la desserte en eau et en électricité de la ville de Conakry dans les délais qu'il s'était auto prescrit.

Par ailleurs, l'arrivée en septembre de la même année du mois de jeûne musulman, dans cette conjoncture de renchérissement général et continu des prix des denrées alimentaires de base sur le marché, ouvrit la voie à de nouvelles critiques plus virulentes à l'endroit du gouvernement de large consensus de Lansana Kouyaté.

Ainsi l'on pouvait lire ce qui suit dans la presse : « *La cherté des denrées alimentaires constatée aujourd'hui dans nos marchés constitue une source d'inquiétude surtout en ce début de ramadan qui s'annonce particulièrement difficile pour nos ménages. Des clients sont quotidiennement confrontés à une hausse vertigineuse des prix. Certains fustigent le comportement des vendeurs, d'autres indexent le gouvernement dont les réformes tardent à venir soulager les consommateurs* »[150]

Ce fut dans le but de contenir cette valse des prix et soulager les populations, que le gouvernement initia un programme d'urgence alimentaire.

12.7. Un programme d'urgence alimentaire pour contenir la valse des prix

Pour contenir la valse des prix en ce mois de pénitence musulmane, le gouvernement mit sur pied un nouveau plan d'urgence alimentaire. Comme d'habitude, il fit appel aux opérateurs économiques, importateurs de riz, devenus incontournables. La rencontre tripartite regroupa les opérateurs, le Ministère des Finances et celui du Commerce, le jeudi 10 septembre 2007.

A sa sortie de la rencontre le Minsitre des finances Ousmane Doré fit la déclaration suivante : « *Nous rentrons dans le mois de carême au moment où les cours mondiaux ne font que grimper. Donc, nous rencontrons les opérateurs économiques afin de les sensibiliser sur la*

[150] Horoya 6572 du lundi 17 septembre 2007, p.4.

nécessité de baisser les prix pendant ce mois de carême...Malgré tout, des mesures sont envisagées. Entre autres, une subvention du gouvernement aux opérateurs économiques pendant ce mois de cacarême... »[151] La rencontre recommanda ce qui suit :

- (a) que l'Etat accorde une subvention aux opérateurs économiques,
- (b) qu'il veille au respect par ces derniers, des prix de vente établis de commun accord et
- (c) qu'il contrôle la distribution des denrées dans les quartiers de Conakry et à l'intérieur du pays.

La transaction porta sur les quantités suivantes de vivres : riz (21.000 tonnes), sucre (750 tonnes) huile de soja/palme (1.339.740/263.600 litres). Les prix de cession de ces denrées furent fixés comme suit : sucre : 1.500 Fg par kilogramme, huile : 5.000 FG le litre et le sac de 50 kilogrammes de riz importé : 85.000 FG.

C'était en réalité du déjà vu. L'opération fut, à l'instar des précédentes, émaillée par de sérieux dérapages, tant en ce qui concerne la distribution, le respect des prix, que de la récupération des fonds qui servirent à la financer. Elle se termina sans atteindre son objectif de stabilisation des prix.

La commission d'information parlementaire que l'assemblée nationale chargea d'élucider cette affaire, écrit ce qui suit à ce propos dans son rapport : « *...la distribution du riz n'avait commencé que vingt (20) jours après le début du carême. Le riz qui devait être vendu à 85.000Fg le sac de 50 kg n'a bénéficié qu'à une minorité de la population. Le prix courant de ce même sac de riz dépassait les 120.00 GNF le sac de 50 kg ».*[152]

Une autre disposition que le gouvernement Kouyaté envisagea dans le but de stabiliser les prix sur le marché, fut le projet de constitution d'un stock national de sécurité alimentaire. Toutefois, de nombreuses questions relatives à la faisabilité de ce projet restaient à élucider.

Par exemple son ancrage institutionnel n'était pas bien évident entre le Ministère de l'Agriculture et celui du Commerce. Chaque partie tirait la couverture de son côté. L'origine du riz qui devrait servir à constituer un tel stock était floue entre les importations et la production locale. Le coût réel de l'opération n'était pas bien évalué. La

[151] Horoya No. 6572 du 17/9/07, p.4.
[152] L'Enquêteur No. 174 du 15 au 22 mai 2008, p. 4.

gestion quotidienne du stock et le système d'alerte requis pour ce genre de projet, restaient à clarifier.

D'autres actes que le gouvernement Kouyaté posa en matière agricole, furent entre autres :

- La relance de la culture du coton en Haute Guinée pendant la campagne agricole 2007-2008. Bien que saluée par tous, l'issue malheureuse de cette opération montra qu'elle fut plutôt un gouffre financier. Car, sur un objectif d'aménagement de 5.000 hectares de domaine et de production de 7.332 tonnes de coton graine ou 2.184 tonnes de coton fibre, la campagne s'acheva selon le Lynx, sur une réalisation de seulement 800 tonnes de coton graine, soit 336 tonnes de fibres avec un coût unitaire de production par tonne de coton graine estimé à 18.750.000 GNF.[153]
- L'adoption de la Nouvelle Politique de Développement Agricole (PNDA) en octobre 2007 fut un autre acte majeur du Gouvernement Kouyaté dans le secteur rural. Celle-ci renvoya de nouveau la réalisation du vieux rêve de l'autosuffisance alimentaire à l'horizon 2015.
- L'inscription au portefeuille du Département de l'Agriculture de quelques projets avec l'appui de nouveaux partenaires, tels que : l'Afrique du Sud, la Lybie et le Vietnam fut un autre acte de ce gouvernement.
- Enfin et non des moindres, il y eut le lancement de la campagne agricole 2007/2008 à N'Nzérékoré, le 25 Avril 2008 par le Premier Ministre Lansana Kouyaté lui-même en compagnie de son Ministre de l'Agriculture, Dr. Mahmoud Camara, pour un coût total estimé à 916.000.000 de Fg.

C'est sur ces entrefaites que *le gouvernement de large consensus''* de Lansana Kouyaté fut remplacé le 20 mai 2008 par le ''*Gouvernement de large ouverture'*. Dr. Ahmed Tidiane Souaré qui prit la tête de la nouvelle équipe gouvernementale, mit aussitôt en place dès sa prise de fonction, un Comité de Crise Alimentaire et recourut, à l'instar de ses prédécesseurs, à la subvention à outrance des importations de riz. C'était une approche peu efficace qui avait déjà montré ses pires limites dans le passé.

---

[153] Lynx No. 838 du 5/5/08, p.9.

12.8. Le Comité de Crise Alimentaire (C.C.A)

Le Premier Ministre Souaré plaça sous son autorité directe en tant que chef du gouvernement, le Comité de Crise Alimentaire (C.C.A) qu'il créa, suivant l'arrêté N°. A/2008/02081/PM/SGG, du 27 mai 2008 et dont la mission était de *''coordonner, suivre et évaluer la situation alimentaire en période de crise et de soudure alimentaire..''*

Grâce à cet instrument, il lança à son tour de grandes et improductives opérations de subvention d'importations de riz. Une démarche que salua, malheureusement, la Secrétaire Générale de la Confédération Nationale des Travailleurs de Guinée (C.N.T.G), Rabiatou Sérah Diallo en ces termes : « *Nous apprécions la récente décision du gouvernement de subventionner certains produits de première nécessité comme le riz....Mais il reste beaucoup à faire pour améliorer le sort des Guinéens...* »[154]

Ces opérations portèrent sur 60.000 tonnes de riz pour un coût estimé à 18 milliards de FG. Les opérateurs économiques qui bénéficièrent de cette subvention s'engagèrent à mettre une première tranche de 20.000 tonnes sur le marché pour la période d'août à Octobre 2008.

Qu'en fut-il ? La suite des évènements montra que ces engagements ne furent pas suffisamment remplis, car la situation alimentaire ne s'améliora guère à Conakry et dans les provinces.

Au contraire, la bouffée d'oxygène sur le plan alimentaire pendant cette période, fut l'œuvre du Programme Alimentaire Mondial (P.A.M) qui distribua quelque 100 tonnes de riz importé en faveur des cantines scolaires et des populations vulnérables de la Région Forestière, entre juillet et août 2008. Un acte humanitaire qu'apprécièrent les 3.000 ménages récipiendaires de cette aide dans les préfectures de Yomou, Lola et N'Nzérékoré, traditionnellement réputées comme zones de grande production de riz.

L'acte fut cependant qualifié de ''*Honte nationale*'' par la presse locale.

L'on releva à ce propos, ce qui suit dans l'hebdomadaire ''l'Indépendant'' : « *Il y a quelques jours, le PAM a fait un don de vivres à la Guinée pour faire face à la pénible période de soudure qui correspond généralement aux mois de juillet, août et septembre. Un geste, bien que salutaire, relance le débat sur la problématique de la sécurité alimentaire dans le pays ....Pour qui sait que la Guinée est un pays à vocation agropastorale, il est vraiment inconcevable que les*

---

[154] L'Observateur No. 406 du 8 septembre 2008, p. 3.

Guinéens, après un demi-siècle d'indépendance, continuent de vivre des importations et des dons de riz ou miser sur l'assistance des partenaires au développement pour passer la période de soudure. »[155]

La F.A.O de son côté, initia ''*la fourniture d'intrants aux populations vulnérables contre la flambée des prix des denrées alimentaires*''. Cette opération toucha près de huit cents (800) ménages dans 8 préfectures (Gaoual, Koundara, Faranah, Siguiri, N'Nzérékoré, Lola, Dubréka et Fria) pour un coût total estimé à 500.000 dollars U.S. Selon le journal ''la Croisade'' qui rapporte la nouvelle, ces populations bénéficièrent de :1.575 tonnes de semences maraîchères, 17,500 tonnes de semences de céréales (riz et maïs), 75 tonnes d'engrais et 24.000 outils agricoles constitués d'arrosoirs, de dabas et de machettes.[156]

C'est justement cette période que le gouvernement de large ouverture choisit pour lever partiellement l'interdiction d'exportation et de réexportation qui frappait injustement les produits agricoles lors de son Conseil des Ministres du jeudi 28 août 2008[157].

L'ironie, en ce qui concerne cette levée partielle, fut le fait qu'elle intervint dans les circonstances alimentaires précaires identiques à celles qui prévalaient lors de son imposition en janvier 2007. Par ailleurs, le maintien de la mesure sur le riz ne se justifiait nullement. Car, d'importantes opérations d'importation de cette céréale se réalisaient au cours de cette année au port de Conakry.

Outre la voie maritime, le riz pénétrait également à partir des frontières terrestres en provenance du Sierra Léone, du Liberia, du Mali, du Sénégal et de la Gambie entre mai et juin 2008 comme le montre le tableau N°23. Selon Dynafiv, plus de 300.000 tonnes de riz furent importées en 2008. Quant au Programme Alimentaire Mondial (P.A.M), il note que les importations guinéennes de riz s'accrurent de 54% entre 2000 et 2007.[158]

Cette pénétration massive du riz par mer et par terre traduisait, si besoin en était, le niveau élevé de la demande intérieure actuelle des populations pour cette céréale. Notons que la moyenne nationale de consommation du riz était de 100 kg par habitant en 2008, contre 47 kg en 1960, soit un accroissement de 112% en 48 ans.

---

[155] L'Indépendant No. 788 du jeudi 24 juillet 2008, p.6.
[156] La Croisade No. 231 du 29 oct. 2008, p. 7.
[157] Guineenews, août 2008
[158] P.A.M, Guinée : profil des marchés alimentaires, Déc. 2009, p.22.

Tableau N° 23 : Importations de riz par voie terrestre (Mars-Avril 2008)

Préfecture	Quantité en Tonne Métrique	Pays de Provenance
Faranah	2400	Sierra Leone
Macenta	100	Liberia
N'Nzérékoré	100	Liberia
Kankan	160	Rep. du Mali
Siguiri	160	Rep. du Mali
Koundara	260	Sénégal-Gambie
Total	3.180	

Source : Bureau de Stratégie de Développement, DYNAFIV, Juin 2008, p.10.

D'autres dossiers brûlants qui attendaient le Premier Ministre Souaré furent entre autres, les préparatifs des élections législatives incertaines, les vrais-faux décrets présidentiels qui furent et défirent les cadres à leur poste, le fonctionnement et les préparatifs de l'anniversaire du cinquantenaire de l'indépendance nationale, le 2 octobre 2008.

12.9. Le cinquantenaire : un anniversaire fêté dans la précarité alimentaire

Fêté dans un contexte de cacophonie administrative intense et de précarité alimentaire aiguë pour des milliers de Guinéens, le cinquantenaire fut un triste anniversaire marqué par de nombreux scandales financiers. Les propos ci-après, de Docteur Ousmane Doré, Ministre des Finances à l'époque des faits, attestent ce fait quand il dit : « *Il y a eu des ressources probablement qui ont été envoyées au nom du cinquantenaire et qui n'ont pas été versées à la commission d'organisation. Je puis vous dire que des pays amis ont contribué à travers certaines personnalités qui ont perçu des montants qui n'ont pas été versés à la commission…* »[159]

L'autre événement qui marqua la célébration de cet anniversaire, fut l'attribution de lauréats à des personnalités civiles et militaires de haut rang qu'une frange importante des 10.000.000 de Guinéens, prenaient majoritairement pour responsables du marasme économique et de l'insécurité alimentaire dans lequel le pays était plongé.

Ces populations qui n'arrivaient plus à faire bouillir régulièrement leurs marmites ou à étancher convenablement leur soif ou encore à s'éclairer correctement (cas de Conakry), furent davantage exaspérées lorsqu'elles s'aperçurent que cette cérémonie prenait l'allure de ''partage des derniers butins'' plutôt que de la reconnaissance symbolique

[159] Le défi No. 78 du lundi 26 janvier 2009, pp 2,3.

des actes républicains que quelques uns des récipiendaires posèrent tout de même au cours de ces cinquante dernières années.

Certaines personnalités furent servies à Kindia à 150 km à l'Est de Conakry, à l'occasion de la journée du Télé-Food du 16 octobre 2008 organisée dans cette ville. Ce fut le cas par exemple, de nombreux opérateurs économiques qui avaient des accointances serrées avec le pouvoir et de certains responsables politiques membres ou sympathisants du Parti Présidentiel et exerçant dans le secteur rural et les secteurs connexes à celui-ci (élevage et pêche notamment).

Elles furent toutes auréolées de médailles en présence du Ministre de l'Agriculture d'alors, Dr. Mahmoud Camara, pour leur contribution au développement d'une agriculture qui était malade. Car celle-ci n'arrivait plus à nourrir convenablement ses populations et ne rapportait presque pas de devises au pays.

Par ailleurs, le fait que bon nombre de récipiendaires de ces lauréats rependaient déjà le Koudéïsme,[160] un concept rétrograde qui visait à perpétuer le régime du Général Lanssana Conté que la majorité des populations ne portaient plus dans leur cœur, ajouta à la colère de celles-ci.

En fin, et non des moindres, étant donné que la maladie dont le Président de la République souffrait depuis quelques années était dans une phase très critique qui laissait un mince espoir de reprise des affaires par celui-ci, prédisposa davantage les populations à un changement politique radical. C'est ce qui se produit le 23 décembre 2008.

12.10. Le changement politique du 23 décembre 2008

Le 23 décembre 2008, à 7 heures, l'armée s'empara de nouveau du pouvoir sous la direction d'un jeune capitaine, un certain Moussa Dadis Camara, suite au décès la veille, le 22 décembre, à 18h 15mn, du Président Lansana Conté à Conakry. Une autre page tumultueuse de l'histoire agricole du pays fût à nouveau tournée par cet acte que les Guinéens saluèrent avec joie comme ils le firent lors du changement politique de 1984.

Cependant, l'autosuffisance alimentaire qui fut l'objet de toutes les déclarations politiques tout au long de ces 50 dernières années, demeurait invariablement le principal défi national à relever. Car la Guinée s'était classée parmi les pays pauvres à déficit vivrier et avait

[160] Le koudeisme dérive du mot Koudey qui signifie ''perpétuité '' en langues nationales malinké et soussou.

par ce fait, capitulée tristement devant le petit peloton des importateurs de riz qui dominaient le secteur de l'alimentation sous la 2e république. C'était le signe évident que le pays tout entier avait bel et bien perdu la longue bataille pour l'autosuffisance alimentaire que ses dirigeants menèrent entre 1958 et 2008.

En effet, après l'Etat sous la première république, ce sont ces importateurs de riz qui s'emparèrent progressivement du pouvoir alimentaire sous la deuxième au détriment des petits producteurs ruraux qui devraient tenir ce flambeau. Ces derniers, il convent de le souligner furent confinés dans le simple rôle de preneurs d'ordres de production sous la première république. Sous la deuxième, ils étaient laissés pour compte et mal préparés à s'assumer sur la nouvelle place du marché.

Les nouvelles autorités prirent vite conscience de cet état de fait, d'autant plus que, dans son discours-programme, le nouveau Président, le Capitaine Moussa Dadis Camara, annonça la mise en place d'un programme rizier dans le pays « *...afin d'atteindre une autosuffisance alimentaire dans la production locale du riz et de ''l'élaboration d'une loi d'orientation sur l'agriculture*''[161]

A l'ouverture de l'atelier de concertation avec les partenaires au développement sur *''la stratégie nationale de développement de la riziculture*'', le 30 avril 2009, le nouveau Ministre de l'Agriculture et de l'Elevage, Abdourahamane Sanoh, réitéra cette volonté politique en ces termes : « *Avec une importation moyenne comprise entre 300.000 et 350.000 t de riz, qui représentent 25 à 30 pour cent des besoins nationaux, l'enjeu majeur de la stratégie est d'assurer l'autosuffisance du pays en riz à moyen terme et l'exportation du surplus de production sur les marchés de la sous-région à long terme* »[162]

Quant au premier Ministre Kabiné Komara, il effectua le déplacement de Timbi-Madina (préfecture de Pita), où il procéda au lancement officiel de la campagne agricole 2009-2010. Cet acte traduisait l'engagement de son gouvernement à relever vaille que vaille le vieux défi de l'autosuffisance alimentaire que la nouvelle équipe gouvernementale fixa cette fois à l'horizon 2018.

C'est dans ce climat de dépendance alimentaire chronique que la transition politique mouvementée que vivait le pays, fut placée sous la direction du Général Sékouba Konaté suite à l'invalidité physique du Capitaine Dadis pendant l'exercice de ses fonctions. L'aboutissement

---

[161] Le défi No. 78 du lundi 26 janvier 2009, p. 2&3.
[162] Guinée news du 4 mai 2009.

heureux de cette transition agitée fut l'élection démocratique d'un nouveau Président en la personne du Pr. Alpha Condé, qui doit poursuivre la rude bataille pour l'autosuffisance alimentaire du pays.

Conclusion

Le recours aux méthodes rétrogrades de production et de rationnement du riz héritées du système précédent et les querelles de positionnement qui éclatèrent à nouveau au sommet de l'Etat, ne permirent nullement de juguler la crise alimentaire qui taraudait les populations.

QUATRIEME PARTIE

Les leçons apprises

CHAPITRE 13

Les principales faiblesses de la politique agricole

Les chapitres qui suivent, résument les principales faiblesses de la politique agricole entre 1958 et 2008 et leurs implications pour la réalisation de l'autosuffisance alimentaire.

13.1. La mainmise de l'Etat sur l'appareil de production et de distribution des produits agricoles

Cette politique fut en grande partie la conséquence de la sous-estimation du génie producteur et de l'efficacité du travail individuel du petit producteur sous la première république. Leur analphabétisme, l'archaïsme de leurs moyens de production (houes, haches, coupe-coupe etc.) et la petite taille de leurs exploitations qui tourne en moyenne autour d'un hectare, expliquent en partie cette mégarde.

La stratégie d'élimination de ces handicaps sous ce régime privilégia plutôt les importations massives d'engins agricoles lourds et leur exploitation sous le strict contrôle de l'Etat à travers les institutions de production de type collectiviste qui furent mises en place sur l'ensemble du territoire national.

Or, l'expérience montra que chaque fois que les petits producteurs se regroupèrent dans ce cadre, l'efficacité de leur intervention laissait (et certainement laisse encore) à désirer. Cela fut prouvé pendant les investissements humains, les travaux des Brigades de production, ceux des Fermes Agro pastorales d'Arrondissement et de toutes les autres structures similaires qui existèrent sous la 1ère république. Sous la 2e république, l'on observa le même phénomène dans les champs des groupements des producteurs dont les membres se soucient moins de la réussite de ces actions que des avantages matériels personnels qu'ils tirent de celles-ci.

La collectivisation de la production, le travail des groupements (de producteurs) fondé sur l'exploitation commune des lopins de terre, l'étatisation des biens de production et la création des offices publics de commercialisation des produits agricoles, animaux et halieutiques, furent des pratiques qui favorisèrent la mauvaise orientation des ressources qui étaient destinées à produire la nourriture. Elles empêchèrent l'exploitation efficace et efficiente des dites ressources par les producteurs individuels.

Les pouvoirs publics ne doivent jamais perdre de vue que l'agriculture est avant tout une entreprise individuelle et non collective et que ses succès dépendent de la motivation économique individuelle de ceux qui la pratiquent et de l'appui que ceux-ci bénéficient de la part des services de l'Agriculture pour bien la mener.

L'habileté dont les petits producteurs font preuve dans leurs exploitations individuelles est des atouts que l'Etat doit renforcer en accroissant leurs accès à l'engrais, au crédit, à l'eau et à d'autres intrants au lieu d'agir en acteur encombrant et dé motivateur. Comme le Gouverneur Poiret le fit savoir lors de la création du Crédit Agricole en Guinée, l'administration doit être ''*un habile tuteur et non chef*''. Plus les conditions individuelles de travail des petits producteurs seront améliorées, plus ils accroîtront leur production et plus ils mettront de la nourriture abondante sur le marché.

13.2. L'absence d'alternance au sein des structures associatives

Les structures associatives de production qui virent le jour à partir de 1985 à la suite de la réorientation de l'économie vers le marché, se caractérisèrent par l'immobilisme de leurs organismes dirigeants après leur mise en place. L'exemple de la Chambre Nationale d'Agriculture de Guinée (C.N.A.G) à la tête de laquelle le Président de la République fut porté est édifiant à ce titre. Ce fait compromit dangereusement la possibilité d'alternance à la tête de cette importante organisation nationale.

Les Groupements, Unions et Fédérations de producteurs et/ou d'éleveurs nés de ce processus avec l'appui des projets, n'échappèrent guère à cette pratique. En effet, les premiers responsables de ces structures profitant de leur accointance avec les autorités politico-administratives, se maintinrent à la tête de ces organisations contre toutes les règles de fonctionnement établies en usant de cette relation.

Non seulement cette pratique affecta négativement leur dynamisme, mais elle empêcha par la même occasion l'émergence de nouveaux leaders ruraux porteurs de changements. L'Etat doit encourager l'alternance au sein des structures associatives de production en leur apportant l'appui institutionnel et financier nécessaire afin de favoriser l'éclosion des initiatives nouvelles indispensables à la réalisation de l'autosuffisance alimentaire.

13.3. L'impunité

Elle fut l'une des pratiques les plus néfastes de la politique agricole sous la 2e république. Ce fléau que l'éphémère premier Ministre du Président Lansana Conté, Lonseny Fall, qualifia de ''*pratique anachronique*'' en avril 2004, fut à l'origine du reflux massif de l'aide internationale dans le domaine de l'agriculture sous la 2e république.

L'insuffisance de ressources qui en résultat devint préjudiciable à l'activité de maints projets agricoles. L'impunité tue l'ardeur des producteurs honnêtes. Elle encourage le vol et les détournements qui sont des pratiques nuisibles à l'atteinte de l'autosuffisance alimentaire. Cette pratique doit être combattue par tous les moyens légaux requis.

13.4. La corruption

La corruption fut la gangrène la plus virulente de cette période. Elle prit plusieurs formes dont entre autres : (a) le paiement des dessous de table en échange à des services offerts, (b) le soutien financier et matériel aux activités politiques du Parti présidentiel, (c) l'offre de cadeaux matériels aux membres du Parti au pouvoir, (d) l'acceptation des cadeaux en nature (animaux vivants, vivres, etc..) ou en espèce de la part des paysans. La liste n'est pas exhaustive.

La corruption est une pratique silencieuse d'appauvrissement des populations rurales. Elle freine la réalisation de l'autosuffisance alimentaire et doit par conséquent être combattue par tous les moyens légaux.

13.5. L'exclusion

Cette pratique s'observa entre les groupements qui étaient affiliés au Parti Présidentiel et ceux qui ne l'étaient pas. Les premiers bénéficiaient d'une plus grande attention de la part des responsables politiques et administratifs, alors que les seconds étaient laissés pour compte.

Les multiples dons de tracteurs que le Président Lansana Conté effectuait étaient prioritairement orientés vers les associations dont les premiers responsables militaient ouvertement au sein du P.U.P. Cette pratique encouragea non seulement la constitution des groupements fictifs, mais elle créa un sentiment d'exclusion chez les autres acteurs ruraux qui étaient membres ou sympathisants d'autres Partis Politiques.

Les pouvoirs publics doivent éviter le parti pris pendant la mise en œuvre de la politique agricole. Cette pratique contribue à mettre d'importantes ressources à la disposition des faux producteurs et à favoriser les prises de décisions opportunistes. En outre, elle tue l'initiative et l'ardeur des vrais acteurs au travail.

Ce qui importe, c'est la quantité et la qualité des vivres qui arrivent au marché à partir de la production locale. Peu importe l'origine de la famille politique, ethnique ou régionale de ceux qui les produisent. La lutte pour l'autosuffisance alimentaire doit intégrer tous ceux qui embrassent l'agriculture comme moyen de survie et/ou d'enrichissement individuel.

13.6. La mauvaise conciliation des intérêts du petit-producteur, du collecteur-distributeur ou intermédiaire et du consommateur urbain

L'expérience montra que, d'une manière générale, les pouvoirs publics évaluèrent mal la relation d'interdépendance qui existe entre les trois acteurs susnommés. En général, ils accordèrent une plus grande attention aux revendications des consommateurs urbains pour de faibles prix, qu'aux réclamations des producteurs et des intermédiaires pour de meilleures conditions de production et de mouvement de leurs produits.

Les subventions des importations du riz, les bas prix offerts aux producteurs, et les multiples interdictions de sortie des produits hors des frontières, n'avaient d'autre but que de faciliter l'accès des consommateurs urbains à une nourriture bon marché. Comme on l'a vu ces actes, loin d'encourager les producteurs ruraux et les intermédiaires, brisèrent plutôt leur élan. Car si les bas prix encouragent la demande, ils découragent en revanche la production des produits alimentaires.

Les pouvoirs publics ne doivent jamais perdre de vue que la conciliation des intérêts de ces trois acteurs du marché est l'essence même de toute politique agricole. Privilégier l'un au détriment des autres, c'est contrecarrer la réalisation de l'autosuffisance alimentaire.

13.7. La non-prise en compte du sens élevé du marché du petit producteur

L'on a souvent oublié que les petits producteurs sont des agents économiques rationnels qui réagissent aux signaux du marché de la même manière que les gros exploitants agricoles. Ce principe fut malheureusement ignoré sous la première république au profit des offices de commercialisation qui offraient des prix moins incitateurs aux petits producteurs.

La floraison de la contrebande spécialisée dans l'achat et l'exportation clandestine des produits agricoles et du bétail sous la première république, fut l'une des conséquences de l'inobservation de ce principe. Les contrebandiers n'étaient autres que les collecteurs clandestins qui achetaient discrètement une partie des maigres récoltes et certains animaux domestiques des producteurs dans le but de les revendre dans certains pays voisins (Sierra Léone, Libéria, notamment).

Ces gens bravaient les agents de sécurité que le gouvernement plaça le long des frontières terrestres sous la 1ère république dans le but d'empêcher la sortie des produits agricoles et animaux hors du pays par l'usage des armes à feu.[163] Connus ou anonymes, beaucoup tombèrent sous les balles de ces agents, le long des frontières terrestres entre la Guinée et ses voisins. Le cas d'un certain Wodia Mory Keita, père d'une famille de plusieurs membres, originaire de Mansaréna Banankoro, préfecture de Kankan, est digne d'être cité à ce titre.

L'intéressé, colporteur de son état, fut froidement abattu dans la nuit du 11 au 12 septembre 1969 par un gendarme à Nongoa, village frontalier Guinéen avec le Sierra Léone, dans la préfecture de Guéckédou. Il tentait d'exporter en Sierra Léone, quelques kilogrammes de café qu'il portait sur sa tête. Traité de chien mort par l'autorité locale, son corps ne fut jamais remis à sa famille.

D'autres scènes malheureuses semblables qui provoquèrent mort d'hommes et émois au sein des populations en 1984 furent signalées dans les localités de Kaléyiré (Forécariah) et à Gbèssoba (Beyla) où la réaction des populations au sujet du paiement des normes de production dans ces centres, fut durement réprimée dans le sang[164]. Dans le

[163] La charte du Parti Démocratique de Guinée adoptée à l'occasion de la proclamation de la loi cadre du 8 novembre 1964 à Kankan pour combattre les saboteurs et le trafic, autorisa ''les hommes en uniforme (douaniers, gendarmes doublées d'équipes de militaires) de tirer sur tout trafiquant aux frontières afin d'empêcher la sortie frauduleuse des produits agricoles par les frontières terrestres du pays''.

[164] Camp Boiro, Parler ou périr, pp 161, 162.

cas de Gbèssoba, les victimes furent traitées de '*'singes morts*'' par l'autorité.

Avec l'avènement de l'économie de marché sous la 2e république, les producteurs accrurent les superficies de leurs cultures (riz notamment) à la faveur de la libéralisation des prix des produits agricoles. Certains pratiquèrent même les cultures de contre-saison dans le but de s'assurer de meilleurs prix à certains moments précis de l'année. Ainsi, l'arachide de bouche, le maïs frais et autres primeurs que l'on retrouve sur les étales pendant cette période sont le fruit de ce travail novateur.

C'est justement cette prédisposition des petits agriculteurs à réagir promptement au prix et à la demande du marché que les pouvoirs publics négligèrent pendant la crise alimentaire qui secoua le pays entre 2005 et 2008. Ce qui explique en partie pourquoi ils l'orientèrent d'importantes ressources financières pour faire venir le riz asiatique de faible qualité qui pénétra jusque dans les villages les plus reculés du pays où, autrefois, il n'était qu'un produit de moindre importance.[165]

Encourager les importations massives de denrées alimentaires au détriment de l'appui aux petits producteurs locaux, c'est stimuler implicitement l'exportation du travail agricole des Guinéens et des Guinéennes vers d'autres pays. Si, d'après le B.C.P.E.A, « *...pour atteindre l'autosuffisance alimentaire (en riz), un actif agricole doit produire pour quatre personnes...* »[166], l'on peut déduire que chaque opération d'importation de 400 kg de riz contribue à éliminer théoriquement un actif agricole de la production locale du riz. Avec 300.000 tonnes de riz que le pays importa en 2008, cela correspond à 900, le nombre d'actifs agricoles potentiellement débauchés cette année-là.[167]

Cette pratique contribua à inverser les rôles traditionnels de la ville et de la campagne en matière de production alimentaire. Car elle fit de la première (la ville) une nette pourvoyeuse de nourriture de la seconde (campagne). Ce drame de la ville qui nourrit la campagne est celui que l'on observa tristement au cours de ces dernières décennies. Ce fait encourage l'exode rural et compromet dangereusement la réalisation de l'autosuffisance alimentaire.

---

[165] Dans le Lynx No. 744 du 26 juin 2006, p.4, Monsieur Bah Lamine décrit cette situation comme suit : « *En Juin 2005, c'est avec les larmes aux yeux que nous avons vu à Kassadou (aux pieds du mont Konossou), à Koundou, Wendé-Kènèma, et autres Nongoa, les populations se nourrir du riz importé* ».

[166] B.C.P.E.A, '' Analyse diagnostic des systèmes de production du riz en Guinée', p.22

[167] Ce ratio dénote la faiblesse de la productivité actuelle de l'agriculture. Quant à la consommation courante du riz, elle est en moyenne de 100kg par habitant et par an.

13.8. L'insuffisance du crédit pour appuyer les activités des petits producteurs

Quoique le crédit fût régulièrement présenté avec justesse comme étant une ressource nécessaire à l'épanouissement agricole des paysans, les faits montrèrent que l'accès de ceux-ci à ce précieux input sous les deux régimes, fut un parcours de combattant, malgré l'existence d'une Banque Nationale de Développement Agricole (B.N.D.A) sous la première république et la présence des institutions de microcrédit et des banques commerciales sous la deuxième.

Le caractère hautement politique du crédit et sa mauvaise orientation sous la 1ère république, son coût prohibitif sous la 2e, furent entre autres, les principales entraves de l'accès des petits producteurs à cette précieuse ressource. Selon la L.P.D.A2, plus de 80% des exploitations agricoles (de riz) ne seraient pas touchées par le crédit formel. Le tableau No. 24 et le graphique No.5 montrent les sources de prêts utilisées par les paysans.

Tableau No.24 : Sources de prêts utilisées par les paysans.

No.	Sources	%
1	Parents, Amis, Voisins	68
2	Usuriers	20
3	Institutions de crédit	12
4	Total	100

Source : Analyse diagnostic du système de production du riz, p.35.

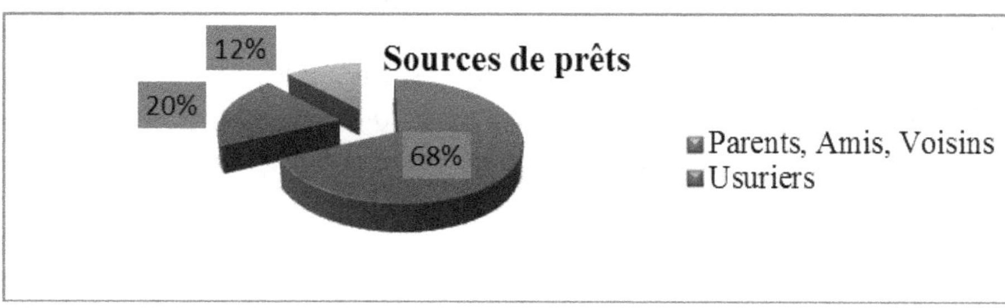

Graphique No. 5. Répartition des sources de prêts

L'Etat devrait faciliter le rapprochement des institutions de microcrédit vers les petits producteurs, afin de corriger cette carence. Les Banques commerciales devraient être encouragées à s'impliquer dans cette dynamique.

D'autres méthodes innovantes de financement durable de l'agriculture devraient être explorées. Par exemple, le prélèvement sur la vente des produits miniers exportés (or, diamant, bauxite et autre).

Une telle initiative s'intitulerait **''Mines pour l'Agriculture''**. Les fonds collectés dans ce cadre serviraient à financer durablement la formation, la recherche et la vulgarisation agricole qui sont des activités indispensables pour l'avènement de l'autosuffisance alimentaire.

L'appui au développement des services de transferts des fonds nés avec l'apparition du téléphone cellulaire est une autre option qui mérite d'être encouragée. Ces nouveaux produits financiers permettent aux populations rurales de recevoir d'importantes sommes d'argent à partir des parents sans que celles-ci ne soient soumises à des opérations bancaires classiques.

Le soutien à la création des assurances agricoles est une autre approche innovante actuellement testée dans la sous-région. Celles-ci sont une alternative intéressante par rapport aux fonds de garantie dont les expériences ne furent pas encourageantes au cours de la décennie 90 et après. L'institution d'une Bourse Nationale Agricole est un autre moyen de financement durable des activités des petits producteurs par le biais du marché.

Enfin, l'Etat devrait honorer ses propres engagements, en ce qui concerne l'allocation d'au moins 10% du budget national à l'agriculture[168]. Selon le B.C.E.P.A, le taux actuel tourne au tour de 5%. Ce qui est très faible.

Les pouvoirs publics doivent savoir que chaque franc efficacement investi dans l'agriculture, contribue à créer plusieurs emplois. Ce qui éloigne le chômage des jeunes et brise le cercle vicieux de la pauvreté dans lequel les populations rurales sont constamment prises. Selon la Banque Mondiale « *Pour les populations les plus pauvres, une augmentation du P.I.B déterminée, contribue environ 4 fois plus efficacement à faire reculer la pauvreté lorsque cette augmentation vient de l'agriculture et non d'un autre secteur* »[169].

13.9. La forte dépendance des petits agriculteurs vis-à-vis des eaux de pluie

Les petits agriculteurs (95%) restent chroniquement tributaires de l'arrivée des eaux de pluie pour pratiquer l'agriculture. Ceci est une contrainte sérieuse à l'étalement de la production au-delà de la saison des pluies qui va de mai à novembre en Guinée. Quand le régime des pluies est perturbé, il en résulte une baisse drastique de la production.

---

[168] Ces engagements furent pris en juillet 2003 à Maputo au Mozambique.
[169] S.A.I.E.F, éd. 2007, p.64-71

Une façon d'éliminer ce handicap serait de développer la petite irrigation, de construire des retenues collinaires pour capter et stocker les abondantes eaux de pluies estimées à plus de 400 milliards de mètres cubes par an et de forer des puits de surface aux abords des bas-fonds dans les zones à faible pluviométrie (Haute Guinée et Moyenne Guinée, notamment). Ces actions peuvent être inscrites dans le cadre de l'hydraulique agricole.

Les eaux captées par la méthode des retenues collinaires et des puits de surface peuvent être commercialisées sous la direction du Service National des Points d'Eaux (SNAPE) dans le but de rationaliser l'utilisation de ce précieux liquide par les paysans. Les recettes issues de cette opération pourraient servir à financer l'entretien et la réparation de ces installations. La disponibilité de l'eau sur toute l'année favorisera la pratique des cultures de contre saison, indispensable à l'accomplissement de l'autosuffisance alimentaire.

13.10. La faiblesse des systèmes d'information des producteurs

L'information est un intrant au même titre que l'engrais. Le prix en particulier joue trois fonctions importantes sur le marché, à savoir : (i) orienter les producteurs dans le choix des spéculations économiquement rentables, (ii) coordonner la production des denrées alimentaires de manière à ce qu'elle corresponde à la quantité demandée et (iii) sanctionner le travail du producteur à travers le niveau de prix qu'il reçoit pour son produit.

Malheureusement, l'accès des producteurs à l'information sur les prix ne fut pas une préoccupation majeure de la politique agricole sous la première république. Par ailleurs, la création en 1970 d'une section agro-météorologie à la Direction nationale de la météorologie n'améliora pas non plus leur accès aux informations météorologiques pendant cette période et même après.

Quoique cette attitude fût modifiée sous la 2e république du fait de l'inscription de la diffusion de l'information sur les prix comme une activité de la L.P.D.A1, les services techniques qui furent chargés de réaliser cette tâche cruciale au Ministère de l'Agriculture, ne bénéficièrent que d'une faible attention en termes d'appui financier de la part du Budget National de Développement (BND).

Le cas du S.I.P.A.G (Système d'Information sur les Produits Agricoles de Guinée) est illustratif à cet égard. Sans statut juridique claire, ce service stratégique ne fonctionne qu'avec l'appui sporadique des projets. La météorologie nationale peine elle aussi à diffuser les informations agro météorologiques vers le monde rural, faute de ressources. Le Service National des Statistiques Agricoles (S.N.S.A) ne publie que sporadiquement les informations sur la situation de l'agriculture.

L'Agence pour la Commercialisation Agricole (A.C.A) qui fit de la diffusion radiophonique des prix des denrées alimentaires, un volet important de son intervention entre 1998 et 2010, se heurta à la résistance farouche des collecteurs, des consommateurs urbains et de certains responsables de la Radio Rurale de Guinée (R.R.G). Tous ces acteurs diabolisèrent ce système sous prétexte qu'il contribuait à renchérir les prix des denrées alimentaires sur les marchés.

Dans certaines préfectures comme Kankan, la réaction des collecteurs et des consommateurs fut si violente qu'elle se transformât en une hostilité ouverte contre l'institution entre 2005 et 2007, période de la reprise des tensions inflationnistes en Guinée. Seuls les petits producteurs de la zone se démarquèrent cependant de cette démarche hostile. En effet, ceux-ci qualifièrent plutôt la diffusion radiophonique des prix de *''torche qui les éclairent''*.

L'autre volet du Système d'Information de Marché (S.I.M) de l'A.C.A fut le réseau des Centres d'Information Agricole et Commerciale (C.I.A.C) qu'elle créa dans 25 préfectures et le magazine d'information agricole dénommée ''Echo Rural'' qu'elle éditait mensuellement dans le but de soutenir la diffusion radiophonique des prix.

Par ailleurs, bien que la libéralisation des ondes et l'avènement de la téléphonie cellulaire aient facilité le flot de l'information au sein de l'économie, force est de constater que de nombreuses zones rurales demeurent encore dans l'ombre. Notons que la montée sur satellite de la télévision nationale qui se fit à grands frais et à grand renfort de publicité avec le slogan *''la télévision dans la case du paysan''*, ne combla nullement les attentes de ces populations en matière d'informations agricoles et de marché.

Le manque d'électricité dans les campagnes (et même dans les villes) et le coût élevé du matériel de réception des images (Téléviseurs) pour les paysans expliquent en partie cette carence. Ce qui n'est pas le cas pour un poste de radio transistor ou un téléphone cellulaire que les paysans peuvent facilement acquérir. En outre, leur alimentation électrique ne pose pas de problème majeur.

L'Etat devrait favoriser l'implantation des stations de radios privées commerciales et/ou communautaire à vocation rurale et des opérateurs de téléphonie mobile à l'intérieur du pays afin d'accélérer la liaison spatiale du champ au marché et faciliter la formation des producteurs sur divers sujets se rapportant à l'économie rurale. Par ailleurs, l'avènement de la téléphonie mobile dans les villages offrira de l'emploi aux jeunes ruraux grâce à l'explosion du marché des télécentres ruraux qui en résultera. Il élargira par la même occasion le réseau des transferts d'argent vers les campagnes.

La collecte et la diffusion des informations de marché et de météorologie doivent être inscrites parmi les priorités de la politique agricole. L'accès à ces informations et à d'autres données agro-économiques, permet à la fois aux producteurs et aux pouvoirs publics de prendre des décisions lucides de production et de commercialisation agricole, nécessaires à la réalisation de l'autosuffisance alimentaire.

13.11. L'implication de l'Ecole et de l'armée dans la production

En faisant de la production agricole, une fonction essentielle de l'école et de l'armée nationale, les autorités de la première république et dans une certaine mesure celles de la deuxième république en ce qui concerne l'armée et l'administration, commettaient ainsi l'une des plus grosses erreurs stratégiques de leur bataille pour l'autosuffisance alimentaire en Guinée.

Car les éléments de ces institutions n'étaient ni préparés, ni disposés à assumer deux fonctions qu'ils jugeaient incompatibles à tout bout de champ. L'échec du principe de *''la liaison de l'école à la vie''* que le premier régime défendit contre vents et marées, fut en partie le fait de ce rejet.

En effet, comme l'on observa, les élèves manifestèrent régulièrement leur préférence pour leur salle de classe contre les champs de riz ou de maïs où ils étaient régulièrement déployés contre leur gré. L'anecdote suivante décrivant la réaction d'un élève d'un C.ER de Siguiri centre que le chef de cet établissement sanctionna publiquement pour son refus de participer aux Travaux Manuels Agricoles de l'école, est édifiante à ce propos. L'intéressé s'exprime de la façon suivante : « *...Monsieur, je ne veux pas de l'école où l'on confectionne les briques, je ne veux pas de l'école où l'on fauche la paille, je ne veux pas de l'école où l'on fabrique les ruches d'abeilles* ».

Ce fut également le cas pour les militaires. Ces hommes en uniformes montrèrent constamment leur penchant pour la crosse de leur fusil contre la manche de la daba. Même les travailleurs de l'administration générale que l'Etat invita à produire sous les deux régimes, choisirent l'intérieur de leurs bureaux contre les superficies des champs. L'orientation des ressources vers ces pseudo agriculteurs fut préjudiciable à la réalisation de l'autosuffisance alimentaire.

13.12. L'enclavement physique des grandes zones de production

Le manque d'entretien des pistes rurales fut une autre faiblesse de la politique agricole de ces 50 dernières années. Par exemple la plupart des pistes ouvertes pendant l'exécution de la L.P.D.A se trouvaient dans une situation de dégradation avancée quelques années après.

Selon Sékou F. Doumbouya, « *en 1998, 75% du réseau routier et 90% des pistes rurales étaient dégradées et avaient besoin d'être remis en bon état* »[170]

Il intéressant de noter que la grandiose marche de protestation que les populations de la région forestière organisèrent le jeudi 26 Octobre 2006 à N'Zérékoré contre la dégradation poussée des infrastructures routières de cette région, était la preuve de l'état de délabrement avancé des pistes en Guinée.

Il faut souligner que la politique de participation communautaire que le gouvernement institua sous la deuxième république pour l'entretien des pistes n'a pas connu l'engouement qu'escomptait l'Etat de la part des populations. Ce modèle doit être revu afin d'impliquer durablement les communautés rurales et les autres usagers dans l'entretien de leurs pistes.

En effet, il ne sert à rien d'ouvrir les pistes si elles ne peuvent être entretenues. Les pouvoirs publics ne doivent jamais perdre de vue qu'une piste rurale non entretenue est une porte qui se referme sur une ou plusieurs zones de production agricole. Ce qui compromet les possibilités de réalisation de l'autosuffisance alimentaire.

13.13. La recrudescence du vol dans les campagnes

Le vol du bétail et des récoltes est un phénomène que l'on observa ces dernières années dans les campagnes guinéennes. 830 cas d'animaux volés furent recensés en 2005 sur l'ensemble du territoire national par les services d'élevage. Le tableau No. 25 et le graphique No. 6 montrent la répartition par région naturelle, des animaux volés cette année-là.

---

[170] La Guinée et le programme de travail de l'AGCS, P.4

Tableau No.25 : Répartition des cas de vols de bétail par région naturelle en 2005.

No.	Région naturelle	Nombre	Pourcentage (%)
1	Moyenne Guinée	335	40,36
2	Basse Guinée	236	28,43
3	Haute Guinée	156	18,79
4	Guinée forestière	103	12,40
TOTAL		830	100

Source : Direction Nationale Elevage, 2005.

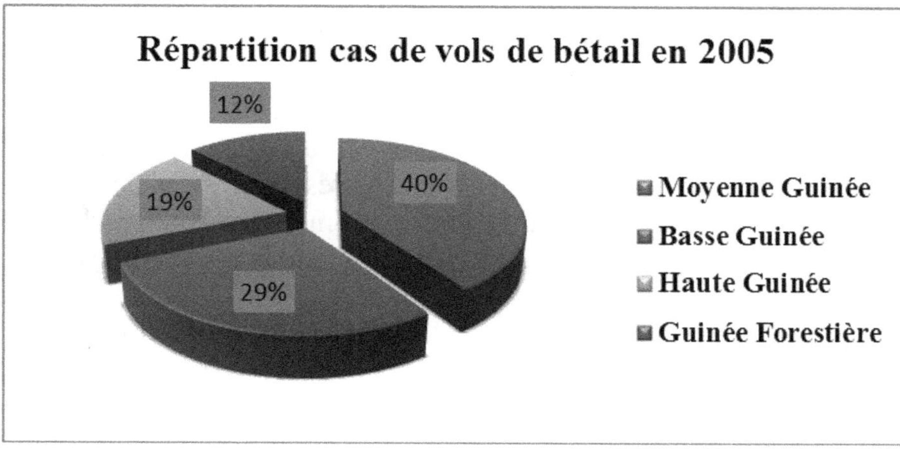

Graphique 6 : Répartition des cas de vols de bétail par région naturelle en 2005

Selon plusieurs sources anecdotiques, ces malfaiteurs disposaient des camions pour transporter les animaux qu'ils soustrayaient frauduleusement des parcs villageois la nuit. Dans certaines régions, comme la Haute Guinée, les propriétaires de taureaux de labour désemparés construisirent des cases entières pour y loger leurs animaux. Ce qui n'empêcha point les larrons d'emporter les bêtes nuitamment.

Le même phénomène fut observé en Moyenne Guinée où plusieurs cas de vols d'animaux furent signalés dans les préfectures de Mamou, Dalaba et Pita par le quotidien national Horoya.[171] L'ampleur du phénomène amena la Fédération des éleveurs de la région de Labé à se réunir en congrès le 29 octobre 2006 pour débattre ce sujet brûlant au tour de l'ordre du jour « *le vol du bétail et la pratique des intermédiaires dans la commercialisation des produits et sous-produits de l'élevage* ».

Au même moment, le journal satirique, le Lynx notait de son côté que « *le vol de bétail et les conflits domaniaux sont en passe de deve-*

[171] Livraison No. 6796 du lundi 8 septembre 2008, p. 2.

nir des phénomènes récurrents et inquiétants dans la préfecture de Boké »[172] en Guinée maritime.

Le vol des petits ruminants (caprins, et ovins) prit également des allures inquiétantes dans les villages. Le commerce de ces espèces se développa (et continue de se développer) à la faveur de la demande croissante des grandes villes de l'intérieur et Conakry en viandes, du fait de l'accroissement de la population urbaine. Hormis ces espèces, plusieurs cas de vol de la volaille furent également signalés dans plusieurs localités du pays pendant cette période.

Les récoltes furent également l'objet de nombreux cas de vols. Selon plusieurs sources anecdotiques, les paysans montaient (et peut-être continuent-ils de le faire) la garde nocturne de leurs récoltes pour se prémunir contre ce fléau. Ce qui les expose à la fatigue excessive et aux risques de morsure des serpents et d'autres reptiles dangereux.

Le fait troublant fut l'implication présumée des hauts cadres de l'administration dans plusieurs affaires lugubres de disparition d'animaux. Sous le titre '' *l'autorité mouillée dans un vol de bétail*'', le Lynx rapporte un cas de vol de bétail dans lequel l'autorité sous-préfectorale était impliquée à Télliré dans la préfecture de Mali, en Moyenne Guinée en 2003.[173]

En Haute Guinée, les sages des préfectures de Kouroussa, Mandiana, Siguiri, Kérouané et Kankan, pointèrent un doigt accusateur sur de nombreux hauts cadres administratifs de cette région au cours de leur réunion du 26 août 2008 à Kankan au tour de cette question.

Le vol des animaux et des récoltes est une menace sérieuse pour la sécurité alimentaire des familles paysannes. Car il détruit le tissu socio-économique du village et prédispose les populations à l'exode rural. L'Etat et les Communautés Rurales de Développement doivent prendre les mesures idoines pour protéger les petits agriculteurs, leurs troupeaux et leurs récoltes contre ce fléau social. Cette lutte doit être inscrite dans le cadre de l'élimination de la pauvreté et de l'insécurité alimentaire dans les villages.

13.14. La consommation du tabac et du sucre par les jeunes ruraux

Le '*Bar café*'(B.C) est apparu dans les campagnes guinéennes au cours de ces dernières années après les villes. Ce kiosque a remplacé la

[172] Livraison, No. 859 du 29 septembre 2008, page 4,

[173] Livraison No. 564 du 13 janvier 2003, p. 6,

place publique du village où, autrefois, les jeunes paysans se rencontraient le soir à leur retour des champs pour échanger leurs expériences respectives des travaux champêtres. Selon plusieurs constatations, la présence de ce kiosque dans les villages a stimulé la consommation du tatabac, du sucre et d'autres stupéfiants par les jeunes ruraux.

Chacun s'y rend pour siroter une tasse de thé ou de café ou pour se procurer de la cigarette. La fréquentation du *Bar café* '(B.C) est aussi un signe de connexion au réseau villageois d'information et, par extension, à celui des centres urbains. Car, c'est l'endroit où ces ruraux s'informent mutuellement sur les événements sociopolitiques du village, de la nation et parfois du monde.

Les heures d'ouverture et de fermeture du *Bar Café* se situent généralement entre 8 heures et 9 heures les matins et entre 16 heures et 21 heures les soirs. Les jeunes agriculteurs respectent scrupuleusement ces horaires. Ce qui réduit considérablement le temps qu'ils consacrent actuellement aux travaux champêtres. Selon plusieurs témoignages, ce temps n'excède guère actuellement la moyenne de 4 heures de travail effectif, contre 8 heures par jour et par personne dans un passé récent. Pour une campagne agricole de 6 mois, cela représente 760 heures de travail contre une moyenne de 1000 heures dans la sous-région ouest-africaine.

Par ailleurs, la consommation des produits du tabac et d'autres stupéfiants, expose dangereusement les jeunes agriculteurs aux risques de maladies cardiovasculaires, tandis que celle du thé ou du café fortement concentré et sucré les exposent aux risques des maladies métaboliques, telles que le diabète dans le long terme. La présence d'autres maladies telle le VIH/SIDA, rallonge la liste des affections qui guettent tristement les jeunes ruraux dans nos villages.

Ces maladies réduisent l'espérance de vie des populations et par conséquent, le temps normal de transfert des connaissances agricoles entre les anciennes et les nouvelles générations d'agriculteurs. Or, les jeunes agriculteurs malades et mal préparés à prendre la relève de leurs vieux parents sont des candidats sérieux à l'exode rural dont l'arrivée dans les villes accroît la demande des services sociaux de base. Selon le Service National des Statistiques Agricoles (S.N.S.A), ils représentent 56% de la population agricole guinéenne et se trouvent dans la tranche d'âge de 15 à 20 ans.

Il est donc impérieux de concevoir des programmes permanents d'Information, d'Education et Communication (I.E.C) des jeunes ruraux sur les dangers du tabac et de l'excès de sucre pour leur santé. Cela peut se faire avec l'implication des Organisations Non Gouvernementales (ONG), des Centres Ruraux de Santé (C.R. S), des agents de vulgarisation agricole et des médias (privés et publiques).

Sur le plan fiscal, l'Etat devrait rehausser le niveau actuel de la taxation du tabac et du sucre afin de déduire la consommation de ces produits par les jeunes. La combinaison de ces actions sera un moyen sûr de protection de la main-d'œuvre agricole juvénile contre ces affections. La sauvegarde des jeunes bras est une action indispensable pour la réalisation de l'autosuffisance alimentaire.

13.15. La persistance des conflits entre éleveurs et agriculteurs

L'accès à la terre est un problème aussi ancien que l'humanité. En Guinée, la nature des problèmes fonciers varie d'une région naturelle à une autre. D'une manière générale, le droit à l'exploitation et à la propriété des terres obéit à des règles coutumières traditionnelles qui reposent sur l'occupation primaire de celles-ci.

Les conflits fonciers éclatent généralement entre les communautés et les individus chaque fois que ces principes sont violés. Toutefois, le degré de leur virulence varie en fonction des protagonistes en présence. Parfois ils peuvent être meurtriers si les hostilités éclatent entre les villages appartenant à des communautés différentes.

Des conflits surgissent également et de façon récurrente entre éleveurs et agriculteurs dans les régions à vocation agricole. L'expérience montra que les belligérants se transportent généralement devant les tribunaux. Malheureusement, les jugements qui sont rendus par ces juridictions sont souvent défavorables aux agriculteurs. Quand c'est le cas, ceux-ci se sentent brimés sur leur propre terrain.

Ils crient alors à tort ou à raison à la mascarade et évoquent souvent l'argument de la corruption qu'exerceraient l'éleveur ou les éleveurs sur les responsables judiciaires. Loin de régler le différend, ces jugements renforcèrent plutôt le sentiment de frustration chez les agriculteurs et compromirent dangereusement les relations de complémentarité qui existent entre ces deux acteurs.

D'autres approches de résolution de ces conflits n'apportèrent guère de changement significatif. Il s'agit par exemple :

- (a) des multiples séances de sensibilisation organisées par les Organisations Paysannes ;
- (b) des comités de conflits mis en place par l'administration et
- (c) des parcs de nuit moins surveillés installés dans certaines localités.

L'institution d'une *RENTE DE PATURE (*R.P) pourrait être une solution alternative intéressante qui profiterait économiquement aux deux groupes. La rente sera le droit de pâture que l'éleveur devra payer à la communauté sur le territoire de laquelle il compte faire paître ses animaux. La rente sera fixée par animal en tenant compte de la ration alimentaire journalière normale d'un adulte et exprimée en espèce pour une durée de 12 mois, renouvelable une ou plusieurs fois.

La *Rente de Pâture* doit faire l'objet d'un *Contrat de Pâture* (C.P) notarié entre l'éleveur et la communauté considérée sous l'autorité du Président de la C.R.D et du Sous-préfet. Ces responsables seront assistés par les représentants locaux du Ministère de l'Elevage et de l'Agriculture exerçant dans la zone, et un membre de la corporation locale des éleveurs lesquels participeront à la délimitation de l'espace devant faire l'objet du Contrat de Pâture et au suivi régulier de celui-ci. Le Contrat de Pâture ne donne pas un droit de propriété à l'éleveur sur l'aire de pâture.

La rente doit être versée pendant la cérémonie de signature du contrat pour éviter toute situation de retournement indésirable de la part de l'une ou de l'autre des parties concernées. Les produits de la rente serviront à des fins de développement local. Par exemple, la construction d'équipements publics ou l'entretien de ceux qui existent dans la communauté.

Une faible proportion du produit de la rente pourrait servir à payer une prime d'encouragement aux agents sus mentionnés.

Il est intéressant de souligner que dans les villages où ces conflits éclatent par exemple, les éleveurs allogènes s'installent généralement avec la complicité de certains leaders d'opinion, moyennant des dessous de table qu'ils versent à ces derniers. Cette forme de paiement illicite peut être assimilée à une rente informelle qui ne profite qu'à ce groupuscule d'individus souvent en mal de légitimité populaire.

L'institution de la Rente de Pâture induira la production de foins commercialisables dans le long terme. Ce qui ouvrira la voie à une nouvelle activité économique rurale. Notons que dans les villes, les marchands d'animaux domestiques nourrissent leurs bêtes (bœufs, chèvres, moutons) avec des fourrages sauvages qu'ils achètent auprès de jeunes gens qui s'installent au tour des parcs à animaux.

Même si cette activité se déroule actuellement à une échelle plus réduite, diraient certains, elle traduit tout de même, une situation de marché qui est caractérisée par la demande et l'offre de fourrages sauvages. Elle est de ce fait une activité créatrice de revenus pour ces jeunes. Le Gouvernement et les législateurs devraient sérieusement s'y pencher dans le cadre de la lutte contre la pauvreté et de l'amélioration des rapports d'interdépendance entre agriculteurs et éleveurs, deux acteurs indissociables pour la réalisation de l'autosuffisance alimentaire.

13.16. Un faible appui à la promotion agricole

La promotion de l'agriculture n'était pas très prononcée sous la 1ère République. C'est surtout après le lancement de la campagne agricole de 1975 que certaines expositions importantes eurent lieu sur l'agriculture à Conakry.

Citons à ce propos, l'exposition qui se tint en Juin 1976 sur l'agriculture soviétique dans la salle des fêtes Hadja Mafori Bangoura de l'Institut Polytechnique Gamal Abdel Nasser de Conakry (IPGAN). L'autre exposition qu'il convient de citer est celle qui eut lieu en novembre 1977 sur l'agriculture américaine dans la salle de la permanence fédérale de Conakry II.

Ces étalages d'images visaient non seulement à persuader les autorités guinéennes sur l'importance de l'agriculture pour le bien-être du pays, mais aussi et surtout à faire la promotion de chaque modèle de développement de ce secteur névralgique en cette période de guerre froide.

Sous la 2e république, la promotion de l'agriculture fut essentiellement l'œuvre des Organisations Non Gouvernementales (O.N.G). La pionnière dans ce cadre, fut l'Association Jeunesse et Développement (A.J.D) qui devint plus tard le Centre International d'Echange et de Promotion des Exportations (CIEPEX) sous l'impulsion d'Abdourahamane Sanoh, ancien ministre de l'Agriculture.

L'A.J.D initia le 1er Salon de l'Automobile, de l'Industrie et de l'Agriculture (S.A.I.A), en 1991 à partir de ses propres ressources. Le Premier Ministre, Me. Lamine Sidibé qui honora de sa présence, l'ouverture de la 8e édition en 2001, reconnut ce fait en ces termes : « *...Sans appui de l'Etat, ni d'autres organismes, le CIEPEX fait notre fierté ...*»[174]

Une autre initiative privée qui vit le jour, fut celle de l'Agence Néré (A.N) de Madame Adama Kéita, une présentatrice à la radio nationale. Le Néré organisait des expositions-ventes de denrées alimentaires locales à la veille du carême musulman. Son audience était composée des femmes de Conakry. Elle cessa ses activités, faute d'appui financier.

---

[174] Le Démocrate No. 56 du 12 au 18 février 2001, p. 8.

En avril 2001, l'Agence pour la Commercialisation Agricole créa à son tour, la Foire Agricole et Artisanale de Kankan (F.A.A.K), grâce aux ressources du Projet d'Investissement en Commercialisation Agricole (P.I.C.A). Le choix de la ville de Kankan se justifia par sa situasituation géographique centrale par rapport à la Guinée Forestière dont elle est un débouché naturel et la Moyenne Guinée avec laquelle elle échange d'importantes quantités de produits agricoles de cueillette dont le néré.

La foire accueillait les producteurs encadrés par les projets de développement, les entreprises privées spécialisées dans la vente des intrants et outillages agricoles, les institutions de formation rurale, les Organisations Non Gouvernementales (O.N.G) et d'autres structures d'appui au secteur rural.

Outre les expositions-ventes, la foire servait également d'école pour les paysans. Ceux-ci prenaient part aux ateliers de formation que certains projets et/ou O.N.G organisaient sur des thématiques relatives à leurs activités. Par exemple, le VIH/SIDA en milieu rural. Des visites guidées d'entreprises rurales locales étaient également organisées à l'intention des participants. Ce qui leur offrait la possibilité d'échanger leurs expériences personnelles avec les promoteurs locaux d'entreprises rurales. C'est à ce titre par exemple qu'ils se rendirent dans la ferme avicole d'El Hadj Dai Kaba, et la plantation de mangues de Feu EL Hadj M'Bemba Touré situées à la périphérie de la ville.

Le retrait en 2005 de l'A.C.A de l'organisation de la F.A.A.K fut justifié par la conjonction des facteurs ci-après : l'accroissement exponentiel du prix du litre du carburant à la pompe, et la restriction du mouvement des produits agricoles entre les préfectures que certains préfets imposèrent dans leur circonscription administrative pendant la crise alimentaire.

L'Association pour la Promotion des Activités Rurales (A.P.A.R.U), une jeune organisation non gouvernementale locale qui s'engagea à reprendre le flambeau, fut confrontée à de sérieux problèmes financiers. Après Kankan, l'A.C.A initia la fête de la pomme de terre à Labé en 2006.

Hormis ces initiatives privées, l'Etat institua la Coupe Nationale du Développement Rural (C.N.D.R) avec l'arrivée du Premier Ministre Sydia aux affaires. Cette démarche fut accueillie avec enthousiasme par les services de l'agriculture, les responsables des Projets et des O.N.G.

La 1ère édition de cette coupe qui se tint à Dubréka fut malheureusement endeuillée par la disparition brutale du participant Amady Konaté, originaire du village de Diaragbèla, dans la préfecture de

Kouroussa. L'intéressé était pourtant un invité officiel des organisateurs. Les circonstances de sa disparition ne furent jamais élucidées.

Une autre action de promotion qu'il convient de mentionner, fut la fête du SĒNĒ SAMÖ ou la fête du roi des agriculteurs en langue nationale Malinké. Cet événement fut initié par un fils de la préfecture de Mandiana pour magnifier les actions agricoles de l'armée guinéenne en général et de celles du Président de la République en particulier. Les activités commémoratives du SĒNĒ SAMÖ se déroulaient dans le village de Koundjan (Mandiana) à l'occasion des récoltes des champs. Elles consistaient essentiellement en des exhibitions de pas de danse par des jeunes paysans et paysannes.

Les répercussions de la fête du SĒNĒ SAMÖ sur les activités des pauvres populations de cette localité n'étaient pas très visibles sur le terrain. La fête contribuait plutôt à les ruiner. Car les villageois préparaient à manger pour les nombreux invités en puisant dans leurs maigres stocks alimentaires.

La fête du SĒNĒ SAMÖ servait davantage à soigner l'image du Président-Paysan que la télévision nationale présentait avec dévotion, qu'à faire la promotion des agriculteurs de cette zone.

En 2005, une organisation dénommée ''C.P.R.A.A.L.A.C'' (Cellule de Promotion des Actions Agricoles de Lansana Conté) initia la promotion de l'agriculture, suite à l'accroissement du volume des importations de riz. Le principal slogan des organisateurs de cette activité qui bénéficiait de l'appui institutionnel (et certainement financier) du Ministère de l'Agriculture était le suivant : « *Fais comme ton président (agriculteur)* ». En d'autres termes, cela voudrait dire '*'Pratiques l'agriculture comme ton Président*''.

En réalité, ce n'était qu'un simple acte de diversion qui était destiné à détourner l'opinion publique de l'échec de la L.P.D.A2 qui s'achevait. Les activités du C.P.R.A.A.L.A.C furent brutalement interrompues sans motif avoué. Certains membres de la cellule attribuèrent ce fait à l'opacité qui entourait la gestion des finances de l'organisation.

Enfin, le Télé Food. Initié en 1996 par la F.A.O, la grande faiblesse de cette cérémonie fut sa forte concentration à Conakry et dans les grandes villes de la Basse Guinée par rapport aux autres zones agro écologiques du pays. Certains responsables du Ministère de l'Agriculture attribuaient ce fait à l'insuffisance des ressources financières. Ce qui paraissait incompréhensible.

Il convient de souligner que la promotion de l'agriculture à travers l'organisation des foires et d'autres manifestations commerciales est un aspect important de la politique agricole. Ces événements sont des espaces de communication entre les acteurs du secteur rural et les pouvoirs publics. Ils sont aussi un puissant outil fédérateur des agriculteurs et de jaugeage du niveau de développement du secteur rural et constituent une source de création de la richesse individuelle et nationale. La foire agricole est un éventement stimulateur de la production.

13.17. Le faible développement du marché des intrants et des équipements agricoles

Le faible développement du marché local des intrants et des équipements agricoles est un handicap à l'activité agricole des petits producteurs. Sous la première république, celui-ci était un domaine exclusivement réservé à l'Etat. C'est dans ce cadre que des entreprises nationales spécialisées dans l'importation et la distribution des intrants et équipements agricoles furent créées. Rappelons à ce propos l'exemple de l'E.N.I.S.E.P et AGRIMA.

La création d'une unité de fabrication des petits outillages agricoles (houes, coupe-coupe, haches, faucilles à dents et autres) à Mamou visait également à approvisionner le marché en ces outils aratoires. Notons en passant que ces entreprises étatiques fonctionnaient à perte. A l'avènement de la 2e république, ce rôle fut légué au marché. Ce qui est à saluer. Cependant, les petites entreprises privées de distribution d'intrants agricoles qui virent le jour, à la faveur de cette politique, disparurent très vite du fait de la concurrence des gros opérateurs qui bénéficiaient des exonérations exceptionnelles en termes de fiscalité de la part de l'Etat.

Les plus importants étaient : la SOGUIPAH en Guinée Forestière, le Projet Coton en Haute Guinée, la SOBRAGUI en Guinée Maritime et la Fédération des Producteurs du Fouta Djallon, en Moyenne Guinée. Les intrants que ces opérateurs importaient étaient principalement destinés aux producteurs qu'ils encadraient, à savoir : les planteurs d'hévéa, de palmier à huile, d'ananas, de coton et de pomme de terre.

Les autres agriculteurs, plus nombreux et portés sur les cultures vivrières, étaient laissés pour compte. Ceux-ci dépendaient d'autres opérateurs moins solides pour leur approvisionnement en intrants. Il s'agit par exemple de la Société SACKO et frères à Kankan, du Comptoir Agricole à Kindia (C.A.K), de Feu El Hadj Tandéta Diallo à Labé, de la Société des Produits Industriels et Agricoles (SPIA), de Tidiane Agriculture, de Tropic végétal, de SAREF International à Conakry, etc.

Un autre facteur de distorsion du marché des intrants agricoles fut le programme Japonais Kennedy Round II (KR2). L'Association Sud-

Ouest pour le Développement International Agricole (A.S.O.D.I.A), décrit son impact comme suit : « *...le Gouvernement japonais accorde à la Guinée un don annuel sous forme d'intrants agricoles. Ce don représente une part importante des intrants utilisés en Guinée... La distribution du don japonais occasionne également des distorsions de prix tels, que peu d'entrepreneurs privés peuvent s'intéresser à un marché où les prix de vente sont aussi perturbés...Le don du KR2 est bien évidemment exonéré de droits de douanes.....* »[175]

Quant au marché des équipements agricoles (motoculteurs, batteuses, décortiqueuses, moulins, etc.), il est dominé par quelques opérateurs privés dont les activités sont malheureusement concentrées à Conakry. Ce fait accroît le coût d'acquisition de ces équipements par les opérateurs ruraux qui doivent se déplacer vers Conakry pour les acquérir.

Parmi les plus actifs, l'on peut citer la SOAGRIMA (Société d'Importation de Distribution et d'Entretien des Matériels Agricoles), Dynamic Agro-industrie et l'ETS. LIN BALMOU. Toutes les trois sont situées dans la banlieue est de Conakry.

Les pouvoirs publics doivent créer un environnement fiscal hautement incitatif afin d'intéresser un plus grand nombre d'acteurs privés à ce secteur stratégique. Ce sera un moyen d'accélérer la modernisation des instruments de production dans nos campagnes.

L'allocation des intrants (engrais, pesticides, herbicides, semences, etc.), des équipements et des matériels agricoles par le biais du marché est l'approche la plus efficiente et la plus durable pour faire accéder un grand nombre d'acteurs ruraux à ces précieuses ressources.

L'expérience de ces 50 dernières années montra que l'administration était moins apte à jouer ce rôle, en raison notamment de sa sensibilité politique prononcée, sa très faible capacité de gestion, ses fréquentes erreurs d'appréciation et sa variation constante.

La remarque ci-après du professeur Joseph Stieglitz, prix Nobel d'économie, devrait inspirer les décideurs dans ce cadre à savoir que : « *le marché et l'Etat sont si souvent défaillants qu'il faut les faire coopérer. Les forces de l'un peuvent compenser les faiblesses de l'autre* »[176].

En d'autres termes, cela signifie que chaque entité devrait intervenir dans le domaine où elle dispose d'un avantage comparatif et compétitif bien établi. Par exemple, l'Etat s'illustrerait mieux dans la

---

[175] La distribution des intrants agricoles en République de Guinée : Diagnostics et propositions (p. 3,4,5&6).

[176] ''Quand le capitalisme perd la tête'', 2003, p. 208.

formation, l'information, la vulgarisation agricole, l'entretien des pistes rurales et la recherche que dans la vente et la distribution des intrants ou la commercialisation des produits agricoles.

13.18. L'insuffisance des services de vulgarisation agricole et de la recherche

La faiblesse des services de vulgarisation agricole fut un handicap à l'augmentation de la production agricole sous la première république et dans une certaine mesure sous la deuxième. Notons que c'est à partir de 1982 que la recherche connut un certain regain suite à la création du Service National des Sols (SENASOL).

L'insuffisance des services de vulgarisation et de la recherche prive les paysans des conseils et des innovations dont ils ont besoin pour améliorer la production. Les vulgarisateurs sont pour eux ce que sont les infirmiers pour les malades à l'Hôpital. Ils doivent à tout moment, être à leurs chevets pour leur prodiguer les conseils utiles sur les meilleures pratiques agricoles. La recherche et la vulgarisation agricole sont des activités indispensables pour l'avènement de l'autosuffisance alimentaire.

13.19. Une politique inappropriée de mécanisation de l'agriculture

La modernisation des instruments de production fut certes au centre des préoccupations de tous les gouvernements qui se succédèrent de 1958 à 2008. Mais leurs efforts portèrent surtout sur l'introduction du tracteur. Par exemple sous le premier régime, cette politique s'est traduite par l'importation massive de plus de 400 tracteurs en 1975et la création en 1979 d'un centre d'expérimentation et de perfectionnement en machinisme agricole.

Les autorités de la deuxième république ne firent nullement exception à la règle. En 1985 une division Machinisme Agricole vit le jour au Ministère de l'Agriculture. Selon les responsables du dit département, c'est à partir de l'an 2000 que la mécanisation lourde fut reprise. Quelque 500 tracteurs et leurs équipements (charrue, pulvériseur, herse et remorque) ainsi que plusieurs dizaines de moissonneuses batteuses, furent importés dans ce cadre. Des Centres d'Intensification et de Machinisme Agricole (C.I.M.A) furent crées et transformés en Centre Agricole Préfectoral (C.A.P) en 2004. Si ces démarches traduisaient la volonté manifeste des pouvoirs publics à accroître la production locale en vue de réaliser l'autosuffisance alimentaire, les résultats montrèrent cependant que cette politique comportait de nombreuses insuffisances. D'abord ces opérations se faisaient au prix d'immenses efforts financiers pour le trésor public.

Ensuite, les prix de ces engins étaient et demeurent encore inaccessibles aux petits exploitants agricoles, épine dorsale de la production nationale. L'absence d'un véritable service après-vente, fut une autre faiblesse majeure de cette politique du tracteur.

Les pouvoirs publics doivent tirer les leçons de cette malheureuse et coûteuse expérience qui n'a profité qu'à quelques individus. Ils serait intéressant d'explorer d'autres voies moins onéreuses et mieux adaptées à la situation socio-économique des petits exploitants agricoles Guinéens. Par exemple la promotion de l'utilisation de la charrue à traction animale ou la mécanisation légère.

Cette pratique a plusieurs avantages. Le matériel ne coûte pas cher. Ce qui signifie qu'il est accessible aux petits agriculteurs. Il n'exige pas un entretien complexe. Il peut être réparé localement par les forgerons du village. Il ne consomme pas de carburant. Il se transporte à tête d'homme sur les sentiers les plus sinueux. Ce qui signifie qu'il peut pénétrer dans les zones les plus reculées. Son exploitation n'exige pas de connaissances particulières. La liste n'est pas close.

Les bœufs qui constituent l'autre élément de l'attelage, sont à la fois une source de richesse économique et un signe de prestige social pour les paysans dans les villages. En outre, leurs déchets servent à bonifier les sols. De nos jours, des collecteurs de déchets d'animaux parcourent les villages à la recherche des bouses de vaches et des fientes qu'ils revendent aux paysans. Ce qui réduit la dépendance de ces derniers vis-à-vis des engrais chimiques qui sont à la fois coûteux et nocifs pour l'environnement.

Certes les animaux peuvent tomber malades. Mais l'existence des services vétérinaires de qualité et abordables par les paysans peut réduire les risques de maladie chez les animaux dont la viande contribue par ailleurs à l'équilibre alimentaire des ménages.

La culture attelée stimule l'élevage des bovins en raison de la demande des animaux de trait qui en résulte. C'est donc une activité de création de la richesse nationale. N'est-ce pas à cause de tous ces atouts et certainement d'autres que le Gouverneur Roland Pré recommanda que « *ce mode de culture doit rester en Guinée la base fondamentale de l'agriculture familiale* ».[177]

[177] Roland Pré, l'Avenir de la Guinée Française, p. 67.

Selon le S.N.S.A, en 2000/2001 il existait « ... *14 charrues pour 100 exploitations agricoles et 6 tracteurs pour 1000 exploitations* »[178]. L'amélioration de ce ratio doit être l'un des objectifs stratégiques de la future politique agricole.

Cela requiert que les actions suivantes soient engagées : (i) renforcer les structures d'appui à la culture attelée, (Réseau Guinéen de la Traction Animale (R.G.T.A), (ii) faciliter l'accès des paysans aux charrues et aux bœufs de labour par le mécanisme du marché (iii) améliorer la qualité actuelle des services vétérinaires par la formation des agents, (iv) créer les conditions d'importation des produits vétérinaires à moindre coût.

La pratique de la traction animale conduira durablement le pays vers une autosuffisance alimentaire à moindre coût. Ce sera également une manière efficiente d'utiliser l'argent du contribuable guinéen dans ce secteur par rapport aux importations massives de tracteurs auxquelles chaque régime se livra sans discernement.

L'utilisation du tracteur ne doit pas être imposée aux paysans qui n'ont ni les moyens financiers, ni les connaissances nécessaires pour son exploitation. Elle doit se faire de façon progressive et volontaire au rythme de l'émergence des producteurs leaders disposant des ressources suffisantes pour entreprendre cette action.

Fig. 9. Une politique agricole prise au piège de la mono riziculture. Ici, un champ expérimental de NERICA.

[178] Recensement National de l'Agriculture, Campagne agricole 2000/2001, rapport général vol.1, p.59.

13.20. Le piège de la monoculture rizicole

Depuis l'intensification de sa culture, grâce à l'introduction de la charrue à traction animale, le riz n'a cessé de conquérir de nouveaux territoires, aussi bien dans nos champs, dans nos plans de développement agricole, que dans nos cuisines. Aujourd'hui, il occupe plus de la moitié (60%) des superficies cultivées par nos producteurs.

Selon une étude du Bureau Central des Etudes et de la Planification Agricole (B.C.E.P.A) du Ministère de l'Agriculture et de l'Elevage, l'augmentation des superficies consacrées au riz a été de 32% entre 1991-1997, contre 15% pour l'ensemble des exploitations pendant la même période.[179] Le Service national des Statistiques Agricoles (SNSA) note de son côté un accroissement des superficies en riz de 4,76% entre 2000 et 2006.[180]

Par région naturelle, la proportion des superficies réservées au riz était la suivante entre 1991-1997 : Moyenne Guinée : 42% ; Haute Guinée : 52% ; Guinée Maritime : 61% ; Guinée Forestière : 86%.

Les politiques de développement agricole mises en œuvre au cours de ces 50 dernières années, lui réservèrent d'importants chapitres de leurs documents. Sous la première république, les volets agricoles de l'ensemble des plans de développement économique mirent la priorité sur la production du riz au détriment des autres cultures vivrières.

Une place de choix fut réservée aux activités de production du riz pendant les deux phases de la L.P.D.A. Selon les services techniques du Ministère de l'Agriculture, le riz a fait l'objet de plus d'études approfondies et d'attentions particulières de la part des techniciens et des décideurs politiques que toutes les autres céréales.

A l'exception de la Guinée forestière où les populations furent qualifiées de *''gens du riz''* par Denise Paulme dans son ouvrage consacré aux Kissi, ailleurs, le riz n'était autrefois consommé qu'à l'occasion des cérémonies spéciales. De nos jours, il est devenu un aliment populaire par excellence dans toutes les régions du pays.

Son absence dans les mets constitue de nos jours un manque à gagner grave pour de nombreuses familles pauvres des grandes villes. Il se mange au moins trois fois par jour, le matin, à midi et le soir au coucher, pour ceux qui en ont les moyens. Le tableau No. 26 et le graphique No.7, montrent l'évolution fulgurante de la consommation du riz par rapport à d'autres denrées alimentaires en Guinée entre 1961 et 2007.

---

[179] B.C.E.P.A : Rapport sur l'analyse-diagnostic du système de production du riz, 2001, p.23.

[180] Dynamique de projection des principales cultures vivrières de 2000 à 2015.

Tableau No. 26 : Consommation du riz et autres denrées alimentaires par personne et par an 1961- 2007.

Items	1961/1963	1966/1996	2000/2002	2004/2006	2006/2007
Riz	47 kg	82 kg	87 kg	92 kg	100kg
Autres céréales	63kg	32 kg	32 kg	31 kg	29 kg
Tubercules	38kg	28 kg	35 kg	34 kg	35 kg

Source : Communication du Ministre de l'Agriculture, Dr. Mahmoud Camara à la 2e session ordinaire du Conseil Economique et Social, novembre 2008.

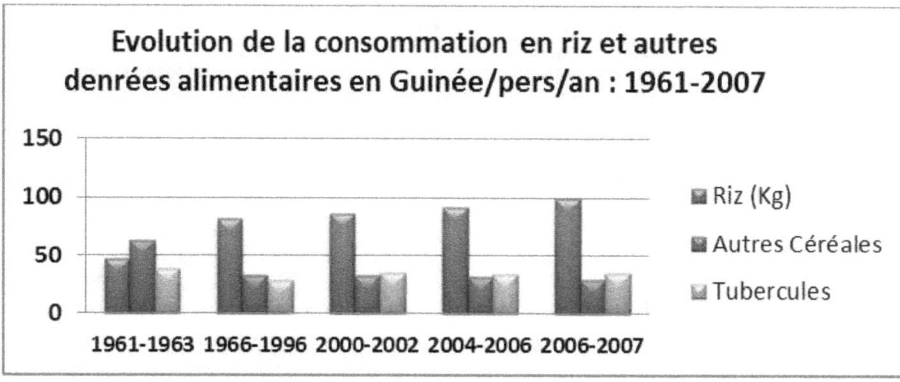

Graphique No. 7. Consommation du riz et autres denrées

Ces chiffres montrent à quel point le riz a acquis une notoriété grandissante dans nos marmites au fil des ans par rapport aux autres céréales traditionnelles et les tubercules dont la consommation a plutôt reculé. Selon le Service National des Statistiques Agricoles (S.N.S.A), la consommation du riz s'est accrue à un rythme plus rapide que la production.

En 2004, la consommation moyenne guinéenne de riz par habitant et par an était la plus élevée de la sous-région ouest-africaine comme on peut le noter dans le tableau No. 27 et le graphique No. 8 :

Tableau No. 27. Consommation du riz dans quelques pays de la sous-région Afrique de l'Ouest en 2004

Pays	kg/an/hbt.
Guinée	90
Sénégal	74
Mali	53
Burkina-Faso	21,4
Niger	14
Bénin	12
Ghana	23.5
Moyenne pays	41,12

Source : Echo Rural, No.059 du 05 Octobre au 05 décembre 2004, p.5.

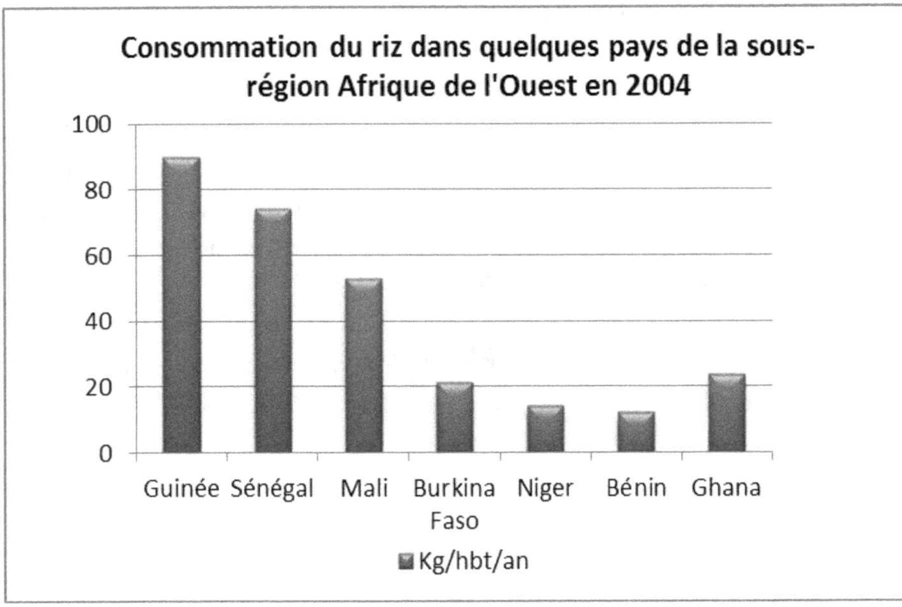

Graphique No. 8. Consommation du riz dans quelques pays de la sous-région Afrique de l'Ouest en 2004.

Le rôle émérite que le riz a ainsi acquis dans notre régime alimentaire a fini par lui faire porter la couronne royale de nos aliments. Ce qui oblige les décideurs politiques et les chefs des ménages pauvres à lui réserver un traitement spécial. Les premiers, pendant l'élaboration de la politique de développement agricole et les seconds lors de la programmation de leurs budgets alimentaires.

A Conakry par exemple, les dépenses en riz représentent 41,44% du budget de consommation familiale. La capacité d'un chef de ménage à subvenir convenablement aux besoins alimentaires de sa famille, se mesure par la fréquence avec laquelle il pourvoit la maisonnée en sacs de riz (importé). C'est également le sac de riz importé que les chauffeurs de minibus utilisèrent dans un passé récent (années 1990) pour consoler les familles dont un membre mourrait des suites d'un accident de circulation dans lequel ils étaient impliqués[181].

Dans les garnisons militaires, c'était le même sac de riz importé qui était offert aux veuves des militaires qui mourraient sur le champ de bataille pendant les conflits armés dans lesquels les contingents guinéens étaient impliqués dans la sous-région. Par exemple au Libéria et en Sierra Léone.

[181] Pendant la décennie 90 notamment

Le niveau du prix du sac de riz importé sert de mesure de bien-être pour les populations et les syndicats des travailleurs. C'est pourquoi l'augmentation de celui-ci provoque des remous sociaux dans nos grandes villes. L'invitation de l'opérateur économique Mamadou Sylla à «..investir dans l'importation du riz… » que le syndicaliste Dr. Feu Ibrahima Fofana requerra auprès de ce dernier à l'occasion de la grève des syndicats de juin 2006, relève de cette fonction du riz.

Ce sont ces prérogatives qui valurent au riz l'étiquette de *''produit stratégique''* ou *''de produit sensible''*, parmi les denrées alimentaires. C'est grâce à ce statut particulier de *produit stratégique* qu'il échappa aux mesures de libéralisation des prix en 1985 dans le cadre de la mise en œuvre de la Phase Intérimaire de Redressement National (PNIR). Mamady Camara décrit cette mesure comme suit : «*…Deux produits ont échappé à la mesure de libéralisation des prix : le riz et les produits pétroliers qui sont considérés comme des produits stratégiques…* »[182]. C'est également pour cette raison qu'il bénéficie de subventions gracieuses quand il n'est pas produit localement.

L'interdiction de son exportation en 2007 en même temps que celle d'autres produits agricoles, halieutiques et pétroliers et l'exception qui lui fut faite avec les produits pétroliers à la levée partielle de cette mesure en 2008, s'inscrivirent également dans ce cadre.

Sous la première République, l'importation du riz et son rationnement dans les quartiers de Conakry à des prix fortement subventionnés, était un domaine hautement politique réservé à l'Etat. Ce système favorisa l'immigration alimentaire des populations de l'intérieur du pays vers Conakry. L'une des conséquences de cette politique du riz bonifié fut l'accroissement rapide de la population de Conakry qui de 78.388 habitants en 1956, passa à 230.000 en 1966[183] puis à 710.372 en 1983, soit un taux de 193% en 10 ans (1956-1966).

L'intervention directe de l'Etat dans l'importation du riz fut certes abandonnée en 1985. Mais la facilité d'acquisition de cette céréale à coût modéré à Conakry par rapport aux autres villes de l'intérieur, continua à drainer les populations de l'intérieur vers la capitale. Aussi faut-il souligner que le retrait de l'Etat de cette opération en 1985, fit naître une nouvelle classe d'hommes d'affaires pour lesquels l'importation et la distribution du riz devinrent une chasse gardée.

Ils en firent un marché hermétiquement fermé au prix d'âpres luttes d'intérêt. La déclaration suivante d'Hussein Dakhala, un opérateur

---

[182] Projet Appui au Développement Socio Economique (PADSE), août 1991, p.9.
[183] L'Afrique en marche : Tome 10, p. 244

économique, renforce cette assertion lors qu'il dit : « *Avant l'avènement du CNDD au pouvoir, aucun opérateur économique étranger n'osait importer du riz en Guinée, par crainte d'être assassiné. Sous le régime Conté, il y a eu deux crimes perpétrés contre les opérateurs économiques qui importaient le riz, notamment les fils de Amar Taleb et de Kourouma, tous deux importateurs de riz....* »[184]

Sur le plan de la politique alimentaire, l'autosuffisance fut définie par rapport à la quantité de riz qu'il faut pour couvrir les besoins alimentaires de la population. C'est ce qui explique pourquoi les gouvernements qui se succédèrent en général, et les ministres de l'Agriculture en particulier, firent de la production du riz, le principal défi de leur mandat.

Par exemple, en parlant des objectifs de la L.P.D.A2 devant l'Assemblée nationale en Février 2003, le Ministre de l'Agriculture et de l'Elevage, Jean Paul Sarr, fit la déclaration suivante : « *Notre politique de développement Agricole s'est fixée parmi ses objectifs prioritaires, la sécurité alimentaire en général et l'autosuffisance alimentaire en riz en particulier. Ce qui nous fait dire à juste titre d'ailleurs que la bataille pour la sécurité alimentaire reste avant tout une bataille pour le riz.* »[185]

Malheureusement, les résultats de leurs interventions dans ce cadre, montrèrent que la production du riz fut plutôt un véritable bourbier dans lequel ils se firent tous prendre au cours de ces 50 dernières années sans qu'ils ne puissent s'en sortir de façon honorable. Car les importations de riz allèrent crescendo d'année en année. Il serait donc intéressant de revoir cette politique du riz en redéfinissant l'autosuffisance alimentaire. Cette démarche contribuera à élargir l'éventail des cultures devant bénéficier d'une plus grande attention des pouvoirs publics en général et des services de l'agriculture en particulier.

Conclusion

La politique agricole des 50 premières années de l'indépendance nationale fut d'une manière générale caractérisée par des actes de mal gouvernance agricole aiguë, l'insuffisance de l'appui à la paysannerie et le rôle prépondérant qui fut accordé à la production du riz au détriment des autres cultures vivrières.

---

[184] Guinée News du 5 octobre 2009 à 18h32.
[185] Le Ministre Jean Paul Sarr.

CHAPITRE 14

Redéfinir l'autosuffisance alimentaire

Le contenu étriqué donné à l'autosuffisance alimentaire doit être abandonné. Ce fut l'une des principales faiblesses de la politique agricole sous les deux régimes. Le B.C.P.E.A en faisant le bilan de la L.P.D.A, reconnut ce fait lorsqu'il dit : « *l'une des faiblesses de la L.P.D.A a été de définir une politique de sécurité alimentaire centrée sur l'autosuffisance dans la production du riz* »[186]

L'autosuffisance alimentaire doit être conçue dans un cadre plus large. Elle doit intégrer d'autres aliments produits localement. Par exemple, les autres céréales, les tubercules, les fruits et les légumes. Les crises alimentaires répétées de ces dernières années, montrèrent les graves limites de cette politique mono rizicole en termes de coût et de dépendance du pays vis-à-vis du marché extérieur. Pour échapper à cette emprise du riz, il est impérieux de diversifier la production agricole.

14.1. Diversifier les cultures vivrières en vue d'assurer une autosuffisance alimentaire équilibrée

Le déficit actuel de la production nationale de riz, estimée à près de 40%, peut être facilement comblé en encourageant la production d'autres aliments locaux. La diversification contribuera à briser la monotonie actuelle de nos repas qui sont toujours à base de riz et à libérer les familles pauvres de la tyrannie de cette céréale.

Selon le B.C.P.A, « *comparé à d'autres cultures vivrières qui reçurent moins d'attention, le riz ne génère pas un revenu brut important* »[187]. Le tableau No. 28 et graphique No. 9 montrent les re-

---

[186] Bilan-diagnostic LPDA2, p.17.

[187] B.C.E.P.A, 2001

venus bruts d'exploitation et les rendements moyens de quelques cultures en 2001.

Tableau No. 28 : Revenus bruts d'exploitation
et des rendements moyens de différentes cultures en 2001.

Items	Riz paddy	Manioc (cossette)	Maïs (grain)	Arachide (grain)	Fonio (paddy)
Revenus brut d'exploitation (Fg/ha)	170.000	638.000	360.000	430.000	200.000
Rendement (Kg/ha)	1.570	3.130	1.290	810	860

Source : B.C.E.P.A : Rapport de synthèse de ''l'analyse-diagnostic des systèmes de production de riz en Guinée, Mai 2001, p. 162.

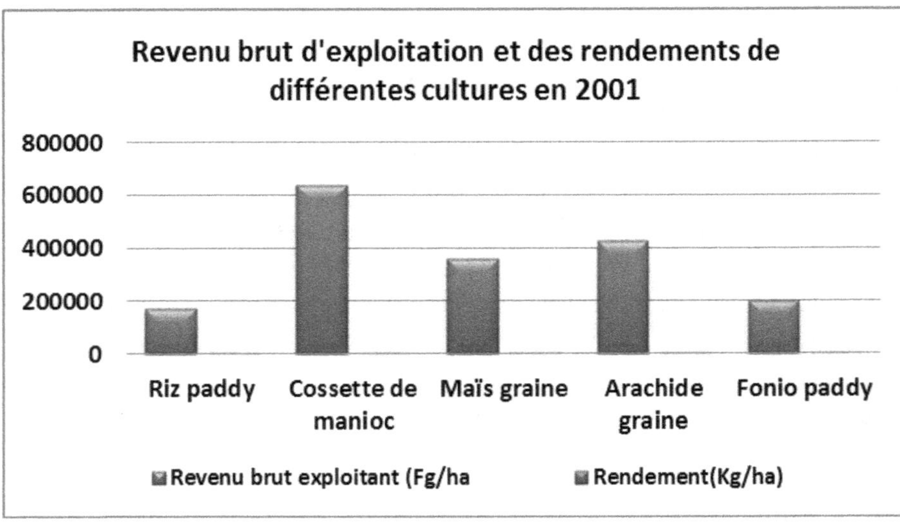

Graphique No. 9. Revenus bruts d'exploitation
et des rendements moyens de différentes cultures

Hormis ces aspects économiques, la diversification agricole contribuera à préserver l'intégrité de notre patrimoine alimentaire dont certains éléments sont menacés de disparition, du fait de leur faible production et de leur présence limitée sur nos marchés. Par exemple le voandzou, le sorgho, le mil, etc.

La diversification des aliments réduit les risques de plusieurs maladies chez les enfants, les personnes âgées et les femmes en état de famille en raison de la richesse des éléments nutritionnels qu'elle procure à l'organisme humain. A l'école, les enfants mal nourris sont moins enclins à suivre les cours que ceux qui ne le sont pas. Une armée vaillante est avant tout une armée dont les éléments sont bien nourris. La diversification alimentaire est, de ce point de vue, un important facteur de préservation de la santé publique et par ricochet de réduction des dépenses de santé aussi bien pour les ménages que pour l'Etat.

Sur le plan social, la diversification agricole offre de nombreuses opportunités d'emplois et de revenus aux femmes et aux jeunes grâce aux multiples opérations post-récoltes qui se créent à l'aval de la production dans le cadre de la transformation et de la distribution des produits.

Enfin, la diversification agricole contribuera à l'avènement d'une gouvernance alimentaire équitable pour tous. Car elle offrira la possibilité à chaque ménage de choisir son alimentation et non de la subir comme c'est le cas aujourd'hui avec le riz.

Cet objectif, il faut le souligner n'est nullement hors de portée de notre pays qui jouit de quatre zones écologiques bien distinctes, favorables à différentes cultures et d'une pluviométrie abondante qui varie entre 1.100 et 4.000 millimètres de pluies par an. Cet atout naturel que le Pr. Alpha Condé, Président de la République, qualifia de *scandale agricole* doit être transformé en opportunité alimentaire diversifiée pour tous et toutes.

Ceci est d'autant plus important que les projections démographiques actuelles situent la population guinéenne à respectivement 16.000.000 d'habitants à l'horizon 2025 (Natural Recherche Council) et à 24,5 millions à mi-2050.[188] Cette population était de 2.800.000 habitants en 1958, contre 10.000.000 en 2008, soit un accroissement de 257%.

Selon les estimations, Conakry, la capitale, comptait près de 2.000.000 d'habitants en 2008. Ces chiffres présagent une augmentation accrue de la demande en aliments dont la satisfaction ne devrait nullement reposer sur le seul riz.

La section ci-dessous propose quelques cultures qu'il serait intéressant de développer dans le but de diversifier et d'accroître la production alimentaire, de créer des emplois, d'améliorer les revenus des jeunes et des femmes.

14.2. Quelques cultures vivrières pouvant contribuer à la diversification alimentaire

Les cultures proposées ci-dessous sont hautement nourricières. Elles sont également porteuses de croissance rapide dans le secteur rural. Il serait donc intéressant qu'elles bénéficient d'une plus grande

---

[188] Nations Unies.

attention de la part des pouvoirs publics en général et de celle des services de l'agriculture en particulier. Ce sont :

(a) Le haricot. Il est cultivé un peu partout dans le pays mais à très faible échelle. Il fait le bonheur des femmes qui le vendent cuit dans les coins de rue, aux abords des écoles, aux ports et gares-routières de la capitale Conakry et des grandes villes de l'intérieur. Le haricot est riche en protéine végétale.

Les faibles quantités que l'on trouve sur le marché de Conakry par exemple, proviennent généralement de la région forestière et de certains pays voisins tels que le Mali, la Côte d'Ivoire et parfois plus loin, comme le Burkina Faso. La production guinéenne arrive en faible quantité sur le marché de Conakry à partir de Décembre. Il serait intéressant de relancer au plus vite cette culture qui peut être un excellent substitut au plat de riz dans les familles pauvres.

(b) Le taro. Autrefois principale culture de la moyenne Guinée, la production du taro de cette région a chuté de nos jours suite à l'introduction de la culture de la pomme de terre. Les stocks qui arrivent sur le marché de Conakry à partir de décembre, proviennent généralement de la région forestière et du Sud de la Haute Guinée.

La conservation du taro pose relativement moins de problèmes aux paysans que celle de la pomme de terre. Il est exportable vers les pays de la sous-région au même titre que la pomme de terre. Sa relance rapide est vivement recommandée.

(c) Le manioc. C'est une culture à multiple usage. La farine de manioc sert à faire le tô, un aliment pâteux qui est la base de l'alimentation des populations de la Haute Guinée. Le manioc se consomme frais ou cuit dans toutes les régions du pays. Ses feuilles fraîches servent à faire de la sauce pour le riz.

Le Mémento de l'Agronome identifie 16 différents types de produits à base de manioc dont 13 servent uniquement à l'alimentation humaine[189]. Sur le plan industriel, le manioc sert à fabriquer l'éthanol et l'amidon. Ces produits se vendent sur le marché international.

Sous la première république, une usine de traitement du manioc en gari et en amidon fut installée à Faranah en 1982. Une plantation de 202 hectares fut créée dans la même zone en vue de l'approvisionnement de ladite usine qui fut démantelée en 1984 à la prise du pouvoir par l'armée.

---

[189] Mémento de l'Agronome, édition février 2006, p. 843

Le rôle de plus en plus grandissant que le manioc joue dans l'alimentation de nos populations après le riz, le positionne aujourd'hui comme second aliment de base en Guinée. En effet, ce sont plusieurs tonnes de gari qui arrivent chaque année à Conakry en provenance de la Sierra Leone. En Afrique sub-saharienne, le manioc vient après le maïs en termes de valeur calorique. Dans certains pays comme le Nigeria, la farine de manioc sert de complément à celle du blé pour la fabrication du pain. Les pouvoirs publics doivent lui accorder une attention particulière.

(d) La patate douce. Même si elle n'a pas de frontière régionale, certaines préfectures du pays excellent dans la production de ce féculent plus que d'autres. C'est le cas par exemple de Mamou en Moyenne Guinée d'où partaient autrefois, des wagons de train pleins de ce tubercule vers Kankan ou Conakry. Enrichie, la patate douce est une source de vitamine A pour les populations à faible revenu. Elle est exportable vers les pays de la sous-région (Sénégal, Liberia et Sierra Léone notamment). Il serait important d'améliorer sa production.

(e) L'igname. Contrairement au manioc et à la patate, c'est la Haute Guinée qui constitue la principale zone de production de l'igname. Ce qui en fait la spécificité de cette région. Il se cultive surtout dans la partie Sud et Est de cette région. La production est concentrée dans 3 préfectures : Kankan, Kérouané et Mandiana. Kankan couvre à elle seule 67% des zones de production. L'igname se cultive également à Sinko dans la préfecture de Beyla.

Ce tubercule est récolté deux fois par campagne agricole. La première récolte a lieu au mois d'août avant celle des céréales. Cette apparition précoce sur les marchés pendant la soudure alimentaire soulage les ménages pauvres. La deuxième récolte se fait généralement à partir de décembre.

L'igname fait vivre ses producteurs en termes de revenus monétaires. Ce qui permet à de nombreux producteurs adultes d'accomplir le pèlerinage musulman aux lieux saints de l'islam avec beaucoup de fierté ou de se construire une maison en tôles ondulées. Les jeunes agriculteurs préfèrent eux, s'offrir une moto importée de Chine ou de se marier après une campagne de commercialisation réussie. Les femmes tirent également des revenus substantiels de la vente de l'igname frais ou cuit dans les lieux publics. Cet élan doit être soutenu.

(f) Le maïs. Il est présent dans toutes les régions naturelles. Il sert à préparer le *n'Dappa* et le *m'Bathou* en Moyenne Guinée et le *Bassi* en Haute Guinée qui sont des aliments traditionnels de ces régions.

La bouillie à base de semoule de maïs ou *Möni* en maninka ou encore *yéfouré* en soussou est le principal aliment liquide consommé dans plusieurs familles pendant le carême musulman. Elle se vend également sur les places publiques dans toutes les villes. Le son et la paille de maïs sont utilisés pour l'alimentation du bétail. Selon les spécialistes, ces produits sont plus nourrissants pour les animaux que ceux du riz.

L'avènement des fermes avicoles à la périphérie des grands centres urbains, fit exploser la demande pour les grains de maïs. Cependant, faute d'appuis financier et technique conséquents de la part de l'Etat, les petits producteurs ne profitèrent que très peu de ce marché qui est d'ailleurs en expansion.

Selon plusieurs sources, de nombreux aviculteurs guinéens s'approvisionnent en maïs grain à partir de la Côte d'Ivoire ou parfois de la République du Mali après l'épuisement des maigres stocks produits à Lola et dans d'autres préfectures du pays. Cette situation mérite d'être corrigée.

(g) La banane. La vieille et très honorable réputation de la Guinée en matière de production et d'exportation de la banane pendant la colonisation a déjà été suffisamment exposée dans le premier chapitre. Ce qui est intéressant de mentionner ici, c'est que cette banane ne se consomme plus seulement comme dessert.

Les crises alimentaires (du riz) répétées de ces dernières années amenèrent les populations rurales à la préparer comme plat de résistance pour la maisonnée. On estime qu'en moyenne, 22% de la production de bananes est autoconsommée dans ce cadre. Selon plusieurs sources, la banane (le plantain notamment) en provenance de la Côte d'Ivoire a accru cette forme de consommation de ce fruit.

Quelle que soit la forme sous laquelle elle est consommée, la banane s'est taillé une place remarquable dans l'alimentation des populations que nul ne peut nier. D'autres usages artisanaux et industriels sont également faits de ce produit dont il faudra vite relancer la production.

(h) Les céréales traditionnelles (Mil, sorgho et fonio). Les céréales traditionnelles (sorgho, fonio et mil) jouent un rôle important dans le maintien de l'équilibre alimentaire. Elles sont en outre une source non négligeable de revenus pour les paysans. Le fonio par exemple, fait l'objet d'intense commerce transfrontalier entre la Guinée et certains de ses voisins (Mali et Sénégal notamment). Son introduction progressive dans la restauration en Europe et aux États-Unis d'Amérique, présage des jours radieux pour cette céréale.

(i) Les fruits et les légumes. En plus du fait qu'ils soient une source importante de revenus pour les femmes et les populations pauvres, les fruits et les légumes jouent un important rôle dans la réduction des maladies non transmissibles, tels que le diabète, le cancer, les maladies du cœur et autres. Ils font l'objet d'exportation vers les pays de la sous-région et ailleurs dans le monde et constituent de ce fait une importante source de devises pour le trésor public.

Notons que les crises alimentaires de ces dernières années amenèrent les couches sociales les plus déshéritées de Conakry et des grandes villes de l'intérieur à préparer la mangue comme plat de résistance pour la maisonnée en lieu et place du traditionnel plat de riz dont le prix du sac de 50kg était hors de leur portée. Cette pratique s'est généralisée de nos jours. Ce qui réduit la pression sur le riz pendant la campagne de récolte de la mangue.

Conclusion

La diversification des cultures vivrières doit être considérée comme un moyen de réalisation de l'autosuffisance alimentaire bénéficiant du soutien et de l'appui des pouvoirs publics jusqu'au plus haut niveau de l'Etat.

Conclusion generale

De cette revue de la politique agricole guinéenne d'avant et après l'indépendance jusqu'en 2008, l'on peut noter les principaux faits ci-après :

Que les résultats spectaculaires obtenus par l'administration coloniale en matière de production agricole furent à la fois le fruit de l'engagement politique des autorités administratives au plus haut niveau (le Gouverneur général), de l'adhésion des producteurs à cette politique et de l'appui technico-financier conséquent dont ceux-ci bénéficièrent de la part des services de l'agriculture.

Que la réalisation de l'autosuffisance alimentaire qui fut l'objectif politique déclaré de tous les gouvernements après l'indépendance nationale, fut largement entravée par la mal gouvernance politique et agricole.

Sous la 1ère république elle s'est traduite par l'étatisation à outrance et la collectivisation systématique des biens de production, les improvisations ruineuses, les restrictions injustifiées de mouvements des produits, les prescriptions obligatoires de culture à pratiquer et la fixation des prix dé motivateurs. Faute d'alternatives, les petits producteurs marginalisés et impuissants, n'eurent d'autre choix que de se résigner, en guise de réaction.

Par ailleurs, la politique de formation et d'insertion des jeunes dans l'agriculture n'attira guère ceux-ci vers ce secteur créateur de richesse individuelle et nationale à cause notamment des mauvaises conditions d'études et de l'incertitude qu'avaient ces jeunes à trouver un emploi suffisamment rémunérateur à leur sortie des écoles d'agriculture.

Sous la 2e république, la mal gouvernance se caractérisa par : l'exclusion systématique des uns, l'impunité criarde vis-à-vis des autres, la corruption rampante à tous les niveaux de l'administration, l'ethnocentrisme chronique et la course effrénée des hauts cadres de l'administration vers l'enrichissement personnel. La situation de ″sauve qui peut'' que ce système engendra, fit baisser l'engouement de nombreux petits producteurs ruraux qui furent abandonnés à eux-mêmes.

La mauvaise évaluation de la relation d'interdépendance entre les intérêts des producteurs ruraux, des intermédiaires et des consommateurs urbains fut une autre faiblesse de la politique agricole sous les deux régimes. Elle contribua plutôt à orienter d'importantes ressources financières vers les subventions improductives des importations de denrées alimentaires pour satisfaire les revendications des consommateurs urbains en termes de bas prix, au détriment de la fourniture des services technico-financiers appropriés dont les petits producteurs ruraux avaient besoin pour s'épanouir.

La politique de mécanisation agricole mise en place sous les deux régimes se cristallisa au tour du tracteur. Cette mécanisation lourde et non soutenue fut en réalité un gouffre financier qui engloutit d'importantes ressources financières au cours de ces cinquante dernières années sans que cela ne se traduise par une production suffisante et constante.

Par ailleurs, peu d'attentions furent accordées aux aspects sociaux et économiques de l'agriculture ; surtout en ce qui concerne l'épanouissement socio-économique des petits producteurs. Ceux-ci furent relégués au second plan. L'accent fut mis plutôt sur la pratique de la mono riziculture et le caractère populaire des actions agricoles qui furent initiées sous les deux régimes.

Enfin, le caractère autoritaire et autocratique de l'exercice du pouvoir et l'absence d'alternance régulière à la tête de l'Etat et des structures associatives de production, au cours de ces longues années, plomba les possibilités d'émergence de nouveaux leaders prédisposés à réformer la politique agricole. Ce manque de flexibilité et d'ouverture pour le changement, fut le principal facteur de gouvernance politique qui rendit la réalisation de l'autosuffisance alimentaire problématique au cours de ces 50 dernières années.

Sources et bibliographie

I. Les sources

a. La presse

La réalisation de cet ouvrage nécessita la consultation de plusieurs sources d'informations. Ce travail débuta par la collecte de nombreux articles de presse publique et privée sur l'agriculture aussi bien pendant la colonisation qu'après l'indépendance nationale.

La presse publique concerne le journal officiel dans lequel les principaux actes de la république sont enregistrés (décrets, arrêtés, etc.) et le journal politique (Horoya) qui couvre les faits divers. Des revues furent consultées en tant qu'organes publics d'information. Par exemple la revue du Travailleur de l'Education nationale, la revue R.D.A (Révolution Démocratique Africaine) et la Revue Française d'histoire d'outre-mer.

La presse privée dont l'avènement contribua à élargir l'éventail des articles consacrés à l'agriculture fut consultée à travers plusieurs journaux en papier ci-après : l'Indépendant, la Croisade, le Lynx, le Karissi, l'Enquêteur, la Nouvelle élite, l'Observateur, le Diplomate, le Défi, la Lance, le Jour, le Démocrate, le Libéral, l'Aurore, le Standard, la Vérité, la Guinée Nouvelle, la Guinée économique, le Globe, l'économiste, le Populaire, le Mandat et L'Humanité. Parmi les journaux en ligne il y a : Guinée news et Aminata.com.

Le magazine Echo Rural de l'Agence pour la Commercialisation Agricole et le Bulletin d'information de DYNAFIV complétèrent la série des journaux nationaux. Sur le plan international, je citerai le Magazine d'Air Sénégal International, la Dépêche Diplomatique Afrique, Jeune Afrique et les Marchés Tropicaux.

De nombreux rapports d'investigations, d'études et d'évaluation des projets et programmes agricoles furent également consultés. Ces documents se présentaient généralement sous la forme de comptes-rendus, de procès-verbaux, de Notes techniques, d'aide-mémoire ou de recommandations préparés par des techniciens et autres acteurs du développement rural à l'occasion des visites de terrain, des conférences, des séminaires, des ateliers et autres rencontres techniques consacrées à l'agriculture.

Des Tomes écrits par le Président Ahmed Sékou Touré furent également exploités. Des personnes ressources furent consultées sur des aspects spécifiques de la politique agricole. Enfin des ouvrages traitant des questions agricoles furent également exploités. Une liste abrégée de tous ces documents (rapports, tomes, ouvrages) et des personnes rencontrées est présentée ci-dessous.

b. Les rapports

Le rapport sur les recommandations de la 2e conférence Nationale du développement rural pour l'élaboration d'une politique et d'un plan d'action à moyen et long terme, 1er avril 1989. Discours d'ouverture d'Alousseny Fofana, chef de Bataillon, membre du CMRN.

La *''Note sur le développement Agricole en Guinée''* par Jean Paul Sarr Ministre de l'Agriculture, de l'élevage, des Eaux et Forêts, à l'occasion du passage d'une mission de la Banque Mondiale du 7 au 17 Juin 2005.

Le Rapport de l'étude portant sur la situation actuelle de l'agriculture de la République de Guinée : Analyse des filières régionales majeures. Année de référence 2005 » par : Ibrahima Kalil Sissoko, Agroéconomiste pour le compte de la Conférence des Ministres de l'Agriculture en Afrique de l'Ouest et du Centre (CMA/AOC), Conakry, Mars 2007, p. 11,13, 14, 15, 20, 22, 24, 26, 27, 28, 29, 33, 34, 36, 69.

Le rapport final de « l'Etude de la filière riz importé en Guinée », réalisée par Sama NAISSA, sur financement du Projet Dynafiv, Bureau de Stratégie de Développement, Ministère de l'Agriculture, Juin 2008, p.6-10.

Le Rapport de l'étude sur l'impact de l'interdiction d'exporter et réexporter les produits agricoles janvier-juin 2007 réalisée par l'Agence pour la Commercialisation Agricole (A.C.A), Conakry, 11 septembre 2007, Page 10.

Le Document de conceptualisation de la composante du Développement Rural Décentralisé dans le domaine Productif, draft version mars 2005, du Programme d'Appui aux Communautés Villageoises (P.A.C.V 2).

Le Rapport d'activités du Projet Cadre de Promotion des Exportations Agricoles (PCPEA), décembre 1994-juillet 1995, Conakry, août 1995, P.2, 4, 8, 9, 10.

Le rapport de l'Association Sud-ouest pour le Développement International Agricole (A.S.S.O.D.I.A) sur La distribution des intrants agricoles en République de Guinée « Diagnostic et propositions » p.3, 6, 8, 9, 28 Par Gerald Laurens.

Le rapport du Ministère de l'Agriculture sur la « Table ronde sur le Secteur Agricole » tenue à Conakry, les 9,10 et 11 décembre 1991.

Les Rapports de mission en Guinée Forestière, en Guinée Maritime, en Haute Guinée et en Moyenne Guinée du 29 octobre au 30 novembre 1994 de Mme. Camara Aminatou Barry et de Joseph Kamga du Bureau de Coordination de la Politique Agricole, Conakry, novembre 1994, p.1-3, 4, 5, 6, 7, 8, 9, 10, 11, 13,14 et 16.

Le rapport de synthèse de BounTieng Ly, Consultant et.all sur l'« Analyse diagnostic du système de production de riz en Guinée », Conakry, mai 2001, p. 11, 12, 13, 14, 16, 17, 18, 19, 23 et 162.

Le « Document Cadre de Dépense à Moyen Terme, Secteur du Développement Rural (CDMT) par le Bureau de Coordination de la Politique Agricole, Ministère de l'Agriculture et des Eaux et Forêts, Conakry, août 1997 p.1, 2, 3, 30 et 31.

Le rapport de l'Union Mondiale de l'Organisation Reconstruction et Travail (O.R.T) sur la « mission d'assistance technique auprès du Ministère des Fermes Agro-pastorales d'Arrondissement (F.A.P.A) de la République Populaire Révolutionnaire de Guinée, Conakry, juillet 1983, p.1-5.

Le Compte rendu général d'exécution du plan triennal 1960-1963, partie agricole, par Diallo Daouda, Inspecteur général de l'agriculture, Conakry, mai 1963, p.5-43, 22.

Les Directives générales pour l'élaboration du plan triennal 1960-1963, document II. P.2, 4, 7, 24, 43, 44, 63, 64 et 210

Le Rapport N°AF641X de la Banque Internationale pour la Reconstruction et le Développement (B.I.R.D) et de l'Agence Internationale de Développement (A.I.D) sur l'Economie de la Guinée, mars 1966, p.1, 9, 13-14.

Le Rapport final 1996-2004, de Sasakawa Global 2000-Guinée, Service National de Promotion Rurale et Vulgarisation République de Guinée, Ministère de l'Agriculture, de l'élevage, des Eaux et Forêts, Conakry, ... p.7, 8-16

Le rapport d' « Evaluation des mesures compensatoires mises en œuvre pour atténuer les coûts sociaux liés aux programmes de réforme en Guinée » par Mamady Camara, Consultant en Socio-économie, organisation et gestion. Conakry, Août 1991, p.3, 4, 5, 6, 7, 10, 17, 19, 20, 21, 22, 23 et 27.

Le « Procès verbal de la réunion du 6 au 10 Septembre 1955 » du Comité de Coordination et de Contrôle des Recherches Agronomiques et de la production agricole de la Direction Générale des Services Economiques, Gouvernement Général de l'Afrique Occidentale Française, Dakar, Sénégal. p.20, 23,24, 29, 63, 64, 73, 83-98.

Le rapport provisoire de '' l'Etude de l'impact des mesures de régulation de marchés des produits vivriers en Guinée'' par Mamadou Condé et Mamadou Saidou Diallo, consultants pour le compte du Ministère de l'Agriculture de l'élevage, de l'Environnement, des Eaux et forêts. (MAEEEF), Conakry, Fév.2008, p.8, 14.

Le rapport de la réforme de l'enseignement en République de Guinée de novembre 1958 à mai 1977, par Institut Pédagogique National (IPN), Conakry p.1-15.

Le rapport d'évaluation du Projet d'aquaculture de crevettes de Koba, République de Guinée, par La banque Africaine de Développement, Juin 1991, p. 9, 10, 11, et 15.

Le rapport de synthèse de l'Analyse diagnostic du système de production de riz en Guinée par Boung Tieng Ly et.all, Conakry, mai 2001, p.11, 12, 13, 14, 16, 17, 18, 19, 23, et 162.

L'étude de Jean Paul Alata sur l'Economie Guinéenne, 1989, p.1, 3, 7-8.

Le rapport de pré-évaluation No. 0643-GN, volume II ; annexes du Fonds International pour le Développement Agricole (FIDA), Division Afrique, Dépt. Gestion des Programmes, janvier 1996, p. 5 et 11.

Le Programme Intérimaire de Redressement National, 1985-1987, novembre, 1985, p.23-32.

L'économie Guinéenne en chiffres, par la Société Africaine d'Etudes et d'Ingénierie Financières « (SAEIF), Conakry, édition 2003, p.59, 60, 61, 63, 68,71.

L'économie Guinéenne en chiffres par la Société Africaine d'Etudes et d'Ingénierie Financières « (SAEIF), Conakry, édition 2004, p. 15 et 30.

L'économie Guinéenne en chiffres, édition 2005 de la Société Africaine d'Etudes et d'Ingénierie Financières « (SAEIF), p. 17, 19, 20, 39-41.

L'économie Guinéenne en chiffres par la Société Africaine d'Etudes et d'Ingénierie Financières « (SAEIF), Conakry, édition 2006, p. 15, 17,18, 29-32.

L'économie Guinéenne en chiffres par la Société Africaine d'Etudes et d'Ingénierie Financières « (SAEIF), Conakry, édition 2007, p. 26,27 60-62.

Le Tableau de Bord mensuel de l'Economie Guinéenne, de la Cellule Technique de suivi de la conjoncture macroéconomique (CTSCM), No. 41 Conakry, décembre 2007 p. 5.

Le rapport de la mission d'évaluation finale de la campagne agricole 2007-2008, par Dr. Amadou Camara, de la Direction Nationale de l'Agriculture du Ministère de l'Agriculture, Conakry, Mai 2008, pp : 4-43.

Le rapport de ''l'analyse de l'approvisionnement et de l'utilisation des engrais en Guinée'' par Dr. Momo Soumah et Mr. Namory Yombouno, Ministère de l'Agriculture, République de Guinée, pour le compte l'Organisation des Nations Unies pour l'Alimentation et l'Agriculture, Conakry, août 2008.

Le rapport sur '' la structuration et la formation des opérateurs de l'aval des filières vivrières'', par la Maison Guinéenne de l'Entrepreneur, Conakry, juin 2005, p. 6 &7.

Le rapport sur ''la Guinée et le programme de travail de l'A.G.C.S'' par Sékou F. Doumbouya et.al, août 2005, p.4.

Le rapport sur ''le profil des marchés alimentaires' en Guinée par Alpha Bah et Caroline Broudic, Décembre 2009, p. 8 sur financement du P.A.M.

Le rapport provisoire sur ''les recommandations pour la mise en place d'un stock national de sécurité alimentaire en riz'' par Hamed El-MIR et Abdallah AITELCADI, Conakry, 12-16 Juillet 2008, Ministère du Commerce.

Le rapport de Sheldon Gellar : ''Politics, civil society, and associational life in Francophone West Africa : Senegal, Mali, and Guinea'' Jerusalem, January 5, 1992-January 10, 1992, pp 18-20.

c. Les Tomes

Le tome 10 : *''L'Afrique en marche''*, 4e édition, Imprimerie Patrice Lumumba, 1967, p.457, 467.

Le Tome 14 : *''Le plan septennal 1964-1971''* page 5, 42, 58, 60, 76,84 et 359 « Discours d'ouverture prononcée par le Président Ahmed Sékou Touré au CNR du 16 avril 1964, consacré an plan Septennal à Guéckédou.

Le tome 13 : *''L'Afrique et la Révolution''*, p. 210-216. Imprimerie Patrice Lumumba

Le Tome 15 : *''Défendre la Révolution''*, 2e édition, Mars 1969, Imprimerie Patrice Lumumba, p. 135, 155, 161, 163, 228, 229, 231.

Le tome 17 : *''La Révolution culturelle''*, 3e édition, Imprimerie Patrice Lumumba, octobre 1972, p. 168, 223, 316, 317,232, 262, 264, 265, 271, 274, 275, 306,316, 317, 424, 425, 432.

Le tome 20 : *''Pour une économie populaire et révolutionnaire''* 3e édition Imprimerie Patrice Lumumba, 1er Trimestre 1976, p. 193-195,202-204, 212,213, 227, 228, 235, 263, 310, 312, 313.

Le tome 22 : *''Qualifier le pouvoir populaire''*, 3e édition, Imprimerie Patrice Lumumba, 2e Trimestre 1978, p. 205-217.

Le Tome 27 ''Le plan quinquennal 1981-1985'' Imprimerie Patrice Lumumba, 1981 p. 42, 43, 46, 104, 106, 107, 111, 119, 120, 121, 126,131, 148, 152, 155, 159, 160, 165, 175, 1802, 206.

d. Les personnes rencontrées :

Mr. François Saa Kosso Massadouno, Vice-président de la Société d'Importation et Entretien de Matériels Agricoles (SOAGRIMA), le 14 mai 2009 à Conakry,

Dr. Roger Maomy, Médecin Vétérinaire, Direction Préfectorale de l'élevage, Boké, ancien élève du C.E.R de N'Zérékoré, le 29 mai 2009 à Conakry,

Mr. Yéké Goumou, Directeur National de l'Industrie, Ministère du Commerce, Industrie et PME le 17 juin 2009 à Conakry,

Le Général Sory Doumbouya, Grand Chancelier, le 29 juillet 2009 à Conakry.

Monsieur Feu Morissima Camara, Directeur du Centre de Tindo, Encadreur Technique de la Compagnie Génie Rurale, Unité Militaire Agricole de Tindo (UMA/T), Faranah, le 24 mars 2009.

Monsieur Nabé Mamady, Responsable Régional du B.S.D à la Direction Régionale de l'Agriculture et de l'Elevage de Faranah le 25 mars 2009.

Monsieur Marcel Wamouno, Ingénieur Agronome, Ex-Directeur Adjoint Service Vulgarisation agricole à la retraite, à Conakry, le 31 mars 2009.

Monsieur Elhadj Ousmane Kaba, professeur, Directeur Général Adjoint du Centre National de Documentation et d'Information pour le Développement (CENDID), le 31 mars 2009.à Conakry ;

Monsieur Sidy Mansaré censeur au lycée Alpha Yaya Diallo à Kankan, ex-directeur du C.E.R de Nongoa, Préfecture de Guéckédou, via le téléphone, le 12 septembre 2009 ;

Monsieur Camara Mamady, ingénieur agronome, ex-Directeur Préfectoral de l'Agriculture à Kouroussa, à la retraite le 15 janvier 2010 à Conakry ;

Dr. Cissé Sékou, Conseiller au Ministère de l'Agriculture, le 16 juin, 2009 à Conakry,

Dr. Feu Kantaralla Diakité, Médecin, au CHU de Donka, Ex Vice-président de l'Institut Polytechnique Gamal Abdel Nasser de Conakry et porte-parole des étudiants en 1976, le 6 Mai 2011 à Conakry.

II. Les ouvrages

René Dumont en collaboration avec Charlotte Paquet : *Pour l'Afrique, j'accuse le journal d'un agronome au Sahel en voie de destruction,* Paris, PLON, 1986, p. 39, 40, 43, 45, 60, 95, 96, 97

Alseny Réné Gomez : *Camp Boiro, « Parler ou périr »*, Paris, L'Harmattan, 2007 p.161-162

Kobélé Keïta : *Des complots contre la Guinée de Sékou Touré (1958-1984)* Les classiques Guinéens, 2002, p.40—44, 127-129.

Roland Pré : *L'avenir de la Guinée française,* Editions guinéennes, Conakry, 1951, p 33, 34, 35, 36, 37, 38, 45-118.

Lansinè Kaba : Le « NON » de la Guinée à De Gaulle, vol. 1, Paris, Chaka, 1990, p. 29, 72, 109, 110, 114, 147.

Mohamed Ben Saïd : *La Guinée en marche Mémoires inédits d'un changement, Volume1 : Le départ tant attendu* Paris, l'Harmattan, 2008, p. 30, 31, 32, 33, 34, 35, 52, 68,286

Mohamed Ben Saïd : *La Guinée en marche Mémoires inédits d'un changement, Volume2 : Un pas en avant, un pas en arrière* Paris, l'Harmattan, 2009, p. 15, 16, 22, 23, 28, 29, 58, 119, 287, 288, 306, 308, 309.

Joseph E. Stiglizt : *Quand le capitalisme perd la tête,* Paris, cedex, 06 édition, 03 août 2007, P. 206,207, 208 & 209.

Boubacar Yacine Diallo : Guinée *''d'un régime à l'autre''* Arc-en-ciel, Conakry, 1997, p. 24, 25, 26, 41, 42,112.

Alpha Diawara : Guinée*, la marche du peuple*, C.E.R.D.A, Dakar, 1968, p. 179 -183, 221-236.

Carl K. Eicher et Doyee C. Baker : *Etude critique de la recherche sur le développement agricole en Afrique subsaharienne*, East Lansing, Michigan State University (MSU), Department of Agricultural Economics, International paper No1F, 1985, p.

CIRAD – GRET, Ministère des Affaires étrangères, France : *Mémento de l'agronome*, Paris, 2006, p. 111, 132,135.

Mamy KÉITA : ''*les problèmes de la diversification des cultures et de la spécialisation agricole dans la région administrative de Guéckédou*" Conakry, Mémoire de Diplôme de fin d'Etudes Supérieures, 1979, p. 83, 84, 85, 86,87,

Pierre Vidaud :'' *le développement de la culture moderne et la naissance du Crédit Agricole Mutuel en Guinée Française*'', 1928, p.5, 16, 17, 18, 19, 20,45, 55, 59 et 62.

Abdoulaye Sayon Fofana : *La Guinée un défi politique* Trois temps, trois républiques, trois réalités et une interrogation, Du début d'Ahmed Sékou Touré au début de Moussa Dadis Camara, Conakry, Editions Guinéennes, 2009, p.24 &25.

SIGLES UTILISES

A.O.F	Afrique Occidentale Française
A.A.M	Action Agricole Militaire
A.A.P	Actions Agricoles du Président
A.C.A	Agence pour la Commercialisation Agricole
A.C.C.O.R.D	Association de Coopération et de Recherche pour le Développement
A.C.M	Association de Caution Mutuelle
A.C.T	Association de Coopération Technique
A.D.F	African Développement Fondation
A.D.R.A	Agence Adventiste d'Aide et de Développement
A.D.R.A.O	Association pour le Développement de la Riziculture en Afrique de l'Ouest
AFGRAAD	African Graduate Association Development
A.F.D	Agence Française de Développement
A.F.P	Agence Française de Presse
A.F.V.P	Association Française des Volontaires du Progrès
A.I.D	Agence International de Développement
A.J.D	Association Jeunesse et Développement
A.N	Agence Néré
A.N.A.I.M	Agence Nationale Aménagement Infrastructures Minières
A.N.D.A	Agence Nationale de Développement Agricole.
A.O.F.	Afrique Occidentale Française
A.P.A.R.U	Association pour la Promotion des Activités Rurales
A.P.E.K	Association pour la Promotion Economique de Kindia
A.R.C	Antenne Régionale de Coordination
A.R.I	African Rice Initiative
A.S.S.O.D.I.A	Association Sud Ouest pour le développement International Agricole
A.S.T	Ahmed Sékou Touré
ADRAO	Association pour le Développement de la Riziculture en Afrique de l'Ouest
AFRICARE	Africare
AGRIMA	Entreprise nationale d'importation de matériels agricoles.
ALIDI	Alimentations Diverses
ALIMAG	Alimentation Générale
A.N.A.I.M	Agence Nationale d'Aménagement des Infrastructures Minières
B.A.D	Banque Africaine de Développement

B.A.D.A.M	Banque Africaine de Développement Agricole et Minier
B.A.P	Brigade Attelée de Production
B.A.D.E.A	Banque Arabe pour le Développement Agricole
B.C.P.A	Bureau de Coordination de la Politique Agricole
B.C.P.E.A	Bureau Central d'Etude et de Planification Agricole
B.C.R.G	Banque Centrale de la République de Guinée
B.C	Bar Café
B.I.D	Banque Islamique de Développement
B.I.R.D	Banque Internationale pour la Reconstruction
B.M	Banque Mondiale
B.M.P	Brigade Mécanisée de production
B.N.D.A	Banque Nationale de Développement Agricole
B.N.P.A	Bourse Nationale des Produits Agricoles
B.P.	Brigade de Production
B.S.P	Brigade Scolaire de Production
B.P.A.G	Bourse des Produits Agricoles de Guinée
B.P.N	Bureau Politique National
B.S.D	Bureau de Stratégie de Développement
C.A	Conseil d'Administration
C.A.A.M	Centre d'Apprentissage Agricole de Mamou
C.A.D	Centre d'Appui au Développement
C.A.P	Centre Agricole Préfectoral
CEPERMAG	Centre d'Expérimentation et de Perfectionnement en Machinisme Agricole
C.I.M.A	Centre d'Intensification et Machinisme Agricole
C.O.P.I.C	Comite Préfectoral d'Initiative Concertée
C.C.B	Comité de Concertation des Blocs
C.C.A	Comité de Crise Alimentaire
C.R.P.C	Comité Régional et Préfectoral de Concertation
C.C.C.A.G	Caisse Centrale de Crédit Agricole de Guinée
C.C.M.S	Centre de Culture Mécanique de Siguiri
C.C.C.R.A.P	Comité de Coordination et de Contrôle des Recherches Agronomiques et de la production agricole.
C.D.K	Centre Directionnel de Koloma
C.E.C.I	Centre d'Etude et de la Coopération Internationale
C.E.D.E.A.O	Communauté Economique de Développement des Etats de l'Afrique de l'Ouest
C.E.E	Communauté Economique Européenne
C.E.G	Collège d'Enseignement Général
C.E.N	Conférence Economique Nationale
C.E.N.I	Commission Electorale Nationale Indépendante
CENDID	Centre National de Documentation et d'Information pour le Développement
C.E.R	Centre d'Enseignement Révolutionnaire
C.E.R	Collège d'Enseignement Rural
C.F.D.T	Compagnie Française de Développement des textiles
C.G.R	Commissariat Général de la Révolution
C.G.C.E	Comptoir Guinéen du Commerce Extérieur
C.G.C.I	Comptoir Guinéen du Commerce Intérieur

C.G.C/SA	Compagnie Guinéenne du Coton/Société anonyme
C.I.A.C	Centre d'Information Agricole et Commerciale
C.M.A/A.OC	Conférence des Ministres de l'Agriculture de l'Afrique de l'Ouest et du Centre
C.M.D.T	Dépenses à Moyen Terme
C.M.R	Centre de Modernisation Rurale
C.M.R.N	Comité Militaire de Redressement National
C.N.A.A	Comité National d'Action Agricole
C.N.P.A	Centre National de Production Agricole
C.N.A.G	Chambre Nationale d'Agriculture de Guinée
C.N.D.D	Conseil National pour le Développement et la Démocratie
C.N.D.R	Coupe Nationale du Développement Rural
C.N.R	Conseil National de la Révolution
C.N.T.G	Confédération Nationale des Travailleurs de Guinée
C.O.D.E.M	Coordination de l'Opposition Démocratique
C.P	Contrat de Pâture
C.A.P	Coopérative Agricole de Production
C.P.A	Chambre Préfectorale d'Agriculture
C.P.R.A.A.L.A.C	Cellule de Promotion des Actions Agricoles de Lansana Conté
C.P.P.A	Comité de Pilotage de la Politique Agricole
C.R.A	Chambre Régionale d'Agriculture
C.R.A.F	Centre de Recherche Agronomique de Foulayah
C.R.C	Comptoir Régional de Commerce
C.R.D	Communauté Rurale de Développement
C.R.E.P	Comité Rural d'Entretien de Pistes
C.R.G	Crédit Rural de Guinée
C.R.R	Conseil Régional de la Révolution
C.R.G	Crédit Rural de Guinée
C.M.G	Crédit Mutuel de Guinée
C.P.E.C	Caisse Populaire d'Epargne et de Crédit
C.R.R.K	Centre de Recherche Rizicole de Koba
C.S.R	Centres de Santé Ruraux
C.T.A	Contrôleur Technique Agricole
C.T.I	Commission Technique Inter Ministérielle
C.T.P	Conseiller Technique Principal
C.U	Concern Universal
C.S.C.M.B	Comités de Surveillance et de Contrôle des Marchés Urbains`
CENAFOD	Centre Africain pour la Formation et le Développement
CIEPEX	Centre International d'Echange et de Promotion des Exportations
COFICOM	Coordination Financière du Commerce
COTRA	Compagnie Autonome de Transport Routier
CLUSA	Ligue des Cooperatives des Etats Unis
D.A.C	Développent Assistance Corporation
D.N.A	Direction Nationale de l'Agriculture
D.N.E	Direction Nationale de l'Elevage
D.N.E.F	Direction Nationale des Eaux et Forêts
D.N.G.R	Direction Nationale du Génie Rurale
D.R.A.E	Direction Régionale de l'Agriculture et de l'Environnement
D.R.C	Direction Régionale de Commerce

D.S.R.P	Document de Stratégie de Réduction de la Pauvreté
DERIK	Développement Rizicole Intégré de Kissidougou
Dynafiv	Projet de dynamisation des filières vivrières
E.M.A	Entreprise Militaire Agricole
ENISEP	Entreprise Nationale d'Importation des Semences et Pesticides
E.N.P.M	Ecole Normale Primaire de Macenta
E.N.R.M	Ecole Normale Rurale de Macenta
E.R.C	Entreprise Régionale de Commerce
E.S.S.O.R	Echange Sud-Sud-ouest en Milieu Rural
E.U.P.D	Entraide Universitaire pour le Développement
E.W	Entreprise Works
ECOMA	Entreprise Commerciale d'Arrondissement
ECOMOG	Force armée de la Communauté Economique des Etats de l'Afrique de l'Ouest
ENISEPE	Entreprise Nationale d'Importation des Semences et Pesticides
F.A.C	Ferme Agricole Communale
F.A.A.K	Foire Agricole et Artisanale de Kankan
F.A.O	Food and Agricultural Organisation
F.A.P.A	Ferme Agropastorale d'Arrondissement
F.C.D	Fonds Commun de Base
F.C.F.A	Franc de la Communauté Financière d'Afrique
F.F.E	Fondation Frieddrich Ebert
F.I.C.A	Fondation pour l'Investissement et la Commercialisation Agricole
F.I.D.A	Fonds International pour le Développement Agricole
F.I.D.E.S	Fonds d'Investissement pour le Développement Economique et Social
FAS-R	Facilité d'Ajustement Structurel Renforcée
FG	Franc Guinéen
FRAD	Front Républicain pour l'Alternance Démocratique
F.N.A	Foire Nationale Agricole
FRUITEX	Fruit d'Exportation
G.A.A	Groupe d'Action Agricole
G.O.A.N.A	Grande Offensive Agricole pour la Nourriture et l'Abondance
GTZ	Coopération Technique Allemande
G.V.C	Gruippodi Volontario Civile
GUINEXPORT	Guinée Export
H.A.C.E	Haut Conseil aux Affaires Electorales
I.A	Ingénieur Agronome
I.D.A	International Development Association
I.E.C	Information Education et Communication
I.O.E	Instituteur Ordinaire ....
I.O.V	Indicateur Objectivement Vérifiable
I.P.G.A.N	Institut Polytechnique Gamal Abdel Nasser
I.P.J.N.K	Institut Polytechnique Julius N'Yéréré de Kankan
I.P.S	Institut Polytechnique Secondaire
I.R.A.G	Institut de Recherche Agronomique de Guinée
I.R.D.R.E	Inspection Régionale du Développement Rural et Environnemental
I.S.A.V	Institut Supérieur des Sciences Agronomiques et Vétérinaires
IMPORTEX	Société Nationale d'Import-export

JICA	Japan International Coopération Agency
KR2	Kennedy round 2
L.O.L	Land O'Lakes
L.P.D.A	Lettre de Politique de Développement Agricole
M.A.E.E.E.F	Ministère de l'Agriculture de l'Elevage, de l'Environnement, des eaux et Forêts
M.A.E.F	Ministère Agriculture Elevage et Forêt
M.A.E.F	Ministère de l'Agriculture des eaux et Forêts
M.A.E.F.C	Ministère de l'Agriculture des Eaux et Forêt et du Conditionnement
M.D.A	Ministère du Développement Agricole
M.D.R	Ministère du Développement Rural
M.I.C.A	Ministère Industrie Commerce et Artisanat
M/FAPA/CA	Ministère des Fermes Agro-pastorales d'Arrondissement et des Coopératives Agricoles
N.A.S.P.A.A	National Association of Schools of Public Affairs and Administration
NERICA	NewRrice for Africa
NFG	Nouveau Franc Guinéen
O.B.G	Office de la Banane de Guinée
O.C.A	Office de Commercialisation Agricole
OCOFI	Office de la Coordination Financière de l'Industrie
O.C.P.H	Organisation Catholique pour la Promotion Humaine
O.I.C.I	Opportunity Industrial.....
O.L.C	Office Local de Commercialisation
O.N.A.D.E.R	Opération Nationale pour le Développement de la Riziculture
O.N.D.F.F	Office National de Développement des Fruits Frais
O.N.G	Organisation Non Gouvernementale
O.PE.MA	Office de la Pêche Maritime
O.R.T	Organisation de Reconstruction du Travail
OBETAIL	Office du Bétail
O.N.P.S	Office National des Produits Secs
ORFL/AOC	Observatoire Régional des Fruits et Légumes en Afrique de l'Ouest et du Centre
P.D.D	Projet Dabola Dinguiraye
P.A.C.V	Programme d'Appui aux Collectivités Villageoises
P.A.G	Projet Agricole de Guéckédou
P.A.M	Programme Alimentaire Mondiale
P.A.P.P	Projet d'Appui aux Plus Pauvres
P.A.P.P	Projet d'Appui aux Populations Paysannes
P.A.R.E	Projet d'Assistance à la Reforme Economique
PASAL	Programme d'Appui à la Sécurité Alimentaire
P.A.S.E	Programme d'Ajustement Structurel et Economique
P.C.G.D.A	Programme Cadre Genre et Développement Agricole
P.C.P.E.A	Projet Cadre de Promotion des Exportations Agricoles
P.D.D.C.P	Programme de Développement Durable des cultures Pérennes
P.D.G	Parti Démocratique de Guinée
P.D.P.E.F	Projet de développement des Petites Exploitations Forestières
P.D.R.S2	Projet de développement Rural Siguiri, 2e phase

P.E.G.R.N	Projet Elargi de Gestion des Ressources Naturelles
P.I.B	Produit Intérieur Brut
P.I.C.A	Projet d'Investissement en Commercialisation Agricole
P.I.P	Programme d'Investissement Public
P.I.R.N	Programme Intérimaire de Redressement National
P.M.E.A	Petite et Moyenne Entreprise Agricole
P.N.D.A	Politique Nationale de Développement Agricole
P.N.D.H.D	Programme National de Développement Humain Durable
P.N.I.R	Projet National d'Infrastructure Rurale
P.N.S.A	Projet National d'appui à la Sécurité Alimentaire
P.N.S.A	Projet National de Services Agricoles
P.N.U.D	Programme des Nations Unies pour le Développement
P.R.E.F	Programme de Redressement Economique et Financier
PRIDE	Programme Intégré de Développement de l'Entreprise
P.R.G	Président de la République de Guinée
P.R.L	Pouvoir Révolutionnaire Local
P.S.S.A	Programme Spécial de Sécurité Alimentaire
PRAADEL	Programme de Réhabilitation Agricole et d'Appui au Développement Local
PROMINEX	Produit Minier et Industriel d'Exportation
PROSECO	Produit Sec et Oléagineux
P.U.P	Parti de l'Unité et du Progrès
PDRI-GM	Projet de Développement Riziculture Irriguée en Guinée Maritime
PRADEL	Projet de Réhabilitation Agricole et de Développement Local du Fouta Djallon
PRODAD-GF	Projet Agricole Durable en Guinée Forestière
PROGEFOR	Projet de Gestion des Ressources Forestières
PROFEL	Projet Fruits et Légumes
Q.F.B	Quai Fruitier de Benty
R.D.A	Rassemblement Démocratique Africain
R.G.T.A	Réseau Guinéen de la Traction Animale
R.P	Rente de Pâture
R.F.I	Radio France Internationale
R.R.G	Radio Rurale de Guinée
RC2	Relance de la Caféiculture, phase 2
S.A.E.I.F	Société Africaine d'Etudes et d'Ingénierie Financière
S.G.C.C.F	Société Générale des Coopératives des Consommateurs Français
S.A.G	Stratégie d'Assistance Globale
S.A.I.A	Salon Automobile Industrie et Agriculture
S.C.I.O	Service de Coordination des Interventions des Organisations Non Gouvernementales
S.I.M	Système d'Information de Marché
S.I.P.A.G	Système d'Information sur les Produits Agricoles de Guinée
S.A.I.A	Salon de l'Automobile, de l'Industrie et de l'Agriculture
S.N.A.P.E	Service National des Points d'Eau
S.N.P.I	Stratégie Nationale de Développement de la petite irrigation
S.N.P.R.V	Service National…
S.N.S.A	Service National des Statistiques Agricoles

S.P.C.I.A	Société de Production et de Commercialisation des Intrants Agricoles
S.P.I.A	Société de Production Industriels et Agricoles
S.T.C.P	Sustainable Tree Crop Production
SECOFI	Sectoriel de Coordination Financière
SEMAPE	Société de Matériel de Pêche
SG2000	Sassakawa Global 2000
SIGUICODA	Société Guinéenne de Coopération pour le Développement Agricole
SOAGRIMA	Société d'Importation de Distribution et d'Entretien des Matériels Agricoles
SOBRAGUI	Société de Brasserie de Guinée
SOBERGIUI	Société Berma de Guinée
SOGUIPAH	Société Guinéenne de Palmier à Huile et d'hévéa
T.B.G	Triangle Bananier de Guinée
T.M.A	Travail Manuel Agricole
U.E	Union Européenne
U.E.P	Unité Expérimentale Paysanne
U.G.V.D	Union Guinéenne des Volontaire du Développement
U.R.S.S	Union des Républiques Soviétiques Socialistes
U.S.A.I.D	United States Agency for International Developpement
V.I.T.A	Volontaire In Technical Assistance
V.S.F	Vétérinaire Sans Frontière
VIH/SIDA	Virus Immuno Humain Syndrome Immuno Déficience Acquis
W. I.	Winrock International.

TABLE DES MATIERES

GUINÉE-CONAKRY
AUX ÉDITIONS L'HARMATTAN

Dernières parutions

INDÉPENDANCE (L') DE LA GUINÉE EN 1958
Chronologie et commentaires
Keita Sidiki Kobélé
L'auteur de ce livre a choisi l'année 1958, l'une des plus controversées de l'histoire de l'indépendance guinéenne, pour démontrer ses théories : l'histoire véritable doit refuser de céder sa place à la légende, à l'affabulation, aux chroniques arrangées. Elle doit, pour ce faire, exiger l'approfondissement des recherches documentaires afin de mieux appréhender tous les tenants et les aboutissants ou tous les aspects d'un fait.
(25.00 euros, 252 p.)
ISBN : 978-2-343-04646-4, ISBN EBOOK : 978-2-336-36704-0

TOURBILLON (LE) VERS LA SORTIE
Barry Aminata
Ce troisième épisode de *Tourbillon* marque le point final d'un vécu décrit dans une tourmente politico-sociale. L'auteur a voulu être le témoin d'une histoire, la sienne, qui s'est déroulée en Guinée.
(Coll. Harmattan Guinée, 14.00 euros, 136 p.)
ISBN : 978-2-343-05387-5, ISBN EBOOK : 978-2-336-36797-2

FORMATION INITIALE DES MAÎTRES EN GUINÉE ET ENJEUX DE LA SCOLARISATION PRIMAIRE UNIVERSELLE
Diané Baba - Préface Hadja Aida Bah Diallo
Ce livre tente d'apporter des réponses à plusieurs questions que soulève l'introduction, dans le système guinéen de formation des maîtres, d'un programme novateur. Des interrogations fondamentales se posent pour baliser le dispositif de formation des instituteurs. Ce livre questionne le processus d'administration du modèle en termes d'efficacité interne et externe, de pertinence, de cohérence, d'apprentissage et de transfert.
(Coll. Harmattan Guinée, 25.00 euros, 246 p.)
ISBN : 978-2-343-05098-0, ISBN EBOOK : 978-2-336-36433-9

MON CAHIER DE MORALE
Cours de morale dispensés par Germaine Legoff à l'ENRJF de Rufisque (1944-1945)
Bah Hadja Nima - Préface de Boubacar Diallo
En ce début de XXIe siècle, la Guinée traverse une crise sociale, politique, économique et culturelle d'une ampleur sans précédent. Ce constat atteste qu'il y a un déficit en matière d'éducation civique et morale (ECM). Face à cette situation, l'auteur, ancienne Rufisquoise, apporte son expérience de «legoffienne». Elle met à notre disposition son cahier de morale de l'École Normale Supérieure de jeunes filles de Rufisque. Ces cours ont été conduits de main de maître par Germaine Legoff, l'éducatrice mythique.
(Coll. Harmattan Guinée, 11.50 euros, 86 p.)
ISBN : 978-2-343-03333-4, ISBN EBOOK : 978-2-336-36315-8

ÉDUCATION (L') SEXUELLE EN ISLAM
Fofana Mory
L'éducation sexuelle ou, mieux, «l'éducation au mariage», est un commentaire des principaux hadiths sur la question du mariage légitime en islam. On y parle du modèle de femme à épouser, de la dot, de l'accouchement, du baptême, et du calendrier mensuel du couple. Les solutions qu'on y préconise face aux différents problèmes du couple sont de nos jours pour la plupart confirmées par les données de la science. Un ouvrage pour tous ceux qui nourrissent le désir d'être bien informés sur la délicate question de la vie à deux.
(Coll. Harmattan Guinée, 10.00 euros, 102 p.)
ISBN : 978-2-343-03560-4, ISBN EBOOK : 978-2-336-36389-9

LETTRE DE POLITIQUE NATIONALE, DE DÉCENTRALISATION ET DE DÉVELOPPEMENT LOCAL 15 JUIN 2011
***Suivie de* Plan d'action pour la mise en œuvre de la lettre de politique nationale, de décentralisation et de développement local 15 juin 2010**
Ministère de l'Administration du Territoire et de la Décentralisation
Préface d'Alhassane Condé
La LPN-DDL représente le cadre conceptuel, juridique et institutionnel de la politique de l'État dans les domaines précis de la décentralisation et de la déconcentration. Elle se place au cœur de la réforme de l'État. Sa mise en œuvre permettra de créer, autour des collectivités locales, des pôles de développement économique dynamiques et structurés, et de diffuser plus efficacement le développement local à l'intérieur du pays.
(Coll. Harmattan Guinée, 20.00 euros, 186 p.)
ISBN : 978-2-343-03366-2, ISBN EBOOK : 978-2-336-36365-3

DÉMON TAUREAU
Contes de Guinée-Conakry
Diallo Boubacar
Comment un chasseur réussit-il à tromper le diable ? Comment Kirdi, un grand séducteur, perdit-il son pénis ? Comment Hammadi réussit-il à vaincre Démon Taureau ? Comment Salé fut-elle transformée en mouche ? Le lecteur trouvera les réponses dans ce recueil de contes initiatiques amusants mais parfois tragiques et fera un beau voyage, passant par le Soumbouya et la Mellacorée, les montagnes, les forêts galeries et les bowé du Fouta Djallon, la savane du Mandé, la forêt dense du Nimba...
(Coll. La légende des mondes, 12.00 euros, 110 p.)
ISBN : 978-2-343-04589-4, ISBN EBOOK : 978-2-336-36055-3

TRANSITIONS (LES) POLITIQUES EN GUINÉE
De son indépendance à 2010
Bah Ibrahima
Préface de Dominique Bangoura
Depuis son indépendance en 1958, la Guinée a connu plusieurs types de transitions politiques. La première, post Sékou Touré, s'est terminée par la prise du pouvoir par l'armée (1984). Après un régime d'exception de six ans, la Guinée s'engage dans une nouvelle transition. Cependant, l'ère démocratique fut éphémère. Après une tentative de renversement du pouvoir par des militaires en 1996, le régime de Lansana Conté bascula dans l'autoritarisme jusqu'à sa mort en 2008, suivie d'un putsch militaire dirigé par le capitaine Moussa Dadis Camara. Après une tentative d'assassinat du capitaine Camara, le général Sékouba Konaté conduisit cette transition à l'élection présidentielle de juin et novembre 2010.
(Coll. Afrique : politiques publiques, sécurité, défense, 26.00 euros, 256 p.)
ISBN : 978-2-343-00606-2, ISBN EBOOK : 978-2-296-53884-9

CONAKRY : LA RÉPUBLIQUE DES VOLEURS
Bah Thierno
Dès ses premiers discours à la nation après son installation à la tête de la Guinée, Conté déclare : «Nous sommes arrivés pauvres au pouvoir. Si vous nous voyez construire des villas et acheter des

voitures, c'est que nous avons volé.» Arrivé au pouvoir à partir de 1990, il prend goût à l'argent. Il installe son régime dans le pillage illimité des richesses nationales. Il favorise le détournement des devises. À la fin de sa vie, sa fortune a été estimée à 450 millions de dollars.
(38.00 euros, 380 p.)
ISBN : 978-2-336-29345-5, ISBN EBOOK : 978-2-296-53307-3

DESTINS GUINÉENS
Mémoires d'un rescapé du goulag de Sékou Touré
Touré Tara Arafanour Naby-Moussa
Face à des horreurs inimaginables du goulag de Sékou Touré et de son régime barbare qui a sévi en Guinée pendant plus d'un quart de siècle, l'auteur raconte le miracle de sa propre survie. Il rend hommage à ses compagnons à travers une galerie de personnalités et d'anonymes torturés dans les camps de la mort. Ce témoignage a pour but d'accomplir un devoir de mémoire et d'honorer tous ceux qui ont comblé les innombrables fosses communes.
(Coll. Harmattan Guinée, 27.00 euros, 266 p.)
ISBN : 978-2-343-00098-5, ISBN EBOOK : 978-2-296-53164-2

MIGRATIONS, ONG ET DÉVELOPPEMENT EN GUINÉE
Barry Idrissa
Voici une analyse de la migration guinéenne, au croisement des enjeux économiques, politiques et culturels. Les rapports migration/développement en Guinée sont étudiés dans plusieurs domaines : transferts matériels et culturels, participation de la diaspora, développement participatif, rapport entre Guinéens de l'intérieur et de l'extérieur, clivages et influences politiques.
(Coll. Études africaines, 23.00 euros, 218 p.)
ISBN : 978-2-336-29212-0, ISBN EBOOK : 978-2-296-53148-2

MARIO, LE BASKET-BALL ET MOI
Mario vu et raconté par Leah
Diallo Alpha Leah
Par le sport et dans le sport naquit une amitié, entre Leah et Mario, les basketteurs de l'équipe nationale de Guinée. L'amitié est la seule raison qui a poussé Leah à consacrer un livre à son compère Mario, le fabuleux numéro 10, le prince charmant du basket-ball guinéen, afin qu'il vive éternellement.
(Coll. Harmattan Guinée, 25.00 euros, 246 p.)
ISBN : 978-2-336-00933-9, ISBN EBOOK : 978-2-296-51635-9

TOURBILLON (LE)
Le combat
Barry Aminata
Faisant suite à un premier volume *Tourbillon, la dérive autoritaire*, ce livre est un feuilleton, celui de la vie de l'auteur, sur un certain parcours fait d'épines et de pétales, avec comme fil conducteur la responsabilité politique du fait d'autrui.
(Coll. Harmattan Guinée, 14.00 euros, 136 p.)
ISBN : 978-2-336-00918-6, ISBN EBOOK : 978-2-296-51634-2

CONTES DE LA BROUSSE, DE LA FORÊT, DE LA SAVANE ET DE LA MONTAGNE
Diallo Boubacar
Ce livre présente les contes de toutes les régions naturelles de la Guinée, sans aucune forme de discrimination. Il s'agit donc d'un survol des aires culturelles de la Guinée avec, en toile de fond, les histoires tissées autour du prince des arbres, le kouratier. C'est un arbre aux vertus multiples qui donne ses fruits à manger, son ombre, du bois mort, des médicaments traditionnels et, aussi, des récits féériques.
(Coll. Harmattan Guinée, 9.50 euros, 58 p.)
ISBN : 978-2-336-00932-2, ISBN EBOOK : 978-2-296-51633-5

ÉCONOMIE (L') POLITIQUE DE LA GUINÉE (1958-2010)
Des dictatures contre le développement
Cournanel Alain
La République de Guinée a subi en cinquante ans deux types de régime, deux formes de dictature. La Ire République (1958-1984), dirigée par Sékou Touré, a sacrifié le développement de la jeune nation à l'omnipotence du parti unique aux mains d'un noyau inamovible. La IIe République (1984-2008), dictature molle à peine déguisée en État de droit, a confié le pouvoir d'État aux prétoriens et l'orientation économique au FMI.
(Coll. Etudes africaines, 31.00 euros, 296 p.)
ISBN : 978-2-296-99810-0, ISBN EBOOK : 978-2-296-51374-7

GUINÉE FACE AU HANDICAP (LA)
La problématique des déficiences motrices à Conakry
Tchirkov Vitaly
L'auteur tente d'expliquer les causes et conséquences de la prédominance des déficiences des membres inférieurs à Conakry, en République de Guinée. Il s'intéresse également aux représentations que reflètent la notion de handicap et aux influences qu'elles subissent de la part des croyances traditionnelles et religieuses. Cette recherche s'inscrit dans la volonté d'établir un état des lieux de la situation actuelle et dans la réalisation d'un important travail de terrain.
(Coll. Etudes africaines, 25.00 euros, 246 p.)
ISBN : 978-2-336-00499-0, ISBN EBOOK : 978-2-296-51006-7

D'UNE GUINÉE À L'AUTRE
Souvenirs et témoignages
Diallo Bah Aïssatou
Cet ouvrage est un témoignage autobiographique de l'itinéraire de l'auteur, de la période coloniale à nos jours. L'auteur fait un résumé des événements politiques marquants de la Guinée française à la fin de la période coloniale, de la première République et du régime militaire. Elle donne des références sur la vie économique et sociopolitique du pays de l'ère postcoloniale et aussi sur la vie familiale et personnelle.
(Coll. Harmattan Guinée, 15.50 euros, 154 p.)
ISBN : 978-2-336-00077-0, ISBN EBOOK : 978-2-296-50405-9

VEUVAGE FÉMININ ET SACRIFICES D'ANIMAUX DANS LE FOUTA-DJALON (GUINÉE)
Traditions en changement
Kervella-Mansaré Yassine
En Guinée, dans la région du Fouta-Djalon, les rites funéraires comprennent des cérémonies de sacrifice d'animaux. On pourrait penser que ces rites sont hérités d'une longue tradition, mais l'auteure montre que ce qui s'observe aujourd'hui n'est pas la reproduction de ce qui s'observait hier. Cela n'empêche pas de considérer que perdurent certains éléments ou certaines structures.
(Coll. Etudes africaines, 22.00 euros, 218 p.)
ISBN : 978-2-296-99285-6, ISBN EBOOK : 978-2-296-50294-9

GUINÉE L'AURORE D'UNE DÉMOCRATIE
Lonseny-Fall François
Plus de cinquante ans après son indépendance, la Guinée organise enfin une élection démocratique multipartite. L'auteur, acteur politique, porte son regard avisé sur ce processus allant de l'émergence d'une véritable transition politique à l'organisation de la première élection présidentielle permettant de bâtir l'avenir de la Guinée pour tous ses enfants.
(11.50 euros, 88 p.)
ISBN : 978-2-296-99404-1

L'HARMATTAN ITALIA
Via Degli Artisti 15; 10124 Torino

L'HARMATTAN HONGRIE
Könyvesbolt ; Kossuth L. u. 14-16
1053 Budapest

L'HARMATTAN KINSHASA
185, avenue Nyangwe
Commune de Lingwala
Kinshasa, R.D. Congo
(00243) 998697603 ou (00243) 999229662

L'HARMATTAN CONGO
67, av. E. P. Lumumba
Bât. – Congo Pharmacie (Bib. Nat.)
BP2874 Brazzaville
harmattan.congo@yahoo.fr

L'HARMATTAN GUINÉE
Almamya Rue KA 028, en face
du restaurant Le Cèdre
OKB agency BP 3470 Conakry
(00224) 657 20 85 08 / 664 28 91 96
harmattanguinee@yahoo.fr

L'HARMATTAN MALI
Rue 73, Porte 536, Niamakoro,
Cité Unicef, Bamako
Tél. 00 (223) 20205724 / +(223) 76378082
poudiougopaul@yahoo.fr
pp.harmattan@gmail.com

L'HARMATTAN CAMEROUN
BP 11486
Face à la SNI, immeuble Don Bosco
Yaoundé
(00237) 99 76 61 66
harmattancam@yahoo.fr

L'HARMATTAN CÔTE D'IVOIRE
Résidence Karl / cité des arts
Abidjan-Cocody 03 BP 1588 Abidjan 03
(00225) 05 77 87 31
etien_nda@yahoo.fr

L'HARMATTAN BURKINA
Penou Achille Some
Ouagadougou
(+226) 70 26 88 27

L'HARMATTAN SÉNÉGAL
10 VDN en face Mermoz, après le pont de Fann
BP 45034 Dakar Fann
33 825 98 58 / 33 860 9858
senharmattan@gmail.com / senlibraire@gmail.com
www.harmattansenegal.com

L'HARMATTAN BÉNIN
ISOR-BENIN
01 BP 359 COTONOU-RP
Quartier Gbèdjromèdé,
Rue Agbélenco, Lot 1247 I
Tél : 00 229 21 32 53 79
christian_dablaka123@yahoo.fr

654526 - Mai 2016
Achevé d'imprimer par

1livre.com
du rêve à la réalité !

www.ingramcontent.com/pod-product-compliance
Lightning Source LLC
LaVergne TN
LVHW011308061026
849535LV00005B/1460